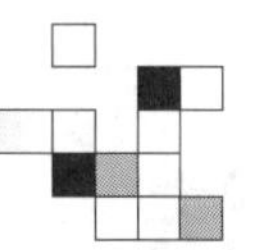

はじめに

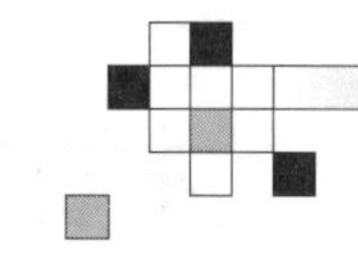

『1対1対応の演習』シリーズは，

入試の標準問題を確実に解ける力

をつけてもらおうというねらいで作った本ですが，教科書とのギャップが少なからずあります．そこで，

教科書レベルから入試の基本レベル
の橋渡しになる本

として『プレ1対1対応の演習』シリーズを作りました．

『プレ1対1対応の演習』シリーズは，教科書の章末問題レベルを確実に解けるようになり，さらに入試の基本レベルへとステップアップしてもらおうというねらいで作った本です．

問題は，その分野を一通り理解するのに必要な是非とも解いておきたいものに絞り，できるかぎりコンパクトにまとめました．

第1部と第2部の2部構成で，第2部では入試の基本問題を扱いました．

原則として第1部において，教科書に載っている項目は一通り扱う方針で編集しました．扱っている問題は，教科書の章末問題に載っているような問題が中心です．そのような問題に対する詳しい解答を付けただけではありません．問題をどう解いていくか，そのアプローチの仕方にスポットを当てました．また，教科書をもっていることを前提として解説しています．定理をどう活用して問題を解いていくか，ということに主眼をおいているので，定理の証明は原則として載せていません．また，定義や用語の説明などは各分野について「公式など」でコンパクトに扱いましたが，公式の証明など省略したものもあるので，各自必要に応じて教科書を見てください．

本シリーズを終えた後は，『1対1対応の演習』シリーズに進むことで，無理なく入試のレベルを知ることができるでしょう．

本書を活用して実力アップに役立てて頂ければ幸いです．

本書の構成と利用法

坪田三千雄

本書のタイトルにある'プレ1対1対応'の'1対1対応'の意味から説明しましょう.

まず例題(四角で囲ってある問題)によって,例題のテーマにおいて必要になる知識や手法を確認してもらいます.その上で,例題と同じテーマで1対1に対応した演習題によって,その知識,手法を問題で適用できる程に身についたかどうかを確認しつつ,一歩一歩前進してもらおうということです.

本書は,第1部と第2部の2部構成になっています.

第1部: 各分野について,コンパクトに公式などをまとめたページを用意しました.次に,各分野を一通り理解する上で,まず当たっておきたい問題を精選しました.扱う問題のレベルは,教科書の本文中にあるような例題から章末問題レベル程度です.なお,分野によってはそもそも扱っているテーマが難しめのものがあり(教科書の内容がやや高度ということ),第1部としては難しめの問題が入っている場合もあります.私大,2次試験で頻出のテーマに関するものは,第2部に回したテーマもあります.

第2部: 第1部を踏まえて,主に入試の基本レベルの問題を選びました.是非とも当たっておきたい問題によって,入試の基本レベルまでステップアップすることを目標としましょう.

次に例題と演習題などについて説明しましょう.

入試問題を採用したときは大学名を明記しました.問題によっては空欄の形などを変えていますが,とくに断っていない場合もあります.

例題: レベルについては上で述べました.第1部は49題(数B 24題,ベクトル25題),第2部は35題(数B 20題,ベクトル15題)です.

どのようなテーマかがはっきり分かるように,一題ごとにタイトルをつけました(大きなタイトル/細かなタイトル の形式です).

解答の**前文**として,そのページのテーマに関する重要手法や解法などをまとめました.前文を読むことで,一題の例題を通して得られる理解が鮮明になります.この前文が充実していることが本書の特長といえるでしょう.

解答は,一部の単純計算を除いてほとんど省略せずに,目で追える程度に詳しくしました.また解答の右側には,傍注(⇦ではじまる説明)で,解答の補足や,使った定理・公式等の説明を行いました.

演習題: 例題と同じテーマの問題を選びました.例題の数値を変えただけのような問題が中心です.例題の解答や解説を真似ればたいてい解いていけるはずです.やや難しめの問題については,横にヒントを書きました.

また,目標時間を明示しましたが,ややきつめの設定になっています.この時間内に解ければ,例題の手法がよく頭に入って理解していると考えてよいでしょう.

演習題の解答: 第1部では分野ごとにまとめてあります.例題と同様に,詳しい解答を付けました.

本書で使う記号など:

➡注はすべての人のための,➡注は意欲的な人のための注意事項です.

▨は関連する事項の補足説明などです.

また,

∴ ゆえに
∵ なぜならば

プレ 1対1対応の演習

数学B+ベクトル 改訂版

目 次

数学B

ベクトル（数学C）

解答・解説：飯島康之、坪田三千雄

正 規 分 布 表

次の表は，標準正規分布の分布曲線における右図の網目部分の面積の値をまとめたものである．

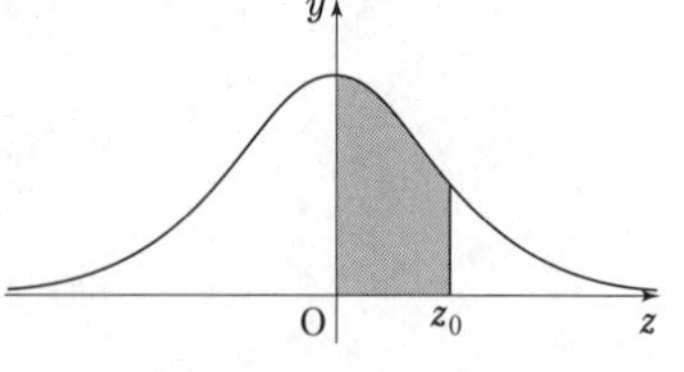

z_0	0.00	0.01	0.02	0.03	0.04	0.05	0.06	0.07	0.08	0.09
0.0	0.0000	0.0040	0.0080	0.0120	0.0160	0.0199	0.0239	0.0279	0.0319	0.0359
0.1	0.0398	0.0438	0.0478	0.0517	0.0557	0.0596	0.0636	0.0675	0.0714	0.0753
0.2	0.0793	0.0832	0.0871	0.0910	0.0948	0.0987	0.1026	0.1064	0.1103	0.1141
0.3	0.1179	0.1217	0.1255	0.1293	0.1331	0.1368	0.1406	0.1443	0.1480	0.1517
0.4	0.1554	0.1591	0.1628	0.1664	0.1700	0.1736	0.1772	0.1808	0.1844	0.1879
0.5	0.1915	0.1950	0.1985	0.2019	0.2054	0.2088	0.2123	0.2157	0.2190	0.2224
0.6	0.2257	0.2291	0.2324	0.2357	0.2389	0.2422	0.2454	0.2486	0.2517	0.2549
0.7	0.2580	0.2611	0.2642	0.2673	0.2704	0.2734	0.2764	0.2794	0.2823	0.2852
0.8	0.2881	0.2910	0.2939	0.2967	0.2995	0.3023	0.3051	0.3078	0.3106	0.3133
0.9	0.3159	0.3186	0.3212	0.3238	0.3264	0.3289	0.3315	0.3340	0.3365	0.3389
1.0	0.3413	0.3438	0.3461	0.3485	0.3508	0.3531	0.3554	0.3577	0.3599	0.3621
1.1	0.3643	0.3665	0.3686	0.3708	0.3729	0.3749	0.3770	0.3790	0.3810	0.3830
1.2	0.3849	0.3869	0.3888	0.3907	0.3925	0.3944	0.3962	0.3980	0.3997	0.4015
1.3	0.4032	0.4049	0.4066	0.4082	0.4099	0.4115	0.4131	0.4147	0.4162	0.4177
1.4	0.4192	0.4207	0.4222	0.4236	0.4251	0.4265	0.4279	0.4292	0.4306	0.4319
1.5	0.4332	0.4345	0.4357	0.4370	0.4382	0.4394	0.4406	0.4418	0.4429	0.4441
1.6	0.4452	0.4463	0.4474	0.4484	0.4495	0.4505	0.4515	0.4525	0.4535	0.4545
1.7	0.4554	0.4564	0.4573	0.4582	0.4591	0.4599	0.4608	0.4616	0.4625	0.4633
1.8	0.4641	0.4649	0.4656	0.4664	0.4671	0.4678	0.4686	0.4693	0.4699	0.4706
1.9	0.4713	0.4719	0.4726	0.4732	0.4738	0.4744	0.4750	0.4756	0.4761	0.4767
2.0	0.4772	0.4778	0.4783	0.4788	0.4793	0.4798	0.4803	0.4808	0.4812	0.4817
2.1	0.4821	0.4826	0.4830	0.4834	0.4838	0.4842	0.4846	0.4850	0.4854	0.4857
2.2	0.4861	0.4864	0.4868	0.4871	0.4875	0.4878	0.4881	0.4884	0.4887	0.4890
2.3	0.4893	0.4896	0.4898	0.4901	0.4904	0.4906	0.4909	0.4911	0.4913	0.4916
2.4	0.4918	0.4920	0.4922	0.4925	0.4927	0.4929	0.4931	0.4932	0.4934	0.4936
2.5	0.4938	0.4940	0.4941	0.4943	0.4945	0.4946	0.4948	0.4949	0.4951	0.4952
2.6	0.49534	0.49547	0.49560	0.49573	0.49585	0.49598	0.49609	0.49621	0.49632	0.49643
2.7	0.49653	0.49664	0.49674	0.49683	0.49693	0.49702	0.49711	0.49720	0.49728	0.49736
2.8	0.49744	0.49752	0.49760	0.49767	0.49774	0.49781	0.49788	0.49795	0.49801	0.49807
2.9	0.49813	0.49819	0.49825	0.49831	0.49836	0.49841	0.49846	0.49851	0.49856	0.49861
3.0	0.49865	0.49869	0.49874	0.49878	0.49882	0.49886	0.49889	0.49893	0.49897	0.49900

数学B

第1部 数列

数列
公式など

【数列】

（1） 数列とは

a_1, a_2, a_3, ……, a_n, ……

のように，数を一列に並べたものを数列といい，数列の各数を項という．上の数列は $\{a_n\}$ とも書き表す．

最初の項から順に第1項，第2項，…… といい，第1項を初項という．

数列 $\{a_n\}$ において，第 n 項 a_n が n の式で表されるとき，これを $\{a_n\}$ の一般項という．

項の個数が有限である数列を有限数列といい，項の個数が有限でない（項がどこまでも限りなく続く）数列を無限数列という．

有限数列では，項の個数を項数，最後の項を末項という．

（2） 等差数列

初項 a から始めて，一定の数 d を加えると次の項が得られる数列を等差数列といい，d をその公差という．

（3） 等比数列

初項 a から始めて，一定の数 r を掛けると次の項が得られる数列を等比数列といい，r をその公比という．

（4） 階差数列

数列 $\{a_n\}$ に対して，

$$b_n = a_{n+1} - a_n \quad (n=1,\ 2,\ 3,\ \cdots\cdots)$$

として得られる数列 $\{b_n\}$ を，数列 $\{a_n\}$ の階差数列という．

【数列の和】

（1） 和の記号 Σ

$a_1 + a_2 + a_3 + \cdots\cdots + a_n$ を $\sum_{k=1}^{n} a_k$ と書く．

（2） 等差数列の和

$$(\text{等差数列の和}) = \frac{(\text{初項}) + (\text{末項})}{2} \cdot (\text{項数})$$

（3） 等比数列の和

（公比）$\neq 1$ のとき，

$$(\text{等比数列の和}) = (\text{初項}) \cdot \frac{1 - (\text{公比})^{\text{項数}}}{1 - (\text{公比})} = (\text{初項}) \cdot \frac{(\text{公比})^{\text{項数}} - 1}{(\text{公比}) - 1}$$

（公比）$= 1$ のとき，

$$(\text{等比数列の和}) = (\text{初項}) \cdot (\text{項数})$$

（4） 和の公式

- $\sum_{k=1}^{n} c = nc$　　とくに，$\sum_{k=1}^{n} 1 = n$
- $\sum_{k=1}^{n} k = \frac{1}{2} n(n+1)$
- $\sum_{k=1}^{n} k^2 = \frac{1}{6} n(n+1)(2n+1)$
- $\sum_{k=1}^{n} k^3 = \left\{ \frac{1}{2} n(n+1) \right\}^2$

（5） 数列の和と一般項

数列 $\{a_n\}$ の初項から第 n 項までの和を S_n とすると，

$n=1$ のとき，$a_1 = S_1$

$n \geqq 2$ のとき，$a_n = S_n - S_{n-1}$

【漸化式】

例えば，数列 $\{a_n\}$ が

$$a_1=1,\ a_{n+1}=2a_n+n$$

を満たすとしよう．

$$a_2=2a_1+1=2+1=3$$
$$a_3=2a_2+2=2\cdot3+2=8$$
$$\cdots\cdots\cdots\cdots$$

となり，順次 a_2，a_3，……の値がただ1通りに定まる．したがって，数列 $\{a_n\}$ は，$a_1=1$，$a_{n+1}=2a_n+n$ によって定められる．

$a_{n+1}=2a_n+n$ のように，a_n の値を順次決めていくことができる式を漸化式という．

【数学的帰納法】

自然数 n に関する命題が，すべての自然数 n に対して成り立つことを証明するには，次の2つのことを示せばよい．

［1］ $n=1$ のときこの命題が成り立つ．

［2］ $n=k$ のときこの命題が成り立つと仮定すると，$n=k+1$ のときもこの命題が成り立つ．

◆1 数列／書き並べた数列の一般項を n で表す

（ア） 次の数列は，3で割ると1余る正の整数を小さい順に並べたものである．この数列 $\{a_n\}$ の一般項を n で表せ．答のみでよい．

1，4，7，10，13，16，19，……

（イ） 以下の有限数列の一般項を n で表すことを考える．一般項として適するものを1つ求めよ．答えのみでよい．

（1） 1，4，9，16，25，36

（2） $\frac{1}{1}$，$\frac{3}{2}$，$\frac{5}{4}$，$\frac{7}{8}$，$\frac{9}{16}$，$\frac{11}{32}$

（3） $\frac{1}{3}$，$\frac{3}{5}$，$\frac{7}{9}$，$\frac{15}{17}$，$\frac{31}{33}$，$\frac{63}{65}$

数列とは 正の奇数を小さい順に並べると

1，3，5，7，9，11，13，15，17，…… ……①

となる．このように数を一列に並べたものを数列といい，数列に現れる各数を数列の項という．

数列の一般項 数列を一般的に表すには，1つの文字に項の番号を右下に添えて，

a_1，a_2，a_3，……，a_n，a_{n+1}，……

のように書く（右下の字を添字（そえじ）という）．a_1 を初項（第1項），a_2 を第2項などといい，n 番目の項 a_n を第 n 項という．また，この数列を第 n 項に{　}をつけて $\{a_n\}$ と表すことが多い．

つまり，$\{a_n\}$： a_1，a_2，a_3，……，a_n，a_{n+1}，……

$\{a_n\}$ は，$\{a_n\}$（$n=1$，2，……）と表すこともある．

①の数列を $\{a_n\}$ とすると，第 n 項は，$a_n=2n-1$ と表せる（$n=1$ のとき $a_1=2\cdot1-1=1$，$n=2$ のとき $a_2=2\cdot2-1=3$ で，確かに順に1，3になっている）．

このように，数列 $\{a_n\}$ において，第 n 項 a_n が n の式で表されるとき，これを数列 $\{a_n\}$ の一般項という．この例の場合は $\{a_n\}$ の一般項は $a_n=2n-1$ である．**ぴったし n 番目の項（$=a_n$）でないと，一般項とはいわないことに注意しよう**（$2n+1$ は，$n+1$ 番目の項なので $\{a_n\}$ の一般項ではない）．

1，4，9，16，25，36，……の一般項は n^2 とは限らない 初めの数項が与えられただけでは，一般項は1つに決まらない．この場合，$n^2+(n-1)(n-2)(n-3)(n-4)(n-5)(n-6)$ もOKである．

解 答

（ア） $\boldsymbol{a_n=3n-2}$

⇨注 3で割って1余る整数は $3n+1$ と表せるが，$n=1$ のとき4であり，初項でなく第2項なので，$3n+1$ は一般項ではない．

▨（ア）の数列は，この一般項を用いて，$\{3n-2\}$ と表すこともできる．

（イ） [（3）は，分母＋分子＝2^{n+1}，分母－分子＝2に着目して，]

（1） $\boldsymbol{n^2}$　（2） $\boldsymbol{\frac{2n-1}{2^{n-1}}}$　（3） $\boldsymbol{\frac{2^n-1}{2^n+1}}$

▶◀1 演習題（解答は p.20）

（ア） 次の数列 $\{a_n\}$ は，4で割ると1余る正の整数を小さい順に並べたものである．

一般項は，□である．　1，5，9，13，17，21，……

（イ）（1） 1，−4，9，−16，25，−36 の一般項として，□は適する．

（2） $\frac{1}{2}$，$\frac{2}{7}$，$\frac{1}{4}$，$\frac{4}{17}$，$\frac{5}{22}$，$\frac{2}{9}$ の一般項として，□は適する．

（イ）（2） 約分された分数が並んでいる．

5分

◆2 等差数列／一般項

（ア） 公差が 3，第 7 項が 1 である等差数列 $\{a_n\}$ の一般項を求めよ．
（イ） 第 6 項が -5，第 11 項が 10 である等差数列 $\{a_n\}$ の一般項を求めよ．

（等差数列） 例えば，初項 2 から始めて直前の項に 3 を加えたものを次の項とすると

2，5，8，11，14，17，……

という数列が得られる．一般に，数列

a_1，a_2，a_3，……，a_n，……

において，直前の項に一定の数 d を加えると次の項が得られる（$\boldsymbol{a_{n+1}=a_n+d}$）のとき，この数列を等差数列といい，$d$ をその公差という．つまり，$a_{n+1}-a_n$ が n によらない定数（d とする）になるとき $\{a_n\}$ は等差数列であり，その公差は d である．

数列 $\{a_n\}$ が等差数列であることを示すには，例えば，$a_{n+1}-a_n$ が n によらない定数であることを示せばよい．

（等差数列の一般項） 初項が a，公差が d である数列 $\{a_n\}$ の一般項は，右図から

$$a_n=a+(n-1)d$$

a_1 a_2 a_3 …… a_{n-1} a_n
$+d$ $+d$ $+d$ …… $+d$ $+d$
$n-1$ 個

となる．この右辺を整理すると，$a_n=dn+(a-d)$ となり，右辺は n の 1 次（以下の）式である．一般項が n の 1 次式 $a_n=pn+q$ で表される数列は等差数列である．公差は n の係数 p である（初項は $a_1=p+q$）．標語的に書けば，

「**等差数列 ⇨ 1 次式**」 「**1 次式 ⇨ 等差数列**」

解答

（ア） 初項を a とすると，$\{a_n\}$ の一般項は，$a_n=a+(n-1)\cdot 3$

第 7 項が 1 であるから，$1=a+(7-1)\cdot 3$ $\therefore$ $a=-17$

よって，$a_n=-17+(n-1)\cdot 3=\boldsymbol{3n-20}$

⇦ $a_7=a+6d$，つまり $a=a_7-6d$ により $a=1-6\times 3$ として a を求めることもできる．

（イ） 初項を a，公差を d とすると，$a_n=a+(n-1)d$

第 6 項が -5 であるから，$a+5d=-5$ ……①

第 11 項が 10 であるから，$a+10d=10$ ……②

よって，$5d=15$ により $d=3$ で，$a=-5-5d=-20$

⇦②−①を作った．

したがって，一般項は，$a_n=-20+(n-1)\cdot 3=\boldsymbol{3n-23}$

▶2 演習題（解答は p.20）

（ア） 公差が 4，第 10 項が -1 である等差数列 $\{a_n\}$ の一般項を求めよ．また，83 はこの数列の第何項か．
（イ） 第 7 項が -8，第 13 項が 34 である等差数列 $\{a_n\}$ の一般項を求めよ．

⏱ 4 分

◆3 等差数列／和

(ア) 等差数列 98, 94, 90, …, 22, 18 の和を求めよ．
(イ) 1 から 100 までの整数のうち，6 で割ると 1 余る数の和を求めよ．
(ウ) 初項から第 7 項までの和が 203，初項から第 14 項までの和が 798 である等差数列の一般項を求めよ．

等差数列の和 1 から 10 までの和 S を求めるとき右のように，$2S=11\times10$ から $S=55$ とする方法が有名である．

$$\begin{array}{rl} S= & 1+2+3+4+5+6+7+8+9+10 \\ +)\ S= & 10+9+8+7+6+5+4+3+2+1 \\ \hline 2S= & 11+11+11+11+11+11+11+11+11+11 \end{array}$$

等差数列の和も同様にして求めることができる．

初項 a，公差 d，項数 n の等差数列の和 S_n を求めよう．最後の項（末項）は $a+(n-1)d$ であり，これを l とおく．初項から末項まで足す式と，その逆順に足す式を用意して，辺々を加える．

$$\begin{array}{rl} S_n= & a+(a+d)+(a+2d)+\cdots+(l-2d)+(l-d)+l \\ +)\ S_n= & l+(l-d)+(l-2d)+\cdots+(a+2d)+(a+d)+a \\ \hline 2S_n= & (a+l)+(a+l)+(a+l)+\cdots+(a+l)+(a+l)+(a+l) \\ = & (a+l)\times n \end{array}$$

したがって，次の公式が得られる（次の形で覚えて計算するのがお勧めである）．

$$\text{(等差数列の和)}=\frac{\text{(初項)}+\text{(末項)}}{2}\cdot\text{(項数)}$$

［右辺は，等差数列全体の平均 $\dfrac{\text{(初項)}+\text{(末項)}}{2}$ が（項数）ぶんあることを表す］

解 答

(ア) この等差数列を $\{a_n\}$ とする．初項は $a_1=98$，公差は -4 であるから，一般項は，$a_n=98+(n-1)\cdot(-4)=-4n+102$

⇦上の公式を使うには，あとは項数が分かればよい．

$a_n=18$ のとき，$-4n+102=18$　∴ $4n=84$　∴ $n=21$

よって，求める和 S は，$S=\dfrac{98+18}{2}\cdot21=58\cdot21=\mathbf{1218}$

(イ) 1 から 100 までの整数のうち，6 で割ると 1 余る数を順に並べると，

$6\cdot0+1,\ 6\cdot1+1,\ 6\cdot2+1,\ \cdots,\ 6\cdot16+1$

⇦1, 7, 13, …, 97

となる．これは初項 1，末項 97，項数 17 の等差数列であるから，求める和 S は，

⇦0～16 は 17 個

$S=\dfrac{1+97}{2}\cdot17=49\cdot17=\mathbf{833}$

(ウ) この数列 $\{a_n\}$ の初項を a，公差を d とすると，$a_n=a+(n-1)d$

問題文の条件から，$\dfrac{a+(a+6d)}{2}\cdot7=203$，$\dfrac{a+(a+13d)}{2}\cdot14=798$

∴ $2a+6d=58$，$2a+13d=114$

⇦203÷7=29，798÷7=114

よって，$7d=114-58=56$ により $d=8$ で，$a=5$

∴ $a_n=5+(n-1)\cdot8=\mathbf{8n-3}$

▶3 演習題（解答は p.20）

(ア) 等差数列 97, 94, 91, …, 1, −2 の和を求めよ．
(イ) 1 から 200 までの整数のうち，5 で割ると 2 余る数の和を求めよ．
(ウ) 初項から第 5 項までの和が 20，第 3 項から第 7 項までの和が −10 である等差数列の初項は ☐，公差は ☐ である．　（千葉工大）

🕒10 分

◆4 等比数列／一般項

（ア） 公比が3，第6項が486である等比数列$\{a_n\}$の一般項を求めよ．
（イ） 第6項が24，第9項が192である等比数列$\{a_n\}$の一般項を求めよ．

等比数列 例えば，初項1から始めて直前の項を3倍したものを次の項とすると

1，3，9，27，81，243，……

という数列が得られる．一般に，数列

a_1，a_2，a_3，……，a_n，……

において，直前の項に一定の数rを掛けると次の項が得られる（$\boldsymbol{a_{n+1}=ra_n}$）とき，この数列を等比数列といい，$r$をその公比という．

各項が0でない数列$\{a_n\}$が等比数列であることを示すには，例えば，$\dfrac{a_{n+1}}{a_n}$がnによらない定数であることを示せばよい．

等比数列の一般項 初項がa，公比がrである数列$\{a_n\}$の一般項は，右図から，

$a_n=ar^{n-1}$

となる．（$a_n=Ar^n$の形は等比数列）

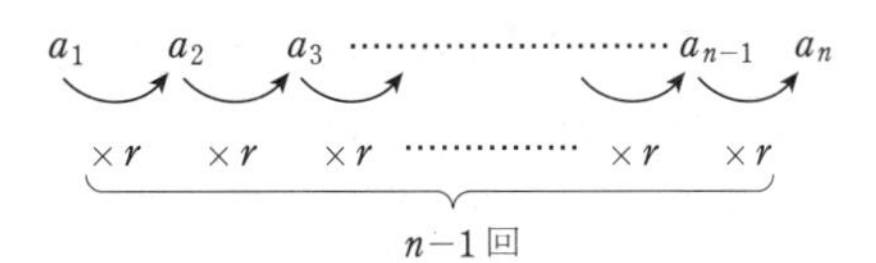

解答

（ア） 初項をaとすると，$\{a_n\}$の一般項は，$a_n=a\cdot 3^{n-1}$

第6項が486であるから，$486=a\cdot 3^5=243a$　$\therefore$ $a=2$

よって，$\boldsymbol{a_n=2\cdot 3^{n-1}}$

（イ） 初項をa，公比をrとすると，$a_n=ar^{n-1}$

第6項が24であるから，$ar^5=24$ ……………………①

第9項が192であるから，$ar^8=192$ ……………………②

②÷①により，$r^3=8$　$\therefore$ $r=2$　⇦$8=2^3$

①から，$a=\dfrac{24}{2^5}=\dfrac{3}{4}$　$\therefore$ $a_n=\dfrac{3}{4}\cdot 2^{n-1}=\boldsymbol{3\cdot 2^{n-3}}$　⇦$\dfrac{1}{4}=2^{-2}$

▨ 等差数列や等比数列の一般項の表し方について．

等差数列の一般項（第n項）はnの1次（以下の）式で表されるので，その一般項は通常$pn+q$の形で答える．

等比数列の一般項は，Ar^nの形になるが，等比数列の一般項を答えるとき，指数の部分を「n」にする慣習はない．例えば本問の(ア)の答えは，

$a_n=2\cdot 3^{n-1}=\dfrac{2}{3}\cdot 3^n$となるが，$\dfrac{2}{3}\cdot 3^n$の方が見易い形ではないからである．

⇦分数が現れるし，“約分”し忘れているようにも見える．

（イ）の場合，$a_n=\dfrac{3}{4}\cdot 2^{n-1}$……③ を$a_n=3\cdot 2^{n-3}$に直して，分数が現れない形を答えにしたが，③を答えにしてもよいだろう．指数の部分が「$n-1$」の形だと，初項と公比がすぐに分かるメリットがあるからである．

▨ 演習題の解答では，③ではなく$3\cdot 2^{n-3}$のような形で答えることにする．

◆4 演習題 （解答は p.20）

（ア） 公比が4，第7項が42である等比数列$\{a_n\}$の一般項を求めよ．
（イ） 第5項が162，第8項が6である等比数列$\{a_n\}$の一般項を求めよ．

5分

◆5 等比数列／和

（ア） 等比数列 2, −6, 18, −54, …, 1458 の和を求めよ．
（イ） 第5項が96，第6項が384である等比数列の初項から第 n 項までの和を求めよ．
（ウ） 初項から第3項までの和が26，初項から第6項までの和が728である等比数列の公比を求めよ．

等比数列の和 S_n-rS_n を考えることで求めることができる．
初項 a，公比 r，項数 n の等比数列の和 S_n を求めよう．末項は ar^{n-1} である．

$$\begin{array}{rrl} & S_n= & a+ar+ar^2+\cdots+ar^{n-1} \\ -) & rS_n= & \phantom{a+{}} ar+ar^2+\cdots+ar^{n-1}+ar^n \\ \hline & (1-r)S_n= & a \qquad\qquad\qquad\qquad -ar^n \\ & = & a(1-r^n) \end{array}$$

よって，$r\neq1$ のとき，$S_n=a\cdot\dfrac{1-r^n}{1-r}=a\cdot\dfrac{r^n-1}{r-1}$ （$r<1$ なら中辺で，$r>1$ なら右辺で計算するのがよいだろう）

$r=1$ のときは，　$S_n=a+a+\cdots\cdots+a=na$

したがって，次の公式が得られる．

(公比)≠1のとき，(等比数列の和)＝(初項)・$\dfrac{1-(\text{公比})^{\text{項数}}}{1-(\text{公比})}$＝(初項)・$\dfrac{(\text{公比})^{\text{項数}}-1}{(\text{公比})-1}$

(公比)＝1のとき，(等比数列の和)＝(初項)・(項数)

解答

（ア） この等比数列を $\{a_n\}$ とする．初項は $a_1=2$，公比は -3 であるから，一般項は，$a_n=2\cdot(-3)^{n-1}$

⇦上の公式を使うには，あとは項数が分かればよい．

$a_n=1458$ のとき，$2\cdot(-3)^{n-1}=1458$　　$\therefore\ (-3)^{n-1}=729=3^6=(-3)^6$

よって $n=7$ であり，求める和 S は，$S=2\cdot\dfrac{1-(-3)^7}{1-(-3)}=2\cdot\dfrac{1+2187}{4}=\mathbf{1094}$

⇦$n-1=6$

（イ） この等比数列を $\{a_n\}$ とする．公比は，$a_6\div a_5=384\div96=4$ である．初項を a とすると，$a_n=a\cdot4^{n-1}$　　$\therefore\ a_5=a\cdot4^4$

$a_5=96$ であるから，$a=\dfrac{96}{4^4}=\dfrac{6}{4^2}=\dfrac{3}{8}$

よって，求める和 S_n は，$S_n=\dfrac{3}{8}\cdot\dfrac{4^n-1}{4-1}=\mathbf{\dfrac{1}{8}(4^n-1)}$

⇦和を求めるのに一般項は不要．

（ウ） この数列 $\{a_n\}$ の初項を a，公比を r，第 n 項までの和を S_n とする．$r=1$ のとき，$S_n=na$．$S_3=3a$，$S_6=6a$ となるが，$S_3=26$ のとき $S_6=26\times2=52$ となり，$S_6=728$ を満たさない．よって $r\neq1$ であり，$S_3=a\cdot\dfrac{r^3-1}{r-1}$，$S_6=a\cdot\dfrac{r^6-1}{r-1}$

⇦$r=1$ かどうか調べる．（$r=1$，$r\neq1$ で場合分け）

$$\therefore\ \frac{S_6}{S_3}=\frac{r^6-1}{r^3-1}=\frac{(r^3+1)(r^3-1)}{r^3-1}=r^3+1$$

よって，$r^3+1=\dfrac{S_6}{S_3}=\dfrac{728}{26}=28$　　$\therefore\ r^3=27=3^3$　　$\therefore\ \mathbf{r=3}$

$r=3$ のとき $S_3=a\cdot\dfrac{3^3-1}{3-1}=13a$
これが26であるから $a=2$
⇦よって，一般項は $a_n=2\cdot3^{n-1}$

▶5 演習題（解答は p.21）

（ア） 等比数列　3, −6, 12, −24, …, 3072　の和を求めよ．
（イ） 第3項が96，第6項が −12 である等比数列の初項から第 n 項までの和を求めよ．
（ウ） ある等比数列の初項から第 n 項までの和が54，初項から第 $2n$ 項までの和が63であるとき，この等比数列の初項から第 $3n$ 項までの和は［　　］である．　（摂南大・工）

（ウ） $\dfrac{S_{2n}}{S_n}$，$\dfrac{S_{3n}}{S_n}$ を作ってみよう．

🕒12分

6 和の計算

次の和を求めよ．((1)，(2)は因数分解した形で答えよ．)

(1) $\sum_{k=1}^{n}(2k+3)$　(2) $\sum_{k=1}^{n}(k^2+3k+1)$　(3) $\sum_{k=1}^{n}4\cdot 3^{k-1}$　(4) $\sum_{k=1}^{n}4^k$

和の記号Σ 数列 $\{a_n\}$ について，第1項から第 n 項までの和 $a_1+a_2+\cdots+a_n$ を記号Σ（シグマと読む）を用いて，$\sum_{k=1}^{n}a_k$ と表す．つまり，$\sum_{k=1}^{n}a_k=a_1+a_2+\cdots+a_n$

$\sum_{k=1}^{n}a_k$ は，k を 1，2，…，n としたときのすべての a_k の和を表す．文字 k は，i や j など，なんでもよく，$\sum_{k=1}^{n}a_k=\sum_{i=1}^{n}a_i=\sum_{j=1}^{n}a_j$ である．また，第2項から第 n 項までの和なら，$\sum_{k=2}^{n}a_k$ となる．

なお，$\sum_{k=1}^{n}c=c$ とミスしないように．$\sum_{k=1}^{n}c=\overbrace{c+c+\cdots+c}^{n\text{個}}=nc$ である．

Σの性質 $\sum_{k=1}^{n}(pa_k+qb_k)=p\sum_{k=1}^{n}a_k+q\sum_{k=1}^{n}b_k$　（p，q は k に無関係な定数）

数列の和の公式 教科書に出てくるものなどをまとめておこう．

- $\boldsymbol{\sum_{k=1}^{n}c=nc}$　とくに，$\boldsymbol{\sum_{k=1}^{n}1=n}$
- $\boldsymbol{\sum_{k=1}^{n}k=\frac{1}{2}n(n+1)}$
- $\boldsymbol{\sum_{k=1}^{n}k^2=\frac{1}{6}n(n+1)(2n+1)}$
- $\boldsymbol{\sum_{k=1}^{n}k^3=\left\{\frac{1}{2}n(n+1)\right\}^2=\frac{1}{4}n^2(n+1)^2}$
- $\boldsymbol{\sum_{k=1}^{n}r^{k-1}=\frac{1-r^n}{1-r}=\frac{r^n-1}{r-1}}$　$\boldsymbol{(r\neq 1)}$　（⇦ 左辺は，$\sum_{k=1}^{n}r^k$ ではなく $\sum_{k=1}^{n}r^{k-1}$ であることに注意）

解答

(1) $\sum_{k=1}^{n}(2k+3)=2\sum_{k=1}^{n}k+\sum_{k=1}^{n}3=2\cdot\frac{1}{2}n(n+1)+3n=\boldsymbol{n(n+4)}$

▨ 1次式は等差数列を表すことに着目して，等差数列の和の公式を使うと，

$$\sum_{k=1}^{n}(2k+3)=\frac{(2\cdot1+3)+(2n+3)}{2}n=(n+4)n$$

⇦この方法だと，直接因数分解された形が得られ，お勧めである．

(2) $\sum_{k=1}^{n}(k^2+3k+1)=\sum_{k=1}^{n}k^2+3\sum_{k=1}^{n}k+\sum_{k=1}^{n}1$

$=\frac{1}{6}n(n+1)(2n+1)+3\cdot\frac{1}{2}n(n+1)+n=\frac{1}{6}n\{(n+1)(2n+1)+9(n+1)+6\}$

$=\frac{1}{6}n(2n^2+12n+16)=\frac{1}{3}n(n^2+6n+8)=\boldsymbol{\frac{1}{3}n(n+2)(n+4)}$

(3) $\sum_{k=1}^{n}4\cdot3^{k-1}=4\sum_{k=1}^{n}3^{k-1}=4\cdot\frac{3^n-1}{3-1}=\boldsymbol{2(3^n-1)}$

⇦初項4，公比3，項数 n の等比数列の和として計算してもよい．

(4) $\sum_{k=1}^{n}4^k=\sum_{k=1}^{n}4\cdot4^{k-1}=4\sum_{k=1}^{n}4^{k-1}=4\cdot\frac{4^n-1}{4-1}=\boldsymbol{\frac{4}{3}(4^n-1)}$

⇦初項4，公比4，項数 n の等比数列の和として計算してもよい．

6 演習題 (解答は p.21)

次の和を求めよ．((1)，(2)は因数分解した形で答えよ．)

(1) $\sum_{k=1}^{n}(3k+2)$　(2) $\sum_{k=1}^{n}(2k+1)(k+5)$

(3) $\sum_{k=1}^{n}3\cdot(-2)^{k-1}$　(4) $\sum_{k=1}^{n}(-3)^k$

(2)は，シグマの中身を展開してから計算する．

7分

7 階差数列と一般項

（ア） 数列 2，4，9，17，28，42，…（この数列 $\{a_n\}$ の階差数列 $\{b_n\}$ は等差数列である）の一般項を求めよ．

（イ） 数列 7，25，79，241，727，2185，…（この数列 $\{a_n\}$ の階差数列 $\{b_n\}$ は等比数列である）の一般項を求めよ．

階差数列 数列 $\{a_n\}$ の隣り合う 2 つの項の差

$b_n=a_{n+1}-a_n$ （$n=1, 2, 3, \cdots$）

を項とする数列 $\{b_n\}$ を，数列 $\{a_n\}$ の階差数列という．

$a_1 \quad a_2 \quad a_3 \quad a_4 \quad a_5 \cdots\cdots$
$b_1 \quad b_2 \quad b_3 \quad b_4 \cdots\cdots$

$c_n=a_n-a_{n-1}$ も，$\{a_n\}$ の隣り合う 2 つの項の差であるが，これは階差数列そのものではなく，添字が 1 つずれている．「階差数列と一般項」の公式を使うとき，$\{c_n\}$ を階差数列として安直に当てはめると間違うので要注意！ 階差数列に $n=1$ を代入すると初項 a_2-a_1 になる（$b_1=a_2-a_1$）ことを使ってミスを防ごう（c_n に $n=1$ を代入すると，右辺に a_0（これは何？）が現れてしまう）．

階差数列と一般項 階差数列の和を計算することで，もとの数列の一般項を表すことができる．

数列 $\{a_n\}$ の階差数列が $\{b_n\}$ のとき，$b_n=a_{n+1}-a_n$ が成り立つから，$n\geqq 2$ のとき，

$$\sum_{k=1}^{n-1} b_k=\sum_{k=1}^{n-1}(a_{k+1}-a_k)=\sum_{k=1}^{n-1}a_{k+1}-\sum_{k=1}^{n-1}a_k$$ ［$n-1\geqq 1$ により $n\geqq 2$ のときの式である］

$$=(a_2+a_3+\cdots+a_{n-1}+a_n)-(a_1+a_2+\cdots+a_{n-2}+a_{n-1}) \quad \cdots\cdots☆$$

$$=a_n-a_1$$ （〰〰の部分がキャンセルされる）

よって，次の公式が得られる．数列 $\{a_n\}$ の階差数列を $\{b_n\}$ とする．

$n\geqq 2$ のとき，$a_n=a_1+\sum_{k=1}^{n-1}(a_{k+1}-a_k)=a_1+\sum_{k=1}^{n-1}b_k$

☆は，$\sum_{k=2}^{n}a_k-\sum_{k=2}^{n}a_{k-1}=\sum_{k=2}^{n}(a_k-a_{k-1})$ とも表せるので，$a_n=a_1+\sum_{k=2}^{n}(a_k-a_{k-1})$ （$n\geqq 2$）と表すこともできる．［$k=2$，…，n の和なので，$n\geqq 2$ のときに通用する式である］

―― や ……… の部分は，シグマの範囲に確信がもてなければ具体的に書き並べて確認しよう．

解答

（ア） 階差数列 $\{b_n\}$ は等差数列で，2，5，8，11，14，…… であるから，初項 2，公差 3 の等差数列である．よって，$b_n=2+3(n-1)=3n-1$．$n\geqq 2$ のとき，

$$a_n=a_1+\sum_{k=1}^{n-1}(a_{k+1}-a_k)=a_1+\sum_{k=1}^{n-1}b_k=2+\frac{b_1+b_{n-1}}{2}(n-1)=2+\frac{3n-2}{2}(n-1)$$

（$n=1$ でも OK）

$$\therefore \quad a_n=\frac{1}{2}(3n^2-5n+6)$$

（イ） 階差数列 $\{b_n\}$ は等比数列で，18，54，162，486，1458，…… であるから，初項 18，公比 3 の等比数列である．よって，$n\geqq 2$ のとき，

$$a_n=a_1+\sum_{k=1}^{n-1}(a_{k+1}-a_k)=a_1+\sum_{k=1}^{n-1}b_k=7+18\cdot\frac{3^{n-1}-1}{3-1}$$ （$n=1$ でも OK）

$$\therefore \quad a_n=7+9(3^{n-1}-1)=3^{n+1}-2$$

演習題の解答のように処理するのも手である．

⇦ $\sum_{k=1}^{n-1}b_k$ は，初項 b_1，末項 b_{n-1}，項数 $n-1$ の等差数列の和．また右辺で $n=1$ を代入すると 2 になり，$\{a_n\}$ の初項に一致する．また，$b_{n-1}=3(n-1)-1=3n-4$

⇦ $\sum_{k=1}^{n-1}b_k$ は，初項 18，公比 3，項数 $n-1$ の等比数列の和．

7 演習題 （解答は p.22）

（ア） 数列 1，4，11，22，37，56，……（この数列 $\{a_n\}$ の階差数列 $\{b_n\}$ は等差数列である）の一般項を求めよ．

（イ） 数列 1，11，111，1111，…… の第 n 項 a_n は 1 を n 個並べてできる n 桁の整数である．一般項 a_n を求め，初項から第 n 項までの和 S を求めよ．（愛知学院大）

10分

◆8 和と一般項の関係

(ア) 初項から第 n 項までの和 S_n が $S_n=n^2+5n$ で表される数列 $\{a_n\}$ の一般項を求めよ．
(イ) 初項から第 n 項までの和 S_n が $S_n=2^n$ で表される数列 $\{a_n\}$ の一般項を求めよ．

数列の和と一般項　数列 $\{a_n\}$ の初項から第 n 項までの和を S_n とする．右の計算により，

$$\begin{array}{rl} & S_n \quad =a_1+a_2+\cdots+a_{n-1}+a_n \\ -) & S_{n-1}=a_1+a_2+\cdots+a_{n-1} \qquad (n\geqq 2) \\ \hline & S_n-S_{n-1}= \qquad\qquad\qquad a_n \end{array}$$

$S_n-S_{n-1}=a_n$　$(n\geqq 2)$

となる（$n=1$ のとき，S_0 という意味をなさないものが現れるので $n\geqq 2$）．$n=1$ のときは，$S_1=a_1$ が成り立つ．これらをまとめると，

$n\geqq 2$ のとき，$a_n=S_n-S_{n-1}$
$n=1$ のとき，$a_1=S_1$

解 答

(ア) $n\geqq 2$ のとき，

$a_n=S_n-S_{n-1}=(n^2+5n)-\{(n-1)^2+5(n-1)\}$
$=\{n^2-(n-1)^2\}+5\{n-(n-1)\}=2n-1+5=\boldsymbol{2n+4}$ ……………… ①

$n=1$ のとき，$a_1=S_1=1+5=6$ であるから，①は $n=1$ のときも成立．

(イ) **$n\geqq 2$ のとき，**

$a_n=S_n-S_{n-1}=2^n-2^{n-1}=2\cdot 2^{n-1}-2^{n-1}=\boldsymbol{2^{n-1}}$ ……………………………… ②

$n=1$ のとき，$a_1=S_1=2$　（$n=1$ のとき，②は通用しない）

▨(ア)，(イ)について．与えられた S_n の式の n に 0 を代入した S_0 が 0 なら，

$a_n=S_n-S_{n-1}$

は $n\geqq 1$ で成り立つ．(ア)では $S_0=0$，(イ)では $S_0=1$ であるから，①は $n=1$ のときでも通用するが，②は $n=1$ のとき通用しないわけである．

▶8 演習題（解答は p.22）

(ア) 初項から第 n 項までの和 S_n が $S_n=n^3+n^2$ で表される数列 $\{a_n\}$ の一般項を求めよ．
(イ) 初項から第 n 項までの和 S_n が $S_n=3^n$ で表される数列 $\{a_n\}$ の一般項を求めよ．
(ウ) 初項から第 n 項までの和 S_n が $S_n=n^2+n+c\cdot 2^n$（c は定数）で表される数列 $\{a_n\}$ が $a_4=0$ を満たすとき，c の値と数列 $\{a_n\}$ の一般項を求めよ．

5分

◆9 数列を書き並べる，n で表す

（ア） 次の数列の第1項から第5項までを左から順に書き並べよ．また，第 $n+1$ 項を書け．
（1） $\{a_n+2\}$ （2） $\{a_n+n\}$ （3） $\{na_n-1\}$ （4） $\{n^2a_n-n\}$
（イ） $a_n=3n-1$ のとき，(ア)の(1)～(4)の数列の第1項から第5項までを左から順に書き並べよ．
（ウ） $a_n=3n-1$ のとき，(ア)の(1)～(4)の数列の一般項を求めよ．

（とりあえず書き出してみる） 数列では，最初の数項を書き出してみると，状況がつかみやすくなる．よく分からない数列ではまずはこれを実行しよう．これを「実験する」などと表現する．

例えば，$\{a_{n+1}+n^2\}$ を考えてみよう．この数列の第1項，第2項，…，第5項は，n を1，2，3，4，5としたもの（添え字の n だけでなく，n^2 の n も1，2，3，4，5とすることに注意）であるから，次のようになる．

$\{a_{n+1}+n^2\}$ ： a_2+1^2，a_3+2^2，a_4+3^2，a_5+4^2，a_6+5^2

また，第 $n+1$ 項は，$n⇨n+1$ として（第 k 項は $a_{k+1}+k^2$ であり，この k をすべて $k=n+1$ として），$a_{(n+1)+1}+(n+1)^2$，つまり $a_{n+2}+(n+1)^2$

次に，例えば，$a_n=2n-5$ とすると，$a_2=-1$，$a_3=1$，$a_4=3$，$a_5=5$，$a_6=7$ であり，上で書き出した項は，具体的に表すことができて，

$\{a_{n+1}+n^2\}$ ： 0，5，12，21，32 ……………………①

となる．$a_n=2n-5$ で，$n⇨n+1$ とすると，$a_{n+1}=2(n+1)-5=2n-3$ であり，$a_{n+1}+n^2=n^2+2n-3$ となる．よって，$\{a_{n+1}+n^2\}$ の一般項は n^2+2n-3 ……② である．②で $n=1$，2，3，4，5とすると，確かに①と一致している．

解答

（ア） **第1項から第5項までを書き並べると，**

（1） $\boldsymbol{a_1+2}$，$\boldsymbol{a_2+2}$，$\boldsymbol{a_3+2}$，$\boldsymbol{a_4+2}$，$\boldsymbol{a_5+2}$

（2） $\boldsymbol{a_1+1}$，$\boldsymbol{a_2+2}$，$\boldsymbol{a_3+3}$，$\boldsymbol{a_4+4}$，$\boldsymbol{a_5+5}$

（3） $\boldsymbol{a_1-1}$，$\boldsymbol{2a_2-1}$，$\boldsymbol{3a_3-1}$，$\boldsymbol{4a_4-1}$，$\boldsymbol{5a_5-1}$

（4） $\boldsymbol{a_1-1}$，$\boldsymbol{4a_2-2}$，$\boldsymbol{9a_3-3}$，$\boldsymbol{16a_4-4}$，$\boldsymbol{25a_5-5}$

第 $\boldsymbol{n+1}$ 項は， （1） $\boldsymbol{a_{n+1}+2}$ （2） $\boldsymbol{a_{n+1}+n+1}$
（3） $\boldsymbol{(n+1)a_{n+1}-1}$ （4） $\boldsymbol{(n+1)^2a_{n+1}-(n+1)}$

（イ） （1） **4，7，10，13，16** （2） **3，7，11，15，19**
（3） **1，9，23，43，69** （4） **1，18，69，172，345**

⇦$a_1=2$，$a_2=5$，$a_3=8$，$a_4=11$，$a_5=14$

（ウ） （1） $a_n+2=(3n-1)+2=\boldsymbol{3n+1}$
（2） $a_n+n=(3n-1)+n=\boldsymbol{4n-1}$
（3） $na_n-1=n(3n-1)-1=\boldsymbol{3n^2-n-1}$
（4） $n^2a_n-n=n^2(3n-1)-n=\boldsymbol{3n^3-n^2-n}$

➡**注** 一般項をもとに第1項から第5項を計算して(イ)と一致することを確かめることで，一般項の答えのチェックができる．

▶◁9 演習題 （解答は p.23）

（ア） 次の数列の第1項から第5項までを左から順に書き並べよ．また第 $n+1$ 項を書け．
（1） $\{a_n+3\}$ （2） $\{a_n+2n\}$ （3） $\{na_n+2\}$ （4） $\{n^2a_n-n-1\}$
（イ） $a_n=4n-5$ のとき，(ア)の(1)～(4)の数列の第1項から第5項までを左から順に書き並べよ．
（ウ） $a_n=4n-5$ のとき，(ア)の(1)～(4)の数列の一般項を求めよ．

🕒12分

◆10 漸化式／順番に求める

次の条件で定まる数列 $\{a_n\}$ について，a_5 の値を求めよ．

（１） $a_1=1$，$a_{n+1}=2a_n+n$　$(n=1,\ 2,\ 3,\ \cdots)$

（２） $a_1=1$，$a_{n+1}=-na_n+n^2$　$(n=1,\ 2,\ 3,\ \cdots)$

（３） $a_1=1$，$a_{n+1}={a_n}^2+n$　$(n=1,\ 2,\ 3,\ \cdots)$

（４） $a_1=1$，$a_2=2$，$a_{n+2}=3a_{n+1}+a_n$　$(n=1,\ 2,\ 3,\ \cdots)$

漸化式とは　$a_1=1$ ……①，$a_{n+1}=2a_n+1$ $(n=1,\ 2,\ 3,\ \cdots)$ ……②　を満たす数列 $\{a_n\}$ を考えてみよう．②で $n=1$ とした式に①を使うと，$a_2=2a_1+1=2\cdot1+1=3$ ……③　と a_2 が求まる．②で $n=2$ とした式に③を使うと，$a_3=2a_2+1=2\cdot3+1=7$……④　と求まる．以下，a_4，a_5，… と順番に決まっていくことが分かるだろう．②のように，a_n の値を順次決めていくことができる式を漸化式（ぜんかしき）と言う．

（４）について　漸化式 $a_{n+2}=3a_{n+1}+a_n$ で $n=1$ とした $a_3=3a_2+a_1$ と $a_1=1$，$a_2=2$ を用いて a_3 が求まる．a_4 は $a_4=3a_3+a_2$ なので，a_2 とさきほど求めた a_3 から a_4 が求まる．同様に a_5 もその手前の2項 a_4 と a_3 の値から求まる．

解 答

（１） $a_2=2a_1+1$ と $a_1=1$ により，$a_2=2\cdot1+1=3$

$a_3=2a_2+2=2\cdot3+2=8$

$a_4=2a_3+3=2\cdot8+3=19$

$a_5=2a_4+4=2\cdot19+4=$ **42**

⇦ $a_{n+1}=2a_n+n$ ……☆　で，$n=1$，2，…とした式を作って，a_2，a_3，…を順次求めていく．☆で $n=1$ を代入するとき，3か所の n をすべて1にする．

（２） $a_2=-1\cdot a_1+1^2$ と $a_1=1$ により，$a_2=-1\cdot1+1^2=0$

$a_3=-2a_2+2^2=-2\cdot0+2^2=4$

$a_4=-3a_3+3^2=-3\cdot4+3^2=-3$

$a_5=-4a_4+4^2=-4\cdot(-3)+4^2=$ **28**

（３） $a_2={a_1}^2+1$ と $a_1=1$ により，$a_2=1^2+1=2$

$a_3={a_2}^2+2=2^2+2=6$

$a_4={a_3}^2+3=6^2+3=39$

$a_5={a_4}^2+4=39^2+4=1521+4=$ **1525**

（４） $a_3=3a_2+a_1$ と $a_1=1$，$a_2=2$ により，$a_3=3\cdot2+1=7$

$a_4=3a_3+a_2=3\cdot7+2=23$

$a_5=3a_4+a_3=3\cdot23+7=$ **76**

⇦ $a_{n+2}=3a_{n+1}+a_n$ で $n=1$，2，…とした式を作っていく．

▶◀10 演習題 （解答は p.23）

次の条件で定まる数列 $\{a_n\}$ について，a_5 の値を求めよ．

（１） $a_1=1$，$a_{n+1}=3a_n+n^2$　$(n=1,\ 2,\ 3,\ \cdots)$

（２） $a_1=3$，$a_{n+1}=n^2a_n-2n$　$(n=1,\ 2,\ 3,\ \cdots)$

（３） $a_1=1$，$a_2=1$，$a_{n+2}=a_{n+1}+a_n$　$(n=1,\ 2,\ 3,\ \cdots)$

（４） $a_1=0$，$a_2=1$，$a_{n+2}=(n+1)(a_{n+1}+a_n)$　$(n=1,\ 2,\ 3,\ \cdots)$

🕒 7分

◆11 漸化式／一般項を求める

次の条件によって定められる数列 $\{a_n\}$ の一般項を求めよ．

（1） $a_1=1,\ a_{n+1}=a_n+3^n$ $(n=1,\ 2,\ 3,\ \cdots)$

（2） $a_1=0,\ a_{n+1}=a_n+n^3$ $(n=1,\ 2,\ 3,\ \cdots)$

（3） $a_1=1,\ a_{n+1}=3a_n+2$ $(n=1,\ 2,\ 3,\ \cdots)$

階差数列が分かる漸化式 漸化式 $a_{n+1}=a_n+3^n$ は，$\{a_n\}$ の階差数列 $\{a_{n+1}-a_n\}$ が $\{3^n\}$ であることを意味する．したがって，階差数列の公式を使って，$n\geqq 2$ のときの一般項は，

$$a_n=a_1+\sum_{k=1}^{n-1}(a_{k+1}-a_k)$$

として求めることができる．公式にたよらず，具体的に書き並べてから立式するほうがミスを防げるだろう（☞演習題の解答）．

かたまりを活用 $a_1=2$ と，漸化式 $a_{n+1}-1=2(a_n-1)$……① を満たす $\{a_n\}$ を考えてみよう．

$b_n=a_n-1$ とおくと，$b_{n+1}=a_{n+1}-1$ であるから，①は，$b_{n+1}=2b_n$ となる．これは $\{b_n\}$ が公比 2 の等比数列であることを表すから，$b_n=b_1\cdot 2^{n-1}=(a_1-1)\cdot 2^{n-1}=2^{n-1}$ と b_n の一般項が求まる．

いまは，$b_n=a_n-1$ とおいたが，慣れてくれば，①は，数列 $\{a_n-1\}$（この第 n 項は a_n-1，第 $n+1$ 項は $a_{n+1}-1$）が公比 2 の等比数列であるから，$a_n-1=(a_1-1)\cdot 2^{n-1}$ と書くとよいだろう．

$a_{n+1}=4a_n+3$ のタイプの一般項の求め方 ①を整理すると $a_{n+1}=2a_n-1$……①′ となり，$a_{n+1}=4a_n+3$……② と同じタイプである．①′は①を使って一般項が求まる．②も①と同様の形に直そう．②が $a_{n+1}-c=4(a_n-c)$……③ と変形できるとする．②−③により，$c=4c+3$……④

よって，$c=-1$ であり，③は $a_{n+1}+1=4(a_n+1)$……⑤ となる．つまり，②は⑤のように変形できる．④は，②で a_{n+1}，a_n を c でおきかえた方程式であり，②−④により③が得られる．答案では，「②を変形すると，⑤」とすればよく，答案に c の求め方は書く必要はない．（⑤が②と同じ式であることはすぐに確認できるから）

解 答

（1） $n\geqq 2$ のとき，

$$a_n=a_1+\sum_{k=1}^{n-1}(a_{k+1}-a_k)=1+\sum_{k=1}^{n-1}3^k=1+3\cdot\frac{3^{n-1}-1}{3-1}=\boldsymbol{\frac{3^n-1}{2}}$$

（これは $n=1$ のときも成り立つ）

⇦ $\sum_{k=1}^{n-1}3^k$ は，初項 3，公比 3，項数 $n-1$ の等比数列の和．

（2） $n\geqq 2$ のとき，

$$a_n=a_1+\sum_{k=1}^{n-1}(a_{k+1}-a_k)=0+\sum_{k=1}^{n-1}k^3=\boldsymbol{\frac{1}{4}(n-1)^2n^2}$$

（これは $n=1$ のときも成り立つ）

⇦ 公式 $\sum_{k=1}^{n}k^3=\frac{1}{4}n^2(n+1)^2$ の両辺の n を $n-1$ にかえた．

（3） $a_{n+1}=3a_n+2$ を変形すると，$a_{n+1}+1=3(a_n+1)$

よって，数列 $\{a_n+1\}$ は，初項 $a_1+1=1+1=2$，公比 3 の等比数列であるから，

$a_n+1=2\cdot 3^{n-1}$ ∴ $\boldsymbol{a_n=2\cdot 3^{n-1}-1}$

⇦ $a_{n+1}=3a_n+2$
$-)\ \ \ c=3c+2$ ……※
$a_{n+1}-c=3(a_n-c)$
※の解は，$c=-1$．

◆11 演習題（解答は p.23）

次の条件によって定められる数列 $\{a_n\}$ の一般項を求めよ．

（1） $a_1=1,\ a_{n+1}=a_n+n(3n-2)$ $(n=1,\ 2,\ 3,\ \cdots)$

（2） $a_1=1,\ a_n=a_{n-1}+2n+1$ $(n=2,\ 3,\ 4,\ \cdots)$

（3） $a_1=2,\ a_{n+1}=5a_n-3$ $(n=1,\ 2,\ 3,\ \cdots)$ （甲子園大・経営情報）

⏱ 12分

◆12 数学的帰納法

（ア） 数学的帰納法によって，等式 $\sum_{j=1}^{n} j^2=\frac{1}{6}n(n+1)(2n+1)$ が成り立つことを証明せよ．

（イ） 数列 $\{a_n\}$ が，$a_1=1$，$a_{n+1}=na_n-n^2+n+1$ （$n=1,\ 2,\ \cdots$）で定められるとき，一般項 a_n を推定し，それが正しいことを数学的帰納法により証明せよ．

数学的帰納法 自然数 n に関する命題が，すべての自然数 n に対して成り立つことを証明するには，次の２つのことを示せばよい．

[1] $n=1$ のときこの命題が成り立つ．

[2] $n=k$ のときこの命題が成り立つと仮定すると，$n=k+1$ のときもこの命題が成り立つ．

なぜなら，[1] から $n=1$ のときの成立が言え，[1] と [2] で $k=1$ とすることで，$n=2$ のときの成立が言え，$n=2$ のときの成立と [2] で $k=2$ とすることで，$n=3$ のときの成立が言え，以下同様にして，$n=4$ のときの成立，$n=5$ のときの成立，… が言えるからである．

和の公式の証明 ◆6では，和の公式を紹介しただけで証明していないが，これらはすべて数学的帰納法で証明することができる．結果が分かっているなら，証明は数学的帰納法が手っ取り早い．

証明におけるポイントについては，右下の▨を参照．

解答

（ア） この等式を①とする．

[1] $n=1$ のとき，左辺$=1$，右辺$=1$ であり，①は成り立つ．

[2] $n=k$ のとき①が成り立つ，すなわち，$\sum_{j=1}^{k} j^2=\frac{1}{6}k(k+1)(2k+1)$ …②

と仮定する．$n=k+1$ のときの①の左辺を，②を使って変形すると，

$$\sum_{j=1}^{k+1} j^2=\sum_{j=1}^{k} j^2+(k+1)^2=\frac{1}{6}k(k+1)(2k+1)+(k+1)^2$$

$$=\frac{1}{6}(k+1)\{k(2k+1)+6(k+1)\}=\frac{1}{6}(k+1)(2k^2+7k+6)$$

$$=\frac{1}{6}(k+1)(k+2)(2k+3)=\frac{1}{6}(k+1)(k+2)\{2(k+1)+1\}$$

よって，$n=k+1$ のときも①は成り立つ．

[1]，[2] から，すべての自然数 n について①が成り立つ．

⇦ $\sum_{j=1}^{n} j^2=1^2+2^2+3^3+\cdots+n^2$ であるから，シグマを使わないで $1^2+2^2+3^2+\cdots+n^2=\frac{1}{6}n(n+1)(2n+1)$ を示してもよい．

⇦（第 $k+1$ 項までの和）$=$（第 k 項までの和）$+$（第 $k+1$ 項）

▨ 和の公式を帰納法で示すときは：第 $k+1$ 項までの和を，第 k 項までの和と第 $k+1$ 項の和と考え，第 k 項までの和に数学的帰納法の仮定を使う．

（イ） $a_1=1$，$a_2=1\cdot1-1^2+1+1=2$，$a_3=2\cdot2-2^2+2+1=3$，

$a_4=3\cdot3-3^2+3+1=4$

よって，$\boldsymbol{a_n=n}$……③ と推定される．③が正しいことを示す．

[1] $n=1$ のとき，左辺$=1$，右辺$=1$ であり，③は成り立つ．

[2] $n=k$ のとき③が成り立つ．すなわち，$a_k=k$ と仮定する．

$$a_{k+1}=ka_k-k^2+k+1=k\cdot k-k^2+k+1=k+1$$

よって，$n=k+1$ のときも③は成り立つ．

[1]，[2] から，すべての自然数 n について，$a_n=n$ が成り立つ．

⇦問題文の $a_{n+1}=na_n-n^2+n+1$ の n を k とした．

◆12 演習題 （解答は p.24）

（ア） 数学的帰納法によって，等式 $\sum_{j=1}^{n} j(j+1)(j+2)=\frac{1}{4}n(n+1)(n+2)(n+3)$ が成り立つことを証明せよ．

（イ） $a_1=1$，$a_{n+1}=-a_n{}^2+2na_n+2$ で定義される数列 $\{a_n\}$ について，a_2，a_3，a_4 を求め，次に一般項 a_n を推定し，それが正しいことを数学的帰納法で証明せよ． （愛知学院大）

15分

数列
演習題の解答

1 （ア） 4で割って1余る整数は，4ごとに現れるので $4n+\boxed{}$ の形をしている．$a_1=1$ より，
$4\cdot1+\boxed{}=1$ であり，$\boxed{}=-3$ と分かる．
（イ）（1）「n^2」に符号をつけたものであることはすぐに気づくだろう．奇数番目が1，偶数番目が -1 となる数列の一般項は，$(-1)^{n-1}$ である．
（2） 分母の2，7；17，22を見ると，約分する前の分母は5ずつ増えていると見当がつくだろう．

解 （ア） 4で割ると1余る正の整数の数列

$\{a_n\}$：　1，5，9，13，17，21，……

の一般項は，$a_n=\boldsymbol{4n-3}$ である．
（イ）（1） 1，-4，9，-16，25，-36
の一般項として，$\boldsymbol{(-1)^{n-1}n^2}$ は適する．
（2） $\dfrac{1}{2}$，$\dfrac{2}{7}$，$\dfrac{1}{4}$，$\dfrac{4}{17}$，$\dfrac{5}{22}$，$\dfrac{2}{9}$
は，$\dfrac{1}{2}$，$\dfrac{2}{7}$，$\dfrac{3}{12}$，$\dfrac{4}{17}$，$\dfrac{5}{22}$，$\dfrac{6}{27}$
と同じであるから，一般項として，$\boldsymbol{\dfrac{n}{5n-3}}$ は適する．

2 等差数列で，初項や公差が分かっていないときは，それらを a，d と設定しよう．

解 （ア）（前半） 初項を a とすると，公差は4であるから，$\{a_n\}$ の一般項は，

$$a_n=a+(n-1)\cdot4$$

$a_{10}=-1$ により，$-1=a+9\cdot4$　　$\therefore\ a=-37$
よって，$a_n=-37+4(n-1)=\boldsymbol{4n-41}$
（後半） $a_n=83$ のとき，$4n-41=83$
　$\therefore\ 4n=124$　　$\therefore\ n=31$
よって83は，この数列の**第31項**である．
（イ） 初項を a，公差を d とすると，$a_n=a+(n-1)d$
$a_7=-8$ により，$a+6d=-8$ ……………………①
$a_{13}=34$ により，$a+12d=34$ ……………………②
②−①により，$6d=42$　　$\therefore\ d=7$
①に代入して，$a=-8-6d=-50$
したがって，

$$a_n=-50+(n-1)\cdot7=\boldsymbol{7n-57}$$

3 （ア） 項数を求めて計算する．
（イ） 初項，末項，項数を求める．
（ウ） 初項と公差を設定し，一般項を利用しよう．

解 （ア） この等差数列を $\{a_n\}$ とする．初項は $a_1=97$，公差は -3 であるから，一般項は

$$a_n=97+(n-1)\cdot(-3)=-3n+100$$

$a_n=-2$ のとき，$-3n+100=-2$
　$\therefore\ 3n=102$　　$\therefore\ n=34$
よって，求める和は，

$$\frac{97+(-2)}{2}\cdot34=95\cdot17=\mathbf{1615}$$

⇨注 初項97，末項 -2，公差 -3 の項数は，「植木算」を使うと，$\dfrac{-2-97}{-3}+1=34$

（イ） 1から200までの整数のうち，5で割ると2余る数を順に並べると，

$$5\cdot0+2,\ 5\cdot1+2,\ 5\cdot2+2,\ \cdots,\ 5\cdot39+2$$

となる．これは初項2，末項197，項数40の等差数列であるから，求める和 S は，

$$S=\frac{2+197}{2}\cdot40=199\cdot20=\mathbf{3980}$$

（ウ） この数列を $\{a_n\}$，初項を a，公差を d とすると，

$$a_n=a+(n-1)d$$

初項から第5項までの和が20，第3項から第7項までの和が -10 であるから，

$$\frac{a+(a+4d)}{2}\cdot5=20,\quad \frac{(a+2d)+(a+6d)}{2}\cdot5=-10$$

$\therefore\ a+2d=4,\ a+4d=-2$
$\therefore\ d=-3,\ a=10$
したがって，**初項は10**，**公差は -3** である．

▨ $\{a_n\}$ が等差数列のとき，たとえば，

$$a_3,\ a_4,\ a_5,\ a_6,\ a_7$$

の平均は中央項 a_5（一般に連続する奇数個の項の平均は中央項）という見方ができる．
本問に適用すると，次のように解くことができる．
$a_1\sim a_5$ の和が20であるから，その平均4は中央項 a_3 に等しく，$a_3=4$
$a_3\sim a_7$ の和が -10 であるから，その平均 -2 は中央項 a_5 に等しく，$a_5=-2$
$a_5=a_3+2d$ により，$d=(a_5-a_3)\div2=-3$
$a_3=a_1+2d$ により，$a=a_1=a_3-2d=4+6=10$

4 等比数列で，初項や公比が分かっていないときは，それらを a，r と設定しよう．

解 (ア) 初項をaとすると，公比は4であるから，$\{a_n\}$の一般項は，$a_n=a\cdot 4^{n-1}$

$a_7=42$により，$42=a\cdot 4^6$　　$\therefore\ a=\dfrac{42}{4^6}$

よって，$a_n=\dfrac{42}{4^6}\cdot 4^{n-1}=\mathbf{42\cdot 4^{n-7}}$

⇨**注**　答えは，$a_n=\mathbf{21\cdot 2^{2n-13}}$などでもよい．

(イ) 初項をa，公比をrとすると，$a_n=ar^{n-1}$

$a_5=162$により，$ar^4=162$ ……………①

$a_8=6$により，　$ar^7=6$ ……………②

②÷①により，

$$r^3=\frac{6}{162}=\frac{1}{27}=\left(\frac{1}{3}\right)^3 \qquad \therefore\ r=\frac{1}{3}$$

②から，$a=\dfrac{6}{r^7}=6\cdot 3^7=2\cdot 3^8$

$$\therefore\ a_n=2\cdot 3^8\cdot\left(\frac{1}{3}\right)^{n-1}=\mathbf{2\left(\frac{1}{3}\right)^{n-9}}\ (=\mathbf{2\cdot 3^{9-n}})$$

5 (ウ) 初項から第k項までの和をS_kとすると，$\dfrac{S_{3n}}{S_n}$が分かれば計算できることに着目する．

解 (ア) この等比数列を$\{a_n\}$とする．初項は$a_1=3$，公比は-2であるから，一般項は，$a_n=3\cdot(-2)^{n-1}$

$a_n=3072$のとき，$3\cdot(-2)^{n-1}=3072$

$\therefore\ (-2)^{n-1}=1024=2^{10}=(-2)^{10}$

$\therefore\ n-1=10$　　$\therefore\ n=11$

よって，求める和Sは，

$$S=3\cdot\frac{1-(-2)^{11}}{1-(-2)}=1+2^{11}=1+2048=\mathbf{2049}$$

(イ) この数列を$\{a_n\}$とし，初項をa，公比をrとすると，$a_n=ar^{n-1}$．$a_3=96$，$a_6=-12$であるから，

$ar^2=96$ ……①，$ar^5=-12$ ……②

②÷①により，

$$r^3=\frac{-12}{96}=-\frac{1}{8}=\left(-\frac{1}{2}\right)^3 \qquad \therefore\ r=-\frac{1}{2}$$

これを①に代入して，$a=96\cdot 4$

$\{a_n\}$の初項から第n項までの和S_nは，

$$S_n=96\cdot 4\times\frac{1-\left(-\frac{1}{2}\right)^n}{1-\left(-\frac{1}{2}\right)}=\mathbf{256\left\{1-\left(-\frac{1}{2}\right)^n\right\}}$$

(ウ) この等比数列の初項をa，公比をr，初項から第k項までの和をS_kとする．

$r=1$のとき，$S_n=an$，$S_{2n}=a\cdot 2n=2S_n$であり，$S_n=54$，$S_{2n}=63$となることはない．

よって，$r\neq 1$であり，

$$S_n=a\cdot\frac{r^n-1}{r-1},\ S_{2n}=a\cdot\frac{r^{2n}-1}{r-1},\ S_{3n}=a\cdot\frac{r^{3n}-1}{r-1}$$

$$\therefore\ \frac{S_{2n}}{S_n}=\frac{r^{2n}-1}{r^n-1}=\frac{(r^n+1)(r^n-1)}{r^n-1}=r^n+1$$

これが$\dfrac{63}{54}$に等しいから，$r^n+1=\dfrac{63}{54}=\dfrac{7}{6}$　　$\therefore\ r^n=\dfrac{1}{6}$

$$\therefore\ \frac{S_{3n}}{S_n}=\frac{r^{3n}-1}{r^n-1}=\frac{(r^n)^3-1}{r^n-1}$$

$$=\frac{(r^n-1)\{(r^n)^2+r^n+1\}}{r^n-1}$$

$$=(r^n)^2+r^n+1=\frac{1}{36}+\frac{1}{6}+1=\frac{43}{36}$$

$S_n=54$とから，$S_{3n}=\dfrac{43}{36}\times 54=\mathbf{\dfrac{129}{2}}$

6 $n=1$のときなどで答えをチェックしよう．

解 (1) $\displaystyle\sum_{k=1}^{n}(3k+2)=3\sum_{k=1}^{n}k+\sum_{k=1}^{n}2$

$$=3\cdot\frac{1}{2}n(n+1)+2n=\frac{1}{2}n\{3(n+1)+4\}$$

$$=\mathbf{\frac{1}{2}n(3n+7)}$$

(2) $\displaystyle\sum_{k=1}^{n}(2k+1)(k+5)=\sum_{k=1}^{n}(2k^2+11k+5)$

$$=2\sum_{k=1}^{n}k^2+11\sum_{k=1}^{n}k+\sum_{k=1}^{n}5$$

$$=2\cdot\frac{1}{6}n(n+1)(2n+1)+11\cdot\frac{1}{2}n(n+1)+5n$$

$$=\frac{1}{6}n\{2(n+1)(2n+1)+33(n+1)+30\}$$

$$=\frac{1}{6}n(4n^2+6n+2+33n+33+30)$$

$$=\mathbf{\frac{1}{6}n(4n^2+39n+65)}$$

(3) $\displaystyle\sum_{k=1}^{n}3\cdot(-2)^{k-1}=3\sum_{k=1}^{n}(-2)^{k-1}$

$$=3\cdot\frac{1-(-2)^n}{1-(-2)}=\mathbf{1-(-2)^n}$$

(4) $\displaystyle\sum_{k=1}^{n}(-3)^k=-3\sum_{k=1}^{n}(-3)^{k-1}$

$$=-3\cdot\frac{1-(-3)^n}{1-(-3)}=\mathbf{-\frac{3}{4}\{1-(-3)^n\}}$$

別解 (1) [等差数列の和と見て計算すると]

$$\sum_{k=1}^{n}(3k+2)=\frac{(3\cdot 1+2)+(3n+2)}{2}\cdot n$$

$$=\mathbf{\frac{1}{2}n(3n+7)}$$

▨ $n=1$ のとき，与式と答えが一致するか確認してみよう．例えば(2)の場合，与式で $n=1$ とすると，

$$(2\cdot1+1)(1+5)=3\cdot6=18$$

答えの式で $n=1$ とすると，

$$\frac{1}{6}\cdot1\cdot(4+39+65)=\frac{108}{6}=18$$

で，確かに一致している．

7 まず「隣り合う2項の差」が作る数列を求める．

$\{a_n\}$ は「隣り合う2項の差」の和から計算できるわけだが，シグマの範囲（どこからどこまで加えるか）を間違えやすい．ミスを防ぐには，公式にたよらず，例えば以下の解答のように，具体的に加える式を書き並べておき，その下で立式するのが1つの手である．

解 (ア) $\{a_n\}$: 1, 4, 11, 22, 37, 56, ……

の階差数列 $\{b_n\}$ は等差数列で，

3, 7, 11, 15, 19, ……

であるから，初項3，公差4の等差数列である．よって，

$$b_n=3+4(n-1)=4n-1$$

$$\therefore\ a_{n+1}-a_n=4n-1$$

ここで，

$$a_2-a_1=4\cdot1-1$$
$$a_3-a_2=4\cdot2-1$$
$$a_4-a_3=4\cdot3-1$$
$$\vdots$$
$$a_n-a_{n-1}=4\cdot(n-1)-1$$

を辺々加えると，$n\geqq2$ のとき，

$$a_n-a_1=\sum_{k=1}^{n-1}(a_{k+1}-a_k)=\sum_{k=1}^{n-1}(4k-1)$$

$$\therefore\ a_n=a_1+\sum_{k=1}^{n-1}(4k-1)$$

［シグマの部分を等差数列の和と見て］

$$=1+\frac{(4\cdot1-1)+\{4(n-1)-1\}}{2}\cdot(n-1)$$

($n=1$ でも正しい)

$$=1+(2n-1)(n-1)$$

$$\therefore\ \boldsymbol{a_n=2n^2-3n+2}$$

(イ) $\{a_n\}$: 1, 11, 111, 1111, ……（差：10, 100, 1000）

の第 n 項 a_n は1を n 個並べてできる n 桁の整数であるから，$a_{n+1}-a_n$ は，最高位が1で，他の桁がすべて0である $n+1$ 桁の整数 $1\overbrace{0\cdots0}^{n\text{個}}=10^n$ である．よって，

$$a_{n+1}-a_n=10^n$$

ここで，

$$a_2-a_1=10$$
$$a_3-a_2=10^2$$
$$\vdots$$
$$a_n-a_{n-1}=10^{n-1}$$

を辺々加えると，$n\geqq2$ のとき，

$$a_n-a_1=10+10^2+\cdots+10^{n-1}$$

$a_1=1$ とから，

$$a_n=1+10+10^2+\cdots+10^{n-1}\ \cdots\cdots①$$

この右辺は，初項1，公比10，項数 n の等比数列の和であるから，

$$\boldsymbol{a_n}=1\cdot\frac{10^n-1}{10-1}=\boldsymbol{\frac{1}{9}(10^n-1)}\quad(n=1\text{ でも正しい})$$

よって，

$$\boldsymbol{S}=\sum_{k=1}^{n}a_k=\frac{1}{9}\sum_{k=1}^{n}(10^k-1)$$

$$=\frac{10}{9}\sum_{k=1}^{n}10^{k-1}-\frac{1}{9}\sum_{k=1}^{n}1$$

$$=\frac{10}{9}\cdot\frac{10^n-1}{10-1}-\frac{1}{9}\cdot n=\boldsymbol{\frac{10^{n+1}-10-9n}{81}}$$

▨ $a_n=1+10+100+\cdots\cdots+1\underbrace{0\cdots0}_{n-1\text{個の}0}$

と見ると，①は（階差を考えなくても）すぐに分かる．

一般に，p（p は1桁の数）を n 個並べてできる n 桁の整数 A は，

$$A=\sum_{k=0}^{n-1}p\cdot10^k\quad(\text{等比数列の和の形})$$

と表すことができる．

8 $a_n=S_n-S_{n-1}$ が使えるのは $n\geqq2$ のときで，$n=1$ のときは $a_1=S_1$ を使うことを押さえよう．

解 (ア) $S_n=n^3+n^2$

$n\geqq2$ のとき，

$$\boldsymbol{a_n}=S_n-S_{n-1}=(n^3+n^2)-\{(n-1)^3+(n-1)^2\}$$
$$=\{n^3-(n-1)^3\}+\{n^2-(n-1)^2\}$$
$$=3n^2-3n+1+2n-1$$
$$=\boldsymbol{3n^2-n}\ \cdots\cdots①$$

$n=1$ のとき，$a_1=S_1=2$ であるから，①は $n=1$ のときも成立する．

(イ) $S_n=3^n$

$n\geqq2$ のとき，

$$\boldsymbol{a_n}=S_n-S_{n-1}=3^n-3^{n-1}=3\cdot3^{n-1}-3^{n-1}$$
$$=\boldsymbol{2\cdot3^{n-1}}$$

$n=1$ のとき，$a_1=S_1=3$

（ウ）$S_n=n^2+n+c\cdot 2^n$

$n\geqq 2$ のとき，

$a_n=S_n-S_{n-1}$

$=(n^2+n+c\cdot 2^n)-\{(n-1)^2+(n-1)+c\cdot 2^{n-1}\}$

$=\{n^2-(n-1)^2\}+\{n-(n-1)\}+c(2^n-2^{n-1})$

$=2n-1+1+c(2\cdot 2^{n-1}-2^{n-1})$

$=2n+c\cdot 2^{n-1}$

$a_4=0$ であるから，$2\cdot 4+c\cdot 2^3=0$　　∴　$c=-1$

よって，$n\geqq 2$ のとき，$a_n=2n-2^{n-1}$

$n=1$ のとき，$a_1=S_1=1+1-2=0$

9（ア）第 $n+1$ 項は，第 n 項の式で，「n」の部分をすべて「$n+1$」にしたものである．慣れないうちは第 k 項を用意して，$k=n+1$ とするのも手である．

解（ア）**第1項から第5項までを書き並べる．**

（1）$\{a_n+3\}$ の場合，

$\boldsymbol{a_1+3,\ a_2+3,\ a_3+3,\ a_4+3,\ a_5+3}$

（2）$\{a_n+2n\}$ の場合，

$\boldsymbol{a_1+2,\ a_2+4,\ a_3+6,\ a_4+8,\ a_5+10}$

（3）$\{na_n+2\}$ の場合，

$\boldsymbol{a_1+2,\ 2a_2+2,\ 3a_3+2,\ 4a_4+2,\ 5a_5+2}$

（4）$\{n^2a_n-n-1\}$ の場合，

$\boldsymbol{a_1-2,\ 4a_2-3,\ 9a_3-4,\ 16a_4-5,\ 25a_5-6}$

次に，**第 $n+1$ 項は，**

（1）$\boldsymbol{a_{n+1}+3}$

（2）$\boldsymbol{a_{n+1}+2(n+1)(=a_{n+1}+2n+2)}$

（3）$\boldsymbol{(n+1)a_{n+1}+2}$

（4）$(n+1)^2a_{n+1}-(n+1)-1=\boldsymbol{(n+1)^2a_{n+1}-n-2}$

（イ）$a_n=4n-5$ のとき，

$a_1=-1,\ a_2=3,\ a_3=7,\ a_4=11,\ a_5=15$

であるから，**第1項から第5項**までを書き並べると，

（1）**2，6，10，14，18**

（2）**1，7，13，19，25**

（3）**1，8，23，46，77**

（4）**−3，9，59，171，369**

（ウ）$a_n=4n-5$ のとき，各数列の一般項は，

（1）$a_n+3=(4n-5)+3=\boldsymbol{4n-2}$

（2）$a_n+2n=(4n-5)+2n=\boldsymbol{6n-5}$

（3）$na_n+2=n(4n-5)+2=\boldsymbol{4n^2-5n+2}$

（4）$n^2a_n-n-1=n^2(4n-5)-n-1=\boldsymbol{4n^3-5n^2-n-1}$

10 例題と同様に，$a_2,\ a_3,\ a_4,\ a_5$ を順次求めていく．

解（1）$a_1=1,\ a_{n+1}=3a_n+n^2$

$a_2=3a_1+1^2=3\cdot 1+1^2=4$

$a_3=3a_2+2^2=3\cdot 4+4=16$

$a_4=3a_3+3^2=3\cdot 16+9=57$

$a_5=3a_4+4^2=3\cdot 57+16=171+16=\boldsymbol{187}$

（2）$a_1=3,\ a_{n+1}=n^2a_n-2n$

$a_2=1^2\cdot a_1-2\cdot 1=3-2=1$

$a_3=2^2\cdot a_2-2\cdot 2=4-4=0$

$a_4=3^2\cdot a_3-2\cdot 3=0-6=-6$

$a_5=4^2\cdot a_4-2\cdot 4=-96-8=\boldsymbol{-104}$

（3）$a_1=1,\ a_2=1,\ a_{n+2}=a_{n+1}+a_n$

$a_3=a_2+a_1=1+1=2,\ a_4=a_3+a_2=2+1=3$

$a_5=a_4+a_3=3+2=\boldsymbol{5}$

⇨**注**　本問の数列はフィボナッチ数列と呼ばれる．

（4）$a_1=0,\ a_2=1,\ a_{n+2}=(n+1)(a_{n+1}+a_n)$

$a_3=2(a_2+a_1)=2(1+0)=2$

$a_4=3(a_3+a_2)=3(2+1)=9$

$a_5=4(a_4+a_3)=4(9+2)=\boldsymbol{44}$

➡**注**　n 個の玉と n 個の箱があり，玉にも箱にも 1，2，…，n の番号がつけてあるとする．n 個の玉を1つずつ n 個の箱に入れるとき，n 個のどの玉についても，玉と箱の番号が異なる入れ方は a_n 通り（（4）で定まる a_n）であることが知られている．

11（1）（2）は階差型である．7番の演習題と同様に具体的に書き並べて加えてみる．

解（1）$a_1=1,\ a_{n+1}-a_n=n(3n-2)$

ここで，

$a_2-a_1=1\cdot(3\cdot 1-2)$

$a_3-a_2=2\cdot(3\cdot 2-2)$

$a_4-a_3=3\cdot(3\cdot 3-2)$

⋮

$a_n-a_{n-1}=(n-1)\{3(n-1)-2\}$

を辺々加えると，$n\geqq 2$ のとき，

$$a_n-a_1=\sum_{k=1}^{n-1}(a_{k+1}-a_k)=\sum_{k=1}^{n-1}k(3k-2)$$

$$\therefore\ a_n=a_1+\sum_{k=1}^{n-1}k(3k-2)=1+3\sum_{k=1}^{n-1}k^2-2\sum_{k=1}^{n-1}k$$

$$=1+3\cdot\frac{1}{6}(n-1)n(2n-1)-2\cdot\frac{1}{2}(n-1)n$$

（$n=1$ のときも正しい）

$$=1+\frac{1}{2}(2n^3-3n^2+n)-(n^2-n)$$

$$=\boldsymbol{n^3-\frac{5}{2}n^2+\frac{3}{2}n+1}$$

➡注　$\sum_{k=1}^{n-1}k^2=\frac{1}{6}(n-1)\{(n-1)+1\}\{2(n-1)+1\}$

$=\frac{1}{6}(n-1)n(2n-1)$

（2）　$a_1=1,\ a_n-a_{n-1}=2n+1\quad(n=2,\ 3,\ \cdots)$

ここで，

$a_2-a_1=2\cdot2+1$

$a_3-a_2=2\cdot3+1$

$\vdots$

$a_n-a_{n-1}=2n+1$

を辺々加えると，$n\geqq2$ のとき，

$$a_n-a_1=\sum_{k=2}^{n}(a_k-a_{k-1})=\sum_{k=2}^{n}(2k+1)$$

$$\therefore\quad a_n=a_1+\sum_{k=2}^{n}(2k+1)$$

［シグマの部分を等差数列の和と見て］

$$=1+\frac{(2\cdot2+1)+(2n+1)}{2}(n-1)$$

（$n=1$ でも正しい）

$$=1+(n+3)(n-1)=\boldsymbol{n^2+2n-2}$$

➡注　階差数列の公式にたよって，

$a_n=a_1+\sum_{k=1}^{n-1}(2k+1)$ と間違えないように！

➡注　同じことだが，次のように書き並べる手もある．

$a_1=1,\ a_n-a_{n-1}=2n+1\quad(n=2,\ 3,\ \cdots)$

$n\geqq2$ のとき，

$a_n=a_1+(a_2-a_1)+(a_3-a_2)+\cdots+(a_n-a_{n-1})$

$=1+\{\underbrace{5+7+\cdots+(2n+1)}\}$

〰〰は，初項5，末項 $2n+1$，項数 $n-1$ の等差数列と見て計算する．

（3）　［$c=5c-3$ の解 $c=\frac{3}{4}$ を用いて］

$a_{n+1}=5a_n-3$ を変形すると，

$$a_{n+1}-\frac{3}{4}=5\left(a_n-\frac{3}{4}\right)$$

よって，数列 $\left\{a_n-\frac{3}{4}\right\}$ は，初項 $a_1-\frac{3}{4}=2-\frac{3}{4}=\frac{5}{4}$，公比5の等比数列であるから，

$$a_n-\frac{3}{4}=\frac{5}{4}\cdot5^{n-1}\qquad\therefore\quad \boldsymbol{a_n=\frac{3}{4}+\frac{1}{4}\cdot5^n}$$

12　数学的帰納法の練習である．

（ア）　$\sum_{j=1}^{n}j(j+1)(j+2)=\frac{1}{4}n(n+1)(n+2)(n+3)$ ……①

[1]　$n=1$ のとき，左辺=6，右辺=6 で，①は成立．

[2]　$n=k$ のとき①が成り立つ，すなわち，

$$\sum_{j=1}^{k}j(j+1)(j+2)=\frac{1}{4}k(k+1)(k+2)(k+3)\ \cdots\cdots②$$

と仮定する．$n=k+1$ のときの①の左辺を，②を使って変形すると，

$\sum_{j=1}^{k+1}j(j+1)(j+2)$

［=（第 k 項までの和）+（第 $k+1$ 項）］

$=\sum_{j=1}^{k}j(j+1)(j+2)+(k+1)(k+2)(k+3)$

$=\frac{1}{4}k(k+1)(k+2)(k+3)+(k+1)(k+2)(k+3)$

$=(k+1)(k+2)(k+3)\left(\frac{1}{4}k+1\right)$

$=\frac{1}{4}(k+1)(k+2)(k+3)(k+4)$

よって，$n=k+1$ のときも①は成り立つ．

[1]，[2] から，すべての自然数 n について①が成り立つ．

（イ）　$a_1=1,\ a_{n+1}=-a_n{}^2+2na_n+2$ のとき，

$\boldsymbol{a_2}=-a_1{}^2+2a_1+2=-1+2+2=\boldsymbol{3}$

$\boldsymbol{a_3}=-a_2{}^2+4a_2+2=-9+12+2=\boldsymbol{5}$

$\boldsymbol{a_4}=-a_3{}^2+6a_3+2=-25+30+2=\boldsymbol{7}$

であるから，$\boldsymbol{a_n=2n-1}$ ……③

と推定できる．③が正しいことを示す．

[1]　$n=1$ のとき，左辺=1，右辺=1 で，③は成立．

[2]　$n=k$ のとき③が成り立つ，すなわち，$a_k=2k-1$ と仮定する．このとき，

$a_{k+1}=-a_k{}^2+2ka_k+2$

$=-(2k-1)^2+2k(2k-1)+2$

$=(2k-1)\{-(2k-1)+2k\}+2$

$=(2k-1)+2=2k+1$

$=2(k+1)-1$

よって，$n=k+1$ のときも③は成り立つ．

[1]，[2] から，すべての自然数 n について $a_n=2n-1$ が成り立つ．

数学B

第1部 統計的な推測

統計的な推測 公式など

【確率分布】

(1) 確率変数と確率分布

試行の結果によってその値が定まる変数を確率変数という．例えば，1つのサイコロを投げるとき，出る目をXとすれば，Xは確率変数である．

確率変数Xの取り得る値がx_1，x_2，……，x_nであるとき，$X=x_k$となる確率を$P(X=x_k)$と表す．

また，$a \leqq X \leqq b$となる確率を$P(a \leqq X \leqq b)$と表す．

$P(X=x_k)$をp_kと書くことにすると，x_kとp_kの対応は右表のように表せる．

X	x_1	x_2	……	x_n	計
P	p_1	p_2	……	p_n	1

この対応関係をXの確率分布または単に分布といい，確率変数Xはこの分布に従うという．このとき，

$$p_1 \geqq 0,\ p_2 \geqq 0,\ \cdots\cdots,\ p_n \geqq 0$$
$$p_1+p_2+\cdots\cdots+p_n=1$$

(2) 確率変数の期待値

確率変数Xが上表に示された分布に従うとき，$x_1p_1+x_2p_2+\cdots\cdots+x_np_n$を$X$の期待値または平均といい，$E(X)$で表す．$E(X)=\sum_{k=1}^{n} x_kp_k$である．

(3) 確率変数の分散と標準偏差

確率変数Xが上表に示された分布に従うとし，Xの期待値をmとする，確率変数$(X-m)^2$の期待値$E((X-m)^2)$を，確率変数Xの分散といい，$V(X)$で表す．$V(X)=\sum_{k=1}^{n}(x_k-m)^2p_k$である．

$\sqrt{V(X)}$を標準偏差といい，$\sigma(X)$で表す．

(4) 分散の公式

$$V(X)=E(X^2)-\{E(X)\}^2$$

(5) 確率変数の変換

確率変数Xが上表に示された分布に従うとする．

a，bを定数とし，Xの1次式$Y=aX+b$でYを定めると，Yもまた確率変数になる．このとき，

$$E(Y)=aE(X)+b$$
$$V(Y)=a^2V(X)$$
$$\sigma(Y)=|a|\sigma(X)$$

(6) 確率変数の和の期待値

2つの確率変数X，Yの和について，次式が成り立つ．

$$E(X+Y)=E(X)+E(Y)$$

(7) 確率変数の独立

2つの確率変数X，Yについて，Xの取る任意の値aと，Yの取る任意の値bについて

$$P(X=a,\ Y=b)=P(X=a)P(Y=b)$$

が成り立つとき，確率変数X，Yは独立であるという．

(8) 独立な確率変数についての公式

確率変数X，Yが独立であるとき，

$$E(XY)=E(X)E(Y)$$
$$V(X+Y)=V(X)+V(Y)$$

(9) 二項分布

試行Sにおいて，事象Aが起こる確率がpであるとする．このとき起こらない確率qは$q=1-p$である．

この試行を独立にn回繰り返して行うとき（反復試行），事象Aが起こる回数をXとすると，

$$P(X=r)={}_n\mathrm{C}_r p^r q^{n-r}\quad (p+q=1)$$

よって，Xの確率分布は下表のようになる．

X	0	1	……	r	……	n	計
P	q^n	npq^{n-1}	……	${}_n\mathrm{C}_r p^r q^{n-r}$	……	p^n	1

このような確率分布を二項分布といい，$B(n,\ p)$で表す．

(10) 二項分布の平均と分散

確率変数Xが二項分布$B(n,\ p)$に従うとき，

$$E(X)=np,\ V(X)=np(1-p)$$

(11) 連続型確率変数，確率密度関数

実数のある区間全体に値を取る確率変数Xに対して，関数$f(x)$が次の性質をもつとする．

i）常に$f(x) \geqq 0$

ii）$P(a \leqq X \leqq b)=\int_a^b f(x)\,dx$

（右図の網目部の面積）

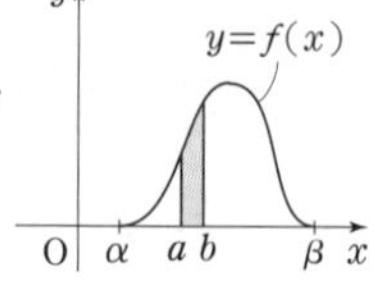

iii）Xの取る範囲が

$\alpha \leqq x \leqq \beta$ のとき，$\int_{\alpha}^{\beta} f(x)\,dx = 1$

このとき，X を連続型確率変数といい，関数 $f(x)$ を X の確率密度関数，$y=f(x)$ のグラフをその分布曲線という．

これに対し，とびとびの値を取る確率変数を離散型確率変数という．

(12)　連続型確率変数の期待値と分散

確率変数 X の取る値の範囲が $\alpha \leqq X \leqq \beta$ で，その確率密度関数が $f(x)$ のとき，

$E(X)=\int_{\alpha}^{\beta} xf(x)\,dx$，$V(x)=\int_{\alpha}^{\beta}(x-m)^2 f(x)\,dx$

（ただし，$m=E(X)$）

(13)　正規分布

連続型確率変数 X の確率密度関数 $f(x)$ が

$$f(x)=\frac{1}{\sqrt{2\pi}\,\sigma}e^{-\frac{(x-m)^2}{2\sigma^2}}$$

で与えられるとき，X は正規分布 $N(m,\ \sigma^2)$ に従うといい，曲線 $y=f(x)$ を正規分布曲線という．ここで，e は自然対数の底と呼ばれる無理数で，その値は 2.71828… である．この X について，次のことが知られている．

$$E(X)=m,\ \sigma(X)=\sigma$$

正規分布曲線は，次の性質をもつ．

ⅰ）直線 $x=m$ に関して対称で，$x=m$ で最大値をとる．

ⅱ）x 軸を漸近線とする．

ⅲ）曲線の山は，σ が大きくなるほど低くなって横に広がり，σ が小さくなるほど高くなって $x=m$ のまわりに集まる．

(14)　標準正規分布

平均 0，標準偏差 1 の正規分布 $N(0,\ 1)$ を標準正規分布という．

確率変数 X が正規分布 $N(m,\ \sigma^2)$ に従うとき，

$Z=\frac{X-m}{\sigma}$ とおくと，確率変数 Z は標準正規分布 $N(0,\ 1)$ に従うことが知られている．Z の確率密度関数は $f(z)=\frac{1}{\sqrt{2\pi}}e^{-\frac{z^2}{2}}$ となる．$P(0 \leqq Z \leqq z_0)$ を $p(z_0)$ で表すとき，$p(z_0)$ の値を表にまとめた正規分布表が，p.4 にある．

(15)　二項分布の正規分布による近似

二項分布 $B(n,\ p)$ に従う確率変数 X は，n が大きいとき，近似的に正規分布 $N(np,\ np(1-p))$ に従う．

【統計的な推測】

（1）　標本調査と母集団

対象全体を全て調べる調査を全数調査，一部を抜き出して調べる調査を標本調査という．標本調査の場合，対象とする集団全体を母集団という．母集団から選び出した一部を標本といい，標本を選び出すことを抽出という．

母集団，標本の要素の個数を，それぞれ母集団の大きさ，標本の大きさという．

母集団の各要素を等確率で抽出する方法を無作為抽出といい，この抽出によって得られる標本を無作為標本という．

母集団から標本を抽出するのに，毎回もとに戻して 1 個ずつ取り出すことを復元抽出という．これに対してもとに戻さずに続けて抽出することを非復元抽出という．

（2）　母集団分布

大きさ N の母集団において，変量 x の取る異なる値を x_1，x_2，…，x_k とし，それぞれの要素の個数を f_1，f_2，…，f_k とする．母集団の各要素が抽出される確率は同じであるから，$P(X=x_i)=\frac{f_i}{N}$（$=p_i$ とおく）であり，X の確率分布は右表のようになる．この確率分布は母集団分布と呼ばれ，母集団の分布の平均，標準偏差を，それぞれ母平均，母標準偏差という．

X	x_1	x_2	……	x_k	計
P	p_1	p_2	……	p_k	1

（3）　標本平均の期待値と標準偏差

母集団から大きさ n の標本を無作為に抽出し，変量 x について，その標本の n 個の x の値を X_1，X_2，…，

X_n とするとき，これらの平均

$\overline{X}=\dfrac{X_1+X_2+\cdots+X_n}{n}$ を標本平均という．標本平均 $\overline{X}$ は，抽出される標本によって変化する確率変数である．

X_1, X_2, …, X_n が復元抽出によって得られたものであれば，X_1, X_2, …, X_n は独立である．母集団の大きさが標本の大きさ n に比べて十分大きいときは，非復元抽出であっても，X_1, X_2, …, X_n が独立であるとして扱ってよいことが知られている．

母平均 m，母標準偏差 σ の母集団から大きさ n の無作為標本を抽出するとき，標本平均 $\overline{X}$ の期待値と標準偏差は，

$$E(\overline{X})=m,\ \sigma(\overline{X})=\frac{\sigma}{\sqrt{n}}$$

（4） 標本平均の分布

母平均 m，母標準偏差 σ の母集団から無作為抽出された大きさ n の標本平均 $\overline{X}$ の分布は，n が大きいとき正規分布 $N\left(m,\ \dfrac{\sigma^2}{n}\right)$ とみなすことができる．

（5） 母平均の推定

（4）の $\overline{X}$ に対して，$Z=\dfrac{\overline{X}-m}{\frac{\sigma}{\sqrt{n}}}$ の分布は，n が大きいとき $N(0,\ 1)$ としてよい．正規分布表により $P(|Z|\leqq 1.96)\fallingdotseq 0.95$ である．これから，次の区間

$$\left[\overline{X}-1.96\cdot\frac{\sigma}{\sqrt{n}},\ \overline{X}+1.96\cdot\frac{\sigma}{\sqrt{n}}\right]\cdots\cdots①$$

に m の値が含まれることが，約95％の確からしさで期待できることを示す式であることが導かれる．①を母平均 m に対する信頼度95％の信頼区間という．

（6） 母比率の推定

母集団の中で，ある性質Aをもつ要素の割合を p とする．この p を，性質Aをもつ要素の母集団における母比率という．標本の中でこの性質Aをもつ要素の割合を p' とすると，標本の大きさ n が大きいとき，母比率 p に対する信頼度95％の信頼区間は

$$\left[p'-1.96\sqrt{\frac{p'(1-p')}{n}},\ p'+1.96\sqrt{\frac{p'(1-p')}{n}}\right]$$

（7） 仮説検定

ここでは，正規分布を利用する方法を説明しよう．

例えば，『硬貨を100回投げたとき，59回表が出た場合，その硬貨に歪があると判断できるか』という問題を考えてみよう．

“硬貨に歪がある”……① という仮説が正しいかどうかを判断するために“硬貨に歪がない”という仮説を立てる．このような仮説を帰無仮説という．一方で，統計的に検証したい，これに対立する①のような仮説を対立仮説という．

帰無仮説と標本調査の結果から，帰無仮説が真といえるかどうかを判断することを，仮説検定または検定という．とくに帰無仮説を偽と判断することを，帰無仮説を棄却するという．

仮説検定では，起こる確率が5％以下なら，ほとんど起こらない事象と考えることが多いが，この基準となる確率 α を有意水準または危険率という．

さて，上の『　』の問題の場合，この硬貨の表が出る確率を p とすると，

$$\text{帰無仮説}\cdots\ p=\frac{1}{2},\ \text{対立仮説}\cdots\ p\neq\frac{1}{2}$$

である．

$p=\dfrac{1}{2}$ と仮定して，硬貨を100回投げたとき59回表が出る確率について考察しよう．

表が出る回数を X とすると，X は二項分布 $B\left(100,\ \dfrac{1}{2}\right)$ に従う確率変数である．X の平均 m と標準偏差 σ は，$m=100\cdot\dfrac{1}{2}=50$，$\sigma=\sqrt{100\cdot\dfrac{1}{2}\cdot\dfrac{1}{2}}=5$ であるから，平均が50，標準偏差5の正規分布で近似できる．よって，$Z=\dfrac{X-50}{5}$ は近似的に標準正規分布 $N(0,\ 1)$ に従う．

$P(Z \geqq 0)=0.5$，$P(0 \leqq Z \leqq 1.96)=p(1.96)=0.4750$ であり，正規分布表から

$P(|Z| \geqq 1.96)$

$=2(0.5-p(1.96)) \fallingdotseq 0.05$

である．よって，

$|Z| \geqq 1.96$ ……②

となる確率が 5% である．

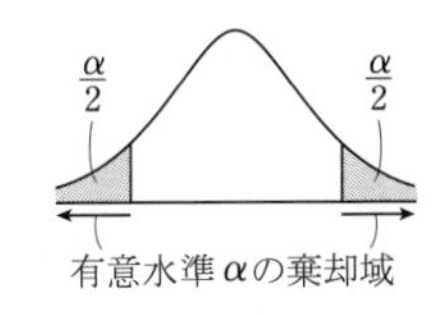

②や，②を X に書き直した範囲を有意水準 5% の棄却域という．有意水準 α のときも同様に定める．

一般に，標本から得られた確率変数の値が棄却域に入れば帰無仮説を棄却し，入らなければ棄却しない．

本問の場合，$X=59$ のとき $Z=1.8$ であり，②に入らないから，帰無仮説を棄却できない．

よって，

硬貨に歪があるとは判断できない

と結論する．

この硬貨の例では，帰無仮説に対し，表の出た回数が多過ぎても少な過ぎても仮説が棄却されるように，棄却域を両側にとる．このような検定を両側検定という．

これに対し，平均 1000 時間連続使用が可能な乾電池に改良を試みて，新しい乾電池を作り，無作為に 400 個抽出して測定したところ，平均 1010 時間連続使用が可能になり，標準偏差は 100 時間であったとき，連続使用可能な時間が伸びたと判断できるか，という問題を考える場合は，棄却域を片側にとる．このような検定を片側検定という．

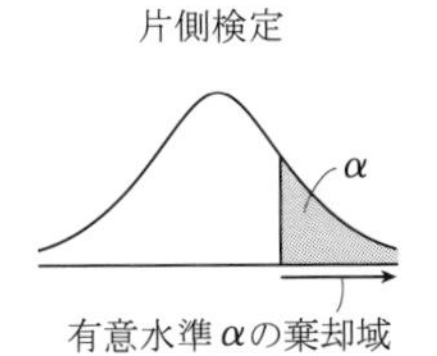

標本標準偏差 100 時間を母標準偏差と見なし，有意水準 5% で検定してみよう．

連続使用可能な時間の平均を m とすると，

帰無仮説… $m=1000$，対立仮説… $m>1000$

である．

$m=1000$ と仮定する．母標準偏差 $\sigma=100$，標本の大きさ $n=400$ により，標本平均 $\overline{X}$ の分布は

$N\left(1000,\ \frac{100^2}{400}\right)$ と見なせる．

よって，$Z=\dfrac{\overline{X}-1000}{\frac{100}{\sqrt{400}}}=\dfrac{\overline{X}-1000}{5}$ は近似的に $N(0,\ 1)$ に従う．

正規分布表から，

$$P(Z \geqq 1.64)=P(Z \geqq 0)-P(0 \leqq Z \leqq 1.64)$$
$$=0.5-p(1.64) \fallingdotseq 0.05$$

であるから，$Z \geqq 1.64$ が有意水準 5% の棄却域である．

$\overline{X}=1010$ のとき，$Z=\dfrac{1010-1000}{5}=2$ は $Z \geqq 1.64$ に入るから，帰無仮説を棄却する．

よって，

連続使用可能な時間が伸びたと判断できる

と結論する．

◆1 確率変数／確率分布，期待値（平均），分散

赤玉5個，白玉3個が入っている袋から，無作為に3個の玉を取り出すとき，その中に含まれる赤玉の個数を X とする．

（1） X の確率分布を求めよ．

（2） X の期待値と分散を求めよ．

確率分布とは 確率変数 X のとりうる値が x_1, x_2, $\cdots$, x_n の n 個で，$X=x_k$ ($k=1$, 2, $\cdots$, n) となる確率 $P(X=x_k)$ が p_k のとき，この値の組を右のように表にしたものを X の確率分布という．例題では，X は3個の玉の中の赤玉の個数なので，0，1，2，3のいずれかである（それぞれの確率を計算する）．

X	x_1	x_2	$\cdots$	x_{n-1}	x_n	計
P	p_1	p_2	$\cdots$	p_{n-1}	p_n	1

期待値（平均）と分散の定義 X の確率分布が上の表であるとき，

期待値（平均） $E(X)=\sum_{k=1}^{n} x_k p_k$

分散 $V(X)=\sum_{k=1}^{n}(x_k-m)^2 p_k$ $[=(x_k-m)^2$ の平均$]$ ただし，$m=E(X)$

解答

（1） 8個の玉すべてを区別するとき，3個の玉の取り出し方は

$_8C_3=\dfrac{8\cdot7\cdot6}{3\cdot2}=56$ 通りあり，これらは同様に確からしい．このうち，

⇦「取り出し方」とは，3個の玉の組合せ．

- $X=0$（赤0白3）となるものは $_5C_0\cdot{}_3C_3=1$ 通り
- $X=1$（赤1白2）となるものは $_5C_1\cdot{}_3C_2=5\cdot3=15$ 通り
- $X=2$（赤2白1）となるものは $_5C_2\cdot{}_3C_1=10\cdot3=30$ 通り
- $X=3$（赤3白0）となるものは $_5C_3\cdot{}_3C_0=10$ 通り

であるから，確率は順に

$$\frac{1}{56},\ \frac{15}{56},\ \frac{30}{56}=\frac{15}{28},\ \frac{10}{56}=\frac{5}{28}$$

確率分布は右表．

X	**0**	**1**	**2**	**3**	**計**
P	$\mathbf{\frac{1}{56}}$	$\mathbf{\frac{15}{56}}$	$\mathbf{\frac{15}{28}}$	$\mathbf{\frac{5}{28}}$	**1**

⇦ここでは約分しておく．

（2） $E(X)=0\cdot\dfrac{1}{56}+1\cdot\dfrac{15}{56}+2\cdot\dfrac{30}{56}+3\cdot\dfrac{10}{56}=\dfrac{15+60+30}{56}=\dfrac{105}{56}=\mathbf{\dfrac{15}{8}}$

⇦約分する前の数値を書くと分母がそろうので計算しやすい．

$$V(X)=\left(0-\frac{15}{8}\right)^2\cdot\frac{1}{56}+\left(1-\frac{15}{8}\right)^2\cdot\frac{15}{56}+\left(2-\frac{15}{8}\right)^2\cdot\frac{30}{56}+\left(3-\frac{15}{8}\right)^2\cdot\frac{10}{56}$$

$$=\frac{1}{56}\cdot\frac{1}{8^2}(15^2+7^2\cdot15+1^2\cdot30+9^2\cdot10)=\frac{225+735+30+810}{56\cdot8^2}$$

$$=\frac{1800}{56\cdot8^2}=\mathbf{\frac{225}{448}}$$

⇦分散の計算については，◆2も参照．

▶1 演習題（解答は p.42）

白球7個，黒球3個が入っている袋から，同時に5球を取り出し，その中に含まれる白球の数を X とするとき，

（1） X の確率分布を求めよ．

（2） X の平均と分散を求めよ． （姫路工大）

12分

◆2 分散の公式

[1], [2], [3], …, [8] の8枚のカードから1枚を無作為に取り出し，そのカードに書かれた数を X とする．X の期待値と分散を求めよ．

分散の公式 ◆1と同様，定義通りに求めることもできるが，次の公式を利用すると計算が簡単になることが多い．$P(X=x_k)=p_k$ $(k=1,\ \cdots,\ n)$，$E(X)=m$ として，

$$V(X)=\sum_{k=1}^{n}(x_k-m)^2p_k=\underbrace{\sum_{k=1}^{n}x_k{}^2p_k}_{①}-2m\underbrace{\sum_{k=1}^{n}x_kp_k}_{②}+m^2\underbrace{\sum_{k=1}^{n}p_k}_{③}$$

②は X の期待値なので m，③は確率の和なので1，①は X^2 の期待値で $E(X^2)$ と書くと

$$V(X)=E(X^2)-2m\cdot m+m^2\cdot 1=E(X^2)-m^2=E(X^2)-E(X)^2$$

となり，数I「データの分析」での分散の公式と同じ形の式が得られる（各データが同じ確率と考えていることになる）．例題は，1，…，8の8個のデータの平均と分散を求める問題である．

上の公式は，$(x_k-m)^2$ より $x_k{}^2$ の方が計算しやすい場合（x_k が整数で平均 m が整数でないなど）に有用と言える．

解答

X がとりうる値は1，2，…，8の8個，確率はいずれも $\dfrac{1}{8}$ なので，

$$E(X)=\sum_{k=1}^{8}k\cdot\frac{1}{8}=\frac{1}{8}\sum_{k=1}^{8}k=\frac{1}{8}\cdot\frac{1}{2}\cdot 8\cdot 9=\boldsymbol{\frac{9}{2}}$$

⇦ $\displaystyle\sum_{k=1}^{n}k=\frac{1}{2}n(n+1)$
$E(X)$ は1～8の平均と同じ．

$$V(X)=E(X^2)-E(X)^2$$
$$=\sum_{k=1}^{8}k^2\cdot\frac{1}{8}-E(X)^2=\frac{1}{8}\sum_{k=1}^{8}k^2-\left(\frac{9}{2}\right)^2$$
$$=\frac{1}{8}\cdot\frac{1}{6}\cdot 8\cdot 9\cdot 17-\left(\frac{9}{2}\right)^2$$
$$=\frac{51}{2}-\frac{81}{4}=\boldsymbol{\frac{21}{4}}$$

⇦ $\displaystyle\sum_{k=1}^{n}k^2=\frac{1}{6}n(n+1)(2n+1)$

▶◀2 演習題 （解答は p.42）

[1], [2], [3], …, [8] が1枚ずつ，[9] が2枚，合計10枚のカードがある．この中から1枚を無作為に取り出し，そのカードに書かれた数を X とするとき，X の期待値と分散を求めよ．

分散は上の公式を使おう．

⏱ 10分

◆3 期待値と分散の性質

2個のサイコロA，Bを振るとき，それぞれの目の数をX，Yとする．
（1） Xの期待値と分散を求めよ．
（2） $Z=X+2Y+3$とおくとき，Zの期待値と分散を求めよ．

期待値の性質 例題(2)で確率分布を求めるのは面倒である．そこで，次の性質を用いて計算する．
X，Yを確率変数，a，b，cを定数として
- $E(X+Y)=E(X)+E(Y)$ ［和の期待値は期待値の和］
 特に，$Y=c$（1つの値のみをとる確率変数）として，$E(X+c)=E(X)+E(c)=E(X)+c$
- $E(aX)=aE(X)$ ［定数倍の期待値は期待値の定数倍］
 これらを合わせると$E(aX+bY+c)=aE(X)+bE(Y)+c$となる（XとYが独立でなくても成り立つ）．確率変数の個数が増えても同様．

分散の性質 X，Yを確率変数，a，b，cを定数として
- $V(c)=0$ ［1つの値しかとらない確率変数の分散は0］
- $V(aX)=a^2V(X)$ ［a^2倍となることに注意］
- XとYが独立のとき，$V(X+Y)=V(X)+V(Y)$
 これらを合わせると，XとYが独立のとき$V(aX+bY+c)=a^2V(X)+b^2V(Y)$となる．

解答

（1） Xのとりうる値は1，2，…，6の6個で確率はいずれも$\frac{1}{6}$なので，

$$E(X)=\sum_{k=1}^{6}k\cdot\frac{1}{6}=\frac{1}{6}\sum_{k=1}^{6}k=\frac{1}{6}\cdot\frac{1}{2}\cdot6\cdot7=\mathbf{\frac{7}{2}}$$

$$V(X)=E(X^2)-E(X)^2=\sum_{k=1}^{6}k^2\cdot\frac{1}{6}-E(X)^2$$

$$=\frac{1}{6}\cdot\frac{1}{6}\cdot6\cdot7\cdot13-\left(\frac{7}{2}\right)^2=\frac{91}{6}-\frac{49}{4}=\mathbf{\frac{35}{12}}$$

⇦分散を定義で計算すると
$V(X)$
$=\frac{1}{6}\left\{\left(\frac{5}{2}\right)^2+\left(\frac{3}{2}\right)^2+\left(\frac{1}{2}\right)^2\right\}\times2$
$=\frac{1}{3}\cdot\frac{25+9+1}{4}=\frac{35}{12}$

（2） $E(Y)=E(X)=\frac{7}{2}$と期待値の性質より

$$E(Z)=E(X+2Y+3)=E(X)+2E(Y)+3$$

$$=\frac{7}{2}+2\cdot\frac{7}{2}+3=\mathbf{\frac{27}{2}}$$

$V(Y)=V(X)=\frac{35}{12}$であり，XとYは独立だから，分散の性質より

$$V(Z)=V(X+2Y+3)=V(X)+2^2V(Y)$$

$$=\frac{35}{12}+4\cdot\frac{35}{12}=\mathbf{\frac{175}{12}}$$

▶◀3 演習題 （解答はp.42）

3個のサイコロA，B，Cを振るとき，Aの目の数をX，BとCの目の数の和をYとする．
（1） Yの期待値と分散を求めよ．
（2） $Z=X+3Y+5$とおくとき，Zの期待値と分散を求めよ．

例題の結果を利用しよう．Yは2つの確率変数の和で表せる．

8分

◆4 二項分布

1枚の硬貨を続けて7回投げるとき，表が出る回数をXとする．Xの期待値と標準偏差を求めよ．

（二項分布とは） 1回の試行において，事象Aが起こる確率がpであるとする．この試行を独立にn回繰り返すとき，事象Aが起こる回数Xは確率変数である（ここではnは固定）．この確率分布を二項分布と呼び，$B(n,\ p)$で表す．Xは$B(n,\ p)$に従う，とも言う．

（二項分布の期待値と標準偏差） Xが$B(n,\ p)$に従うとき，$P(X=l)={}_n\mathrm{C}_l p^l(1-p)^{n-l}$となるが，二項分布の期待値と標準偏差は（これを用いるのではなく）次のようにすると簡単に求められる．

確率変数X_kを，k回目の試行で事象Aが起こるとき1，起こらないとき0と定めると，

$$E(X_k)=1\cdot p+0\cdot(1-p)=p,\quad V(X_k)=(1-p)^2\cdot p+(0-p)^2\cdot(1-p)=p(1-p)$$

であり，$X=X_1+X_2+\cdots+X_n$

$X_1,\ X_2,\ \cdots,\ X_n$は互いに独立な確率変数だから，◆3の期待値と分散の性質を用いると

$$E(X)=E(X_1+X_2+\cdots+X_n)=E(X_1)+E(X_2)+\cdots+E(X_n)=np$$

$$V(X)=V(X_1+X_2+\cdots+X_n)=V(X_1)+V(X_2)+\cdots+V(X_n)=np(1-p)$$

Xの標準偏差は，$\sigma(X)=\sqrt{V(X)}=\sqrt{np(1-p)}$

なお，$q=1-p$として$V(X)=npq$，$\sigma(X)=\sqrt{npq}$と表すこともある．

解答

1枚の硬貨を投げるとき，表が出る確率は$\dfrac{1}{2}$であるから，続けて7回投げて表が出る回数Xは，二項分布$B\left(7,\ \dfrac{1}{2}\right)$に従う．よって，

$$E(X)=7\cdot\frac{1}{2}=\boldsymbol{\frac{7}{2}}$$

$$\sigma(X)=\sqrt{V(X)}=\sqrt{7\cdot\frac{1}{2}\left(1-\frac{1}{2}\right)}=\boldsymbol{\frac{\sqrt{7}}{2}}$$

◆4 演習題（解答は p.43）

500円玉3個を同時に投げる試行を320回続けて行った．2枚が表で1枚が裏である回数Xの期待値と標準偏差を求めよ．（自治医大／一部追加）

まずpを求める．

5分

◆5 連続型確率変数

確率変数 X の確率密度関数 $f(x)$ が

$$f(x)=\begin{cases} a(x-x^2) & (0\leqq x\leqq 1) \\ 0 & (x<0,\ x>1) \end{cases}$$

(ただし，a は定数) で与えられるとき，

(1) a の値を求めよ．

(2) $P\left(\dfrac{1}{4}\leqq X\leqq\dfrac{1}{2}\right)$ を求めよ．

連続する値をとる確率変数　「ルーレットを回したときに針の止まる位置 X」のように，連続した値 (実数) をとる確率変数を考えることができる．この場合，$P(X=1)$ など，1つの値をとる確率は0になるため，ある範囲の値をとる確率 $P(c\leqq X\leqq d)$ が，$P(c\leqq X\leqq d)=\displaystyle\int_c^d f(x)\,dx$ と表される (これがすべての c, d に対して成り立つ) ような $f(x)$ を定める．この $f(x)$ を確率変数 X の確率密度関数という．

確率密度関数の性質　確率は0以上の値であるから，$f(x)\geqq 0$ (x は全実数) が成り立つ．また，全体の確率は1であるから，$f(x)>0$ となる x の範囲が $\alpha<x<\beta$ であるとすると $\displaystyle\int_\alpha^\beta f(x)\,dx=1$ が成り立つ ($f(x)=0$ の部分は定積分の値に影響を与えないので，α を $-\infty$，β を ∞ としてもよい)．

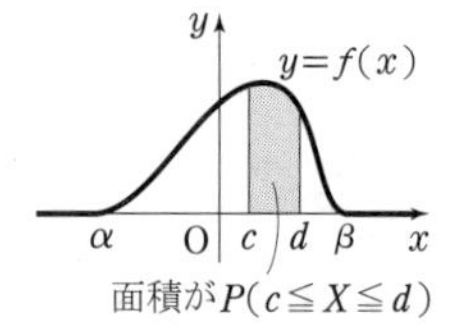

面積が$P(c\leqq X\leqq d)$

解答

(1) $\displaystyle\int_0^1 a(x-x^2)\,dx=1$ より，

$$a\left[\frac{1}{2}x^2-\frac{1}{3}x^3\right]_0^1=1 \qquad \therefore\ a\cdot\frac{1}{6}=1$$

よって，$\boldsymbol{a=6}$

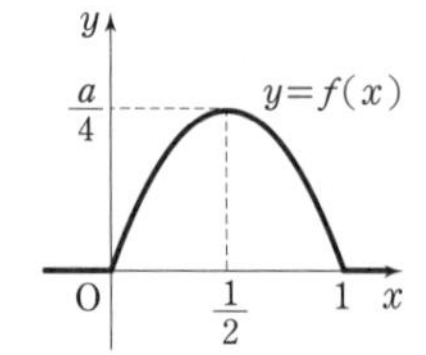

⇦全体の確率が1，から a の値が決まる．$f(x)>0$ となる x の範囲は $0<x<1$

(2) $P\left(\dfrac{1}{4}\leqq X\leqq\dfrac{1}{2}\right)=\displaystyle\int_{\frac{1}{4}}^{\frac{1}{2}}6(x-x^2)\,dx$

$$=\left[3x^2-2x^3\right]_{\frac{1}{4}}^{\frac{1}{2}}=\left(\frac{3}{4}-\frac{1}{4}\right)-\left(\frac{3}{16}-\frac{1}{32}\right)=\boldsymbol{\frac{11}{32}}$$

▶5 演習題 (解答は p.43)

確率変数 X の確率密度関数 $f(x)$ について，$y=f(x)$ のグラフが右図のようであるとき，

(1) a の値を求めよ．

(2) $P(1\leqq X\leqq 2)$ を求めよ．

(3) $P(0\leqq X\leqq c)=\dfrac{1}{2}$ を満たす正の定数 c の値を求めよ．

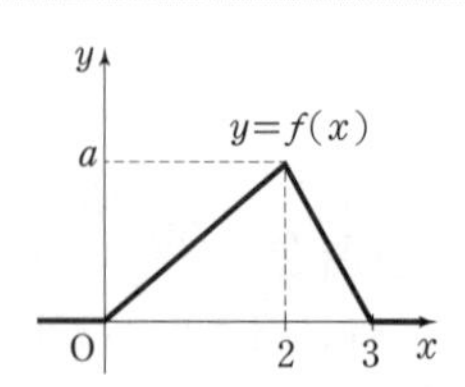

(1) 確率を面積とみるのが早い．
(2)(3) 面積で考えることができる．$f(x)$ を式で表して解き，右ページで利用するのもよい．　10分

◆6 連続型確率変数／期待値，分散

確率変数 X の確率密度関数 $f(x)$ が

$$f(x)=\begin{cases}6(x-x^2) & (0\leqq x\leqq 1)\\ 0 & (x<0,\ 1<x)\end{cases}$$

で与えられるとき，X の期待値は□で，分散は□である．（小樽商大）

（連続した値をとる確率変数の期待値と分散） X の確率密度関数が $f(x)$ であるとき，$x\leqq X\leqq x+dx$ となる確率は $f(x)dx$ であるから，期待値［(X の値 x)×(その確率)の和］の定義は，X のとりうる値の範囲を $\alpha\leqq x\leqq\beta$ として $E(X)=\int_\alpha^\beta xf(x)dx$

同様に，分散［($x-$期待値$)^2$ の期待値，つまり ($x-$期待値$)^2\times$(その確率)の和］は，$m=E(X)$ として $V(X)=\int_\alpha^\beta(x-m)^2f(x)dx$ である．ここでも，◆2と同様，

$$V(X)=\int_\alpha^\beta(x^2-2mx+m^2)f(x)dx=\underbrace{\int_\alpha^\beta x^2f(x)dx}_{①}-2m\underbrace{\int_\alpha^\beta xf(x)dx}_{②}+m^2\underbrace{\int_\alpha^\beta f(x)dx}_{③}$$

において，①$=E(X^2)$ と書くと，②$=E(X)=m$，③$=1$ より

$$V(X)=E(X^2)-2m\cdot m+m^2\cdot 1=E(X^2)-m^2=E(X^2)-E(X)^2$$

となる．

解答

X のとりうる値の範囲は，$0\leqq X\leqq 1$ であるから

$$E(X)=\int_0^1 x\cdot 6(x-x^2)dx=\int_0^1(6x^2-6x^3)dx$$

$$=\left[2x^3-\frac{3}{2}x^4\right]_0^1=2-\frac{3}{2}=\mathbf{\frac{1}{2}}$$

⇦ 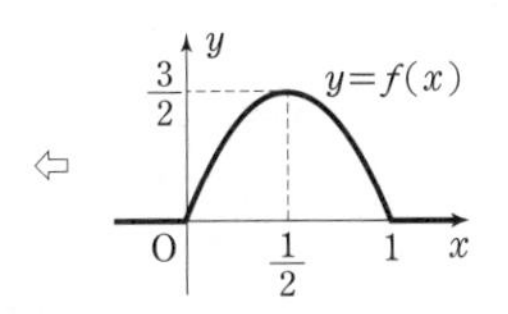

$x=\frac{1}{2}$ に関して対称なグラフなので，$E(X)=\frac{1}{2}$

$$V(X)=E(X^2)-E(X)^2$$

$$=\int_0^1 x^2\cdot 6(x-x^2)dx-\left(\frac{1}{2}\right)^2$$

$$=\int_0^1(6x^3-6x^4)dx-\frac{1}{4}=\left[\frac{3}{2}x^4-\frac{6}{5}x^5\right]_0^1-\frac{1}{4}$$

$$=\frac{3}{2}-\frac{6}{5}-\frac{1}{4}=\frac{30-24-5}{20}=\mathbf{\frac{1}{20}}$$

▨ $V(X)$ を定義で立式すると

$$\int_0^1\left(x-\frac{1}{2}\right)^2\cdot 6(x-x^2)dx=\int_0^1 6\left(-x^4+2x^3-\frac{5}{4}x^2+\frac{1}{4}x\right)dx$$

▶6 演習題（解答は p.43）

左ページの確率変数 X の期待値と分散を求めよ．　　12分

◆7 正規分布／標準正規分布への変換

Zを標準正規分布$N(0,\ 1)$に従う確率変数とする．$-1.96 \leqq Z \leqq 1.96$となる確率は0.95である．Xを平均値が50，分散が25の正規分布$N(50,\ 25)$に従う確率変数とするとき，$-a \leqq X-50 \leqq a$となる確率が，0.95になるようなaの値を求めよ．（弘前大）

確率変数の変換 2つの確率変数X，Yが$Y=aX+b$（a，bは定数）を満たすとき，

（i）$E(Y)=aE(X)+b$　　（ii）$V(Y)=a^2V(X)$

が成り立つ（☞◆3）．これを利用して正規分布に従う確率変数を標準正規分布に従う確率変数に変換する（$Y=aX+b$のとき，Xが正規分布に従うならYも正規分布に従う）．

まず，（ii）から$\sigma(Y)=\sqrt{V(Y)}$について，$\sigma(Y)=|a|\sigma(X)$となるから，Yが標準正規分布に従うなら$\sigma(Y)=1$より$|a|=\dfrac{1}{\sigma(X)}$となる．通常，$a>0$とするので$a=\dfrac{1}{\sigma(X)}$．

これを（i）で$E(Y)=0$（標準正規分布の平均は0）としたものに代入して，

$$0=aE(X)+b \qquad \therefore\ b=-aE(X)=-\frac{E(X)}{\sigma(X)}$$

これより，$Y=\dfrac{1}{\sigma(X)}X-\dfrac{E(X)}{\sigma(X)}=\dfrac{X-E(X)}{\sigma(X)}$は標準正規分布に従うことがわかる．

まとめると，Xが$N(m,\ \sigma^2)$に従うとき，$Z=\dfrac{X-m}{\sigma}$が$N(0,\ 1)$に従う．

解答

Xは$N(50,\ 5^2)$に従うから，$Z=\dfrac{X-50}{5}$は$N(0,\ 1)$に従う．

$$P(-1.96 \leqq Z \leqq 1.96)=0.95$$

$$\therefore\ P\left(-1.96 \leqq \frac{X-50}{5} \leqq 1.96\right)=0.95$$

$$\therefore\ P(-9.8 \leqq X-50 \leqq 9.8)=0.95$$

求めるaの値は，$\boldsymbol{a=9.8}$

⇦ 正規分布では，（平均）±（標準偏差）×1.96に入る確率が約95%，つまり，X−（平均）が±（標準偏差）×1.96に含まれる確率が約95%となるので，aは$\sigma(X)\times1.96$．

▶◀7 演習題（解答は p.44）

平均値μ，分散σ^2の正規分布を$N(\mu,\ \sigma^2)$とする．変数xが$N(1,\ 2^2)$に従うとき$1 \leqq x \leqq 5$の確率と，$N(0,\ 3^2)$に従うとき$0 \leqq x \leqq a$の確率とが等しい．aを求めよ．（自治医大）

標準正規分布にして比較．

3分

◆8 正規分布の応用

平均0，標準偏差1の正規分布の表［0からxまでの確率を$F(x)$で示す］の一部を下に示す．1,000人の集団の身長は正規分布することが知られているとする．しかも平均が167cmで標準偏差が5cmであるという．この集団において，175cm以上の人はほぼ何人ぐらいいるか．また157cm以上の人はほぼ何人ぐらいいるか．

（和歌山県医大）

x	1.4	1.5	1.6	1.7	1.8	1.9	2.0
$F(x)$	0.4192	0.4332	0.4452	0.4554	0.4641	0.4713	0.4773

正規分布表の利用　正規分布表の値は，$f(x)$を標準正規分布の確率密度関数として，右図の網目部の面積である．グラフの対称性（$f(x)$は偶関数なのでグラフはy軸対称）を用いると，図の網目部と打点部を合わせた部分の面積は0.5であり，従って，打点部の面積は$0.5-F(x)$となる．

例題では，身長の分布を標準正規分布に直して求める．

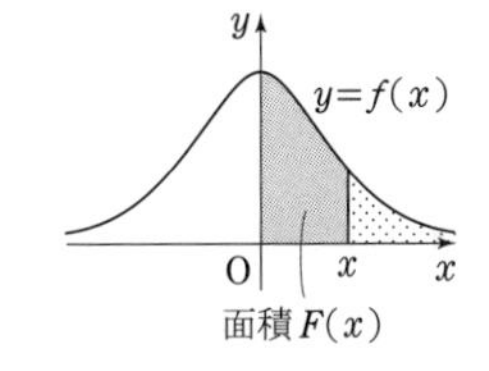

解答

平均167，標準偏差5の正規分布$N(167,\ 5^2)$に従う確率変数をXとすると，

$Z=\dfrac{X-167}{5}$ は$N(0,\ 1)$に従う．

⇦身長の分布を表す確率変数を用意しておく．

175cm以上：　$X\geqq 175 \iff Z\geqq\dfrac{8}{5}=1.6$

であり，$P(Z\geqq 1.6)$は右図打点部の面積である．

$P(Z\geqq 1.6)=0.5-F(1.6)=0.0548$

1000人の集団では，$1000\times 0.0548=54.8\fallingdotseq$ **55人**

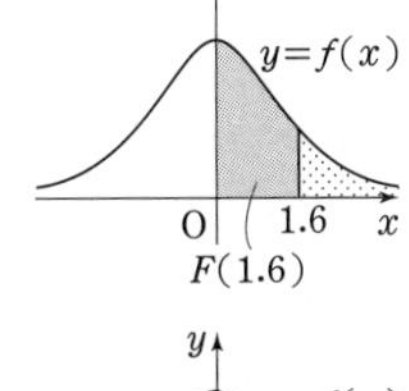

157cm以上：　$X\geqq 157 \iff Z\geqq\dfrac{-10}{5}=-2$

であり，$P(Z\geqq -2)$は右図網目部の面積である．

グラフの対称性から

$P(X\geqq 157)=F(2)+0.5=0.9773$

1000人の集団では，$1000\times 0.9773=977.3\fallingdotseq$ **977人**

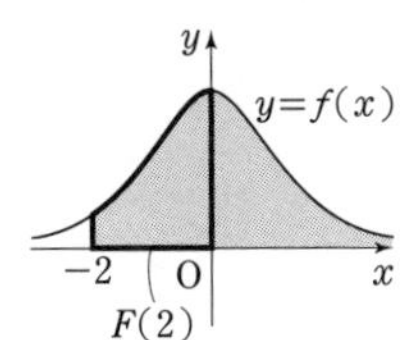

▶8 演習題 （解答は p.44）

ある男子高校の生徒全体の身長は平均165cm，標準偏差6cmの正規分布に従うと仮定できるという．このとき，下の正規分布表を用いて，次の(1)，(2)に答えよ．ただし，標準正規分布$N(0,\ 1)$に従う確率変数Zに対し，確率$P(0\leqq Z\leqq z)$を$p(z)$で表すものとする．

正規分布表

z	0.5	1.0	1.5	2.0	2.5	3.0
$p(z)$	0.191	0.341	0.433	0.477	0.494	0.499

(1)　身長が159cm以上171cm以下である生徒数の全体に対する割合を求めよ．

(2)　無作為に1人の生徒を選んだとき，その生徒の身長が180cm以上である確率を求めよ．

（宮崎大・教）

7分

◆9 正規分布の応用／二項分布を正規分布で近似

1 枚の硬貨を 900 回投げるとき，表の出る回数が 435 以上 465 以下である確率を p.4 の正規分布表を用いて求めよ．ただし，四捨五入によって小数第 2 位まで求めよ．

（二項分布と正規分布） 例題の確率は，正確に求めることは可能であるが，計算量は膨大なものになる．そこで，二項分布 $B(n,\ p)$ は n が大きいときは正規分布で近似できることを利用する（近似なので確率は正確な値ではなく，概算である）．

X が二項分布 $B(n,\ p)$ に従うとき，$E(X)=np$，$V(X)=np(1-p)$ であるから，$m=E(X)$，$\sigma^2=V(X)$ として，$B(n,\ p)$ を平均と標準偏差が同じ正規分布 $N(m,\ \sigma^2)$ で近似する．つまり，X が $N(m,\ \sigma^2)$ に従うとみなす．そのもとで，◆7 と同様に考え，正規分布表を用いて答えの数値を出す．

解答

硬貨を 1 回投げるとき，表が出る確率は $\dfrac{1}{2}$ であるから，900 回投げるときに表が出る回数を X とすると，X は二項分布 $B\left(900,\ \dfrac{1}{2}\right)$ に従う．よって，

$$E(X)=900\cdot\frac{1}{2}=450,\quad V(X)=900\cdot\frac{1}{2}\left(1-\frac{1}{2}\right)=225=15^2$$

となり，$B\left(900,\ \dfrac{1}{2}\right)$ は正規分布 $N(450,\ 15^2)$ で近似できる．X がこの正規分布に従うとみなすと，$Z=\dfrac{X-450}{15}$ は標準正規分布に従い，

⇦平均と標準偏差が同じ正規分布で近似する．

$$435\leqq X\leqq 465 \iff -1\leqq Z\leqq 1$$

⇦$X=435$，465 のとき $Z=-1$，1

であるから，この確率は，右図の $f(x)$ を標準正規分布の確率密度関数として，図の網目部の面積である．グラフの対称性から，その値は

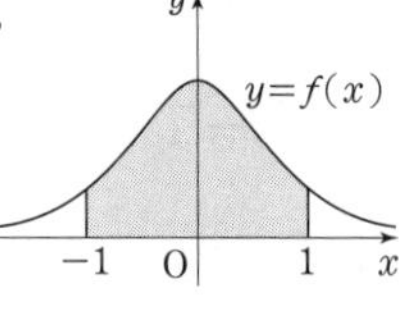

$$0.3413\times 2=0.6826$$

⇦正規分布表の 1.0 の値は 0.3413

小数第 2 位まで求めると，**0.68**

◆9 演習題（解答は p.44）

「次の 5 つの文章のうち正しいもの 2 つに○をつけよ.」という問題がある．いま，解答者 1,600 人が各人考えることなくでたらめに 2 つの文章を選んで○をつけたとする．

（1） 1,600 人中 2 つとも正しく○をつけた者が 130 人以上 175 人以下となる確率を式で表せ．

（2） p.4 の正規分布表を用いて，（1）の確率を四捨五入によって小数第 2 位まで求めよ．

（広島大）

2 つとも正しく○をつけた者の数は二項分布に従う．その二項分布の平均と標準偏差を求めよう．

12 分

◆10 母平均の推定

ある工場で生産される金属球の重さは，標準偏差 4.8 g の正規分布に従うという．同じ工場で生産された金属球 100 個を無作為に選んで重さを測ったところ，平均が 74.5 g であった．この工場が生産する金属球の重さの平均を，信頼度 95%で推定せよ（小数第 2 位を四捨五入して答えよ）．

母平均とは 例題では，この工場で生産するすべての金属球が母集団，その重さの平均が母平均である．以下，母平均を m と表す．

母平均の推定 m を信頼度 95%で推定するとは，m が 95%の確率で含まれる区間を求めることである．例題では，母集団から 100 個の標本を無作為に抽出したのであるから，おのおのの標本の重さを X_1，…，X_{100} とすると，これら 100 個の確率変数は互いに独立で，条件から正規分布 $N(m,\ 4.8^2)$ に従う．よって，標本平均 $\overline{X}=\frac{1}{100}\sum_{i=1}^{100}X_i$ について，

$$E(\overline{X})=\frac{1}{100}\sum_{i=1}^{100}E(X_i)=\frac{100m}{100}=m,\quad V(\overline{X})=\frac{1}{100^2}\sum_{i=1}^{100}V(X_i)=\frac{100\cdot 4.8^2}{100^2}=\frac{4.8^2}{100}$$

となることから，$\overline{X}$ は平均 m，標準偏差 $\sigma(\overline{X})=\sqrt{V(\overline{X})}=\frac{4.8}{\sqrt{100}}$ に従う確率変数となる．

$N(0,\ 1)$ に従う確率変数 Z に対して $P(|Z|\leqq 1.96)=0.95$ であることから，$Z=\frac{\overline{X}-m}{\sigma(\overline{X})}$ として

$P(|\overline{X}-m|\leqq 1.96\sigma(\overline{X}))=0.95$，すなわち $-1.96\sigma(\overline{X})\leqq m-\overline{X}\leqq 1.96\sigma(\overline{X})$ を満たす確率が 95%であり，この m の区間 $\overline{X}-1.96\sigma(\overline{X})\leqq m\leqq \overline{X}+1.96\sigma(\overline{X})$ を（母平均に対する）95%の信頼区間という（これを求めることを信頼度 95%で推定するという）．一般には，標本の大きさを n，母集団の標準偏差（母標準偏差）を σ として，母平均 m に対する 95%の信頼区間は

$$\left[\overline{X}-1.96\cdot\frac{\sigma}{\sqrt{n}},\ \overline{X}+1.96\cdot\frac{\sigma}{\sqrt{n}}\right]$$

（母標準偏差 σ が不明のときは，標本標準偏差で代用する）

解 答

100 個の標本の平均 $\overline{X}$ の標準偏差は $\frac{4.8}{\sqrt{100}}=0.48(\mathrm{g})$ であるから，母平均 m に対する 95%の信頼区間は

⇦公式の $\frac{\sigma}{\sqrt{n}}$ が $\frac{4.8}{\sqrt{100}}$（これが $\overline{X}$ の標準偏差）

$[74.5-1.96\cdot 0.48,\ 74.5+1.96\cdot 0.48]$

$\therefore\ [73.5592,\ 75.4408]$

⇦$1.96\cdot 0.48=0.9408$

小数第 2 位を四捨五入して，**[73.6，75.4]**

▶◀10 演習題（解答は p.44）

ある高校における 1 年生の男子 900 人の身長を測って，平均値 164.5cm，標準偏差 5.5cm を得た．この結果から，その地方の同じ学年の男子高校生の身長の平均を信頼度 95%で推定せよ（小数第 2 位を四捨五入して答えよ）．

公式の $\frac{\sigma}{\sqrt{n}}$ を求める．

5 分

◆11 母比率の推定

ある工場では，ひびの入りやすいまんじゅうを作っている．いま，その中から無作為に 900 個を選んで調べたところ，90 個にひびが入っていた．この工場で作られるまんじゅうのひびが入っている確率を 95％の信頼度で推定せよ（小数第 3 位を四捨五入して答えよ）．

母比率の推定 900 個中 90 個にひびが入っていたのであるから，母比率（この工場で作られるすべてのまんじゅうのうち，ひびが入っているものの割合）は 0.1（10％）程度である．仮に 0.1 とすると，標本 900 個のうちひびが入っているまんじゅうの個数 X は二項分布 $B(900,\ 0.1)$ に従う．この分布の平均は $900\cdot 0.1=90$，分散は $900\cdot 0.1\cdot(1-0.1)=81$ となるから，X は正規分布 $N(90,\ 9^2)$ で近似でき，$P(90-1.96\cdot 9\leqq X\leqq 90+1.96\cdot 9)\fallingdotseq 0.95$ となる．この X の範囲を比率に直した

$$\frac{90-1.96\cdot 9}{900}\leqq\frac{X}{900}\leqq\frac{90+1.96\cdot 9}{900}$$

が母比率 p の 95％の信頼区間となる（この区間を求めることを，母比率を 95％の信頼度で推定するという）．

公式を覚えてあてはめるのが実戦的と言える．上の計算を一般化（900 ⇨ n，0.1 ⇨ p）すると，大きさ n で標本比率が p' のとき，母比率 p に対する信頼度 95％の信頼区間は

$$\left[p'-1.96\sqrt{\frac{p'(1-p')}{n}},\ p'+1.96\sqrt{\frac{p'(1-p')}{n}}\right]$$

となる．

解 答

標本比率は $\frac{90}{900}=0.1$，標本の大きさは 900 であるから，母比率 p に対する信頼度 95％の信頼区間は，

$$\left[0.1-1.96\sqrt{\frac{0.1(1-0.1)}{900}},\ 0.1+1.96\sqrt{\frac{0.1(1-0.1)}{900}}\right]$$

⇦公式にあてはめる．

$\therefore$ $[0.1-1.96\cdot 0.01,\ 0.1+1.96\cdot 0.01]$

⇦ $\sqrt{\frac{0.1\cdot 0.9}{900}}=\frac{0.3}{30}=0.01$

$\therefore$ $[0.0804,\ 0.1196]$

小数第 3 位を四捨五入して，**[0.08，0.12]**

▶11 演習題（解答は p.44）

ある原野には，A，B 2 種の野ねずみが生息しているという．任意に 300 匹の野ねずみを捕らえたところ，A 種が 90 匹いた．A 種の野ねずみは，この原野全体で何％生息していると考えられるか．信頼度 95％で推定せよ．ただし，$\sqrt{7}=2.65$ とする．

（旭川医大）

🕒 5 分

◆ 12 検定

ある大学において，昨年度の男子学生全体の身長の平均値は170.0cm，標準偏差は7.5cmであった．今年度の男子学生の中から無作為に100人選んで身長を調べたところ，平均値が168.0cmであった．このことから，今年度の男子学生の身長の平均値は，昨年度に比べて変わったといえるか．5%の有意水準（危険率）で検定せよ．

（宮崎医大）

検定（仮説検定）のしかた 今年度の男子学生の身長の平均値が昨年と変わっていない，と仮定する（帰無仮説）．このとき，身長の標準偏差が変わらないことを前提にすると，無作為に選ばれた100人の身長の平均 $\overline{X}$ は，近似的に平均170.0cm，標準偏差 $\dfrac{7.5}{\sqrt{100}}=0.75$cm の正規分布……※　に従う．

「変わっていない」仮説を有意水準5%で検定するとは，標本平均168.0cmが，※の起こりにくい5%（上側，下側それぞれ2.5%；右図の網目部）に含まれるかどうかを判断することで，

- 網目部に含まれる ⇒ 仮説は棄却される
- 網目部に含まれない ⇒ 仮説は棄却されない

という結論になる．

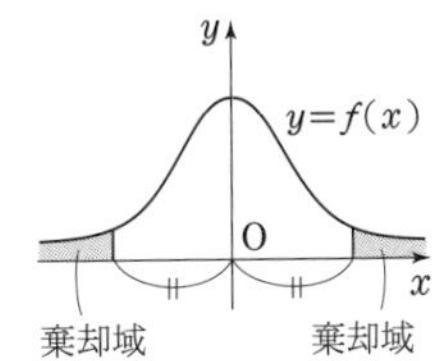

解答

「今年度の男子学生の身長の平均値が昨年と変わっていない」という仮説を5%の有意水準で検定する．

この仮説のもとで100人の標本の平均値 $\overline{X}$ は，近似的に平均170.0cm，標準偏差 $\dfrac{7.5}{\sqrt{100}}=0.75$cm の正規分布に従うから，棄却域は

$$|\overline{X}-170.0|\geqq 0.75\cdot 1.96$$

⇦ $Z=\dfrac{X-170.0}{0.75}$ が標準正規分布に従う．$|Z|\geqq 1.96$ が棄却域．

これを計算すると

$$\overline{X}\leqq 168.53 \quad または \quad \overline{X}\geqq 171.47$$

⇦ $0.75\cdot 1.96=1.47$

であるから，$\overline{X}=168.0$cm は棄却域に含まれる．

よって，最初の仮説は**棄却される．**

⇦つまり，標本の選び方が原因で身長の平均値が昨年と違う値になった，と考えるよりそもそも平均値が昨年と違うと考える方が妥当である，ということ．

▨ 標本平均 $\overline{X}$ の分布は，母集団の分布によらず，標本の大きさを大きくすれば正規分布に近づくことが知られている（例題で，身長が2種類の値しかとらない，というような極端な例を考えてみよう）．このような問題では，$\overline{X}$ が正規分布に従うという前提で解答してかまわない．

12 演習題 （解答は p.45）

きわめて多くの白球と黒球がある．この中から400個の球を無作為に取り出したとき，白球が222個，黒球が178個であった．白球と黒球との割合は同じであるという仮説を有意水準5%で検定せよ．

（中央大・理工）

二項分布を正規分布で近似する．15分

統計的な推測
演習題の解答

1 (1) 黒球が3個なので，5個取り出すと白球は2個以上含まれる．

(2) 定義通りに計算する．

解 (1) 白球7個，黒球3個の合計10個の球をすべて区別するとき，取り出す5球の組合せは

$${}_{10}C_5=\frac{10\cdot9\cdot8\cdot7\cdot6}{5\cdot4\cdot3\cdot2}=9\cdot4\cdot7$$

(通り) ある．黒球が3個なので，白球の数 X は2以上であり，

- $X=2$ (白2黒3) となる取り出し方は
 $${}_7C_2\cdot{}_3C_3=7\cdot3 \text{ (通り)}$$
- $X=3$ (白3黒2) となる取り出し方は
 $${}_7C_3\cdot{}_3C_2=7\cdot5\cdot3 \text{ (通り)}$$
- $X=4$ (白4黒1) となる取り出し方は
 $${}_7C_4\cdot{}_3C_1={}_7C_3\cdot3=7\cdot5\cdot3 \text{ (通り)}$$
- $X=5$ (白5黒0) となる取り出し方は
 $${}_7C_5\cdot{}_3C_0={}_7C_2=7\cdot3 \text{ (通り)}$$

だから，確率は順に

$$\frac{7\cdot3}{9\cdot4\cdot7}=\frac{1}{12},\ \frac{7\cdot5\cdot3}{9\cdot4\cdot7}=\frac{5}{12},\ \frac{5}{12},\ \frac{1}{12}$$

確率分布は下表．

X	**2**	**3**	**4**	**5**	**計**
P	$\mathbf{\frac{1}{12}}$	$\mathbf{\frac{5}{12}}$	$\mathbf{\frac{5}{12}}$	$\mathbf{\frac{1}{12}}$	**1**

(2) $$E(X)=2\cdot\frac{1}{12}+3\cdot\frac{5}{12}+4\cdot\frac{5}{12}+5\cdot\frac{1}{12}$$
$$=\frac{1}{12}(2+15+20+5)=\frac{42}{12}=\mathbf{\frac{7}{2}}$$

$$V(X)=\left(2-\frac{7}{2}\right)^2\cdot\frac{1}{12}+\left(3-\frac{7}{2}\right)^2\cdot\frac{5}{12}+\left(4-\frac{7}{2}\right)^2\cdot\frac{5}{12}+\left(5-\frac{7}{2}\right)^2\cdot\frac{1}{12}$$
$$=\frac{1}{12}\cdot\frac{1}{2^2}(3^2+5\cdot1^2+5\cdot1^2+3^2)=\frac{28}{12\cdot2^2}$$
$$=\mathbf{\frac{7}{12}}$$

2 分散は，公式 (2乗の期待値－期待値の2乗) を使う方が計算しやすい．

解 $X=1,\ 2,\ \cdots,\ 8$ となる確率はいずれも $\frac{1}{10}$，$X=9$ となる確率が $\frac{1}{5}$ だから，

$$E(X)=(1+2+\cdots+8)\cdot\frac{1}{10}+9\cdot\frac{1}{5}$$
$$=\frac{1}{2}\cdot8\cdot9\cdot\frac{1}{10}+9\cdot\frac{1}{5}=\frac{18+9}{5}=\mathbf{\frac{27}{5}}$$
$$E(X^2)=(1^2+2^2+\cdots+8^2)\cdot\frac{1}{10}+9^2\cdot\frac{1}{5}$$
$$=\frac{1}{6}\cdot8\cdot9\cdot17\cdot\frac{1}{10}+81\cdot\frac{1}{5}=\frac{102+81}{5}=\frac{183}{5}$$

よって，

$$V(X)=E(X^2)-E(X)^2=\frac{183}{5}-\left(\frac{27}{5}\right)^2$$
$$=\frac{1}{5^2}(183\cdot5-27^2)=\frac{1}{5^2}(915-729)$$
$$=\mathbf{\frac{186}{25}}$$

3 (1) Bの目の数を Y_1，Cの目の数を Y_2 とすると，$Y=Y_1+Y_2$ である．このことと，期待値・分散の性質，例題の結果を用いる．

解 (1) サイコロBの目の数を Y_1，Cの目の数を Y_2 とすると，Y_1 と Y_2 は独立で $Y=Y_1+Y_2$ だから，期待値・分散の性質から，

$$E(Y)=E(Y_1+Y_2)=E(Y_1)+E(Y_2),$$
$$V(Y)=V(Y_1+Y_2)=V(Y_1)+V(Y_2)$$

例題の結果を用いると

$$E(Y_1)=E(Y_2)=\frac{7}{2},\ V(Y_1)=V(Y_2)=\frac{35}{12}$$

であるから，

$$E(Y)=2E(Y_1)=\mathbf{7},\ V(Y)=2V(Y_1)=\mathbf{\frac{35}{6}}$$

(2) $Z=X+3Y+5$ のとき，X と Y は独立なので

$$E(Z)=E(X+3Y+5)=E(X)+3E(Y)+5$$
$$=\frac{7}{2}+3\cdot7+5=\mathbf{\frac{59}{2}}$$
$$V(Z)=V(X+3Y+5)=V(X)+3^2V(Y)$$
$$=V(X)+9V(Y)=\frac{35}{12}+9\cdot\frac{35}{6}$$
$$=\frac{35}{12}+\frac{630}{12}=\mathbf{\frac{665}{12}}$$

4 2枚が表で1枚が裏の確率をpとすると，確率変数Xは二項分布$B(320,\ p)$に従う．

解 3個の500円玉を区別すると，同時に投げたときの表裏の出方は$2^3=8$通りあり，これらは同様に確からしい．このうち2枚が表であるものは，どの1枚が裏であるかを考えると3通りなので，そのようになる確率は$\frac{3}{8}$である．よって，この試行を320回続けて行うとき，2枚が表で1枚が裏である回数Xは二項分布$B\left(320,\ \frac{3}{8}\right)$に従う．以上より，

$$E(X)=320\cdot\frac{3}{8}=\mathbf{120}$$

$$\sigma(X)=\sqrt{V(X)}=\sqrt{320\cdot\frac{3}{8}\left(1-\frac{3}{8}\right)}$$

$$=\sqrt{120\cdot\frac{5}{8}}=\sqrt{75}=\mathbf{5\sqrt{3}}$$

5 (1) $y=f(x)$とx軸で囲まれる三角形の面積が1であることを利用するのが早い．

(2)(3) 確率を面積とみて解くことができるが，ここでは$f(x)$を式で表しておく．

解 (1) $y=f(x)$のグラフとx軸で囲まれる部分の面積が1であるから，

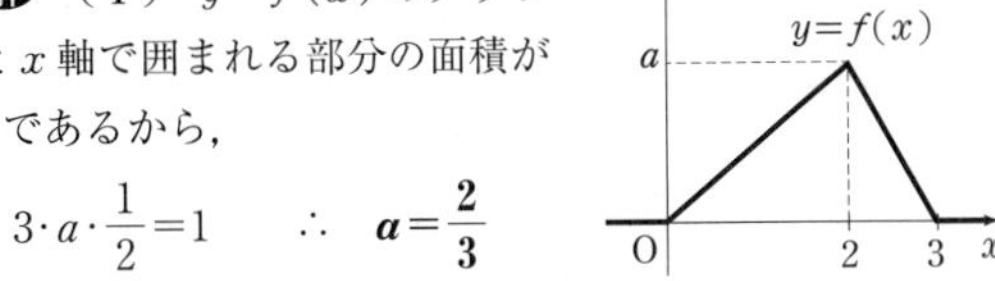

$$3\cdot a\cdot\frac{1}{2}=1 \qquad \therefore\ \ \boldsymbol{a=\frac{2}{3}}$$

(2) (1)より，$0\leqq x\leqq 3$の範囲で

$$f(x)=\begin{cases}\dfrac{1}{3}x & (0\leqq x\leqq 2)\\[2mm] -\dfrac{2}{3}x+2 & (2\leqq x\leqq 3)\end{cases}$$

となるから，

$$P(1\leqq X\leqq 2)=\int_1^2 f(x)\,dx=\int_1^2\frac{1}{3}x\,dx$$

$$=\left[\frac{1}{6}x^2\right]_1^2=\frac{1}{6}(2^2-1^2)=\mathbf{\frac{1}{2}}$$

(3) (2)より$P(0\leqq X\leqq 2)>P(1\leqq X\leqq 2)=\frac{1}{2}$だから，$P(0\leqq X\leqq c)=\frac{1}{2}$を満たす$c$は$0<c<2$の範囲にある．このとき，

$$P(0\leqq X\leqq c)=\int_0^c\frac{1}{3}x\,dx=\left[\frac{1}{6}x^2\right]_0^c=\frac{1}{6}c^2$$

であるから

$$\frac{1}{6}c^2=\frac{1}{2} \qquad \therefore\ \ \boldsymbol{c=\sqrt{3}}$$

▨(2) $P(1\leqq X\leqq 2)$は下左図の網目部の面積なので

$$\left(\frac{1}{3}+\frac{2}{3}\right)\times 1\times\frac{1}{2}=\frac{1}{2}$$

(3) 下右図の打点部の面積が$\frac{1}{2}$のとき，

$$c\cdot\frac{1}{3}c\cdot\frac{1}{2}=\frac{1}{2} \qquad \therefore\ \ c=\sqrt{3}$$

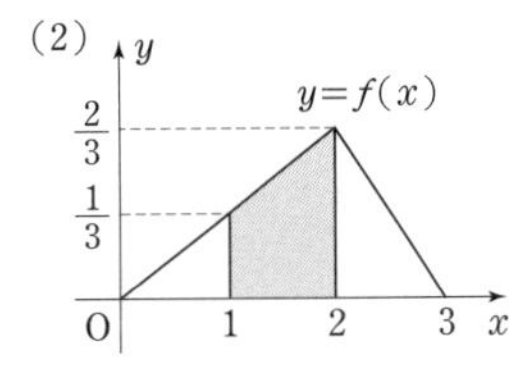

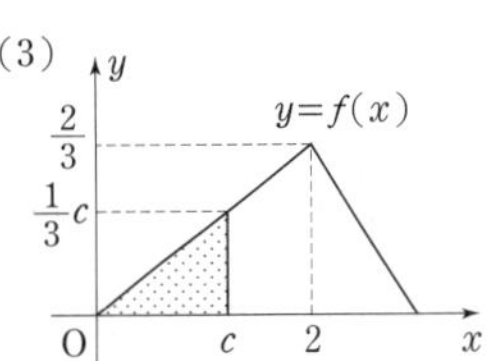

6 前問の$f(x)$の式を定義（分散は公式）にあてはめる．$x=2$で積分区間を分けて計算する．

解 前問の(2)を用いると，

$$E(X)=\int_0^3 xf(x)\,dx$$

$$=\int_0^2\frac{1}{3}x^2dx+\int_2^3\left(-\frac{2}{3}x^2+2x\right)dx$$

$$=\left[\frac{1}{9}x^3\right]_0^2+\left[-\frac{2}{9}x^3+x^2\right]_2^3$$

$$=\frac{1}{9}\cdot 2^3+\left(-\frac{2}{9}\cdot 3^3+3^2\right)-\left(-\frac{2}{9}\cdot 2^3+4\right)$$

$$=\frac{8}{9}+3+\frac{16}{9}-4=\frac{15}{9}=\mathbf{\frac{5}{3}}$$

$$E(X^2)=\int_0^3 x^2f(x)\,dx$$

$$=\int_0^2\frac{1}{3}x^3dx+\int_2^3\left(-\frac{2}{3}x^3+2x^2\right)dx$$

$$=\left[\frac{1}{12}x^4\right]_0^2+\left[-\frac{1}{6}x^4+\frac{2}{3}x^3\right]_2^3$$

$$=\frac{2^4}{12}+\left(-\frac{3^4}{6}+\frac{2}{3}\cdot 3^3\right)-\left(-\frac{2^4}{6}+\frac{2}{3}\cdot 2^3\right)$$

$$=\frac{4}{3}-\frac{27}{2}+18+\frac{8}{3}-\frac{16}{3}$$

$$=\frac{9}{2}-\frac{4}{3}=\frac{19}{6}$$

よって，

$$V(X)=E(X^2)-E(X)^2=\frac{19}{6}-\left(\frac{5}{3}\right)^2$$

$$=\frac{19}{6}-\frac{25}{9}=\mathbf{\frac{7}{18}}$$

7 標準正規分布に変換したときに同じ範囲になるようなaの値を求める．

解 確率変数xが$N(1,\ 2^2)$に従うとき，

$y=\dfrac{x-1}{2}$ は$N(0,\ 1)$に従い，

$$1\leqq x\leqq 5 \iff 0\leqq y\leqq 2 \cdots\cdots ①$$

一方，xが$N(0,\ 3^2)$に従うとき，$z=\dfrac{x}{3}$ は

$N(0,\ 1)$に従い，

$$0\leqq x\leqq a \iff 0\leqq z\leqq \frac{a}{3} \cdots\cdots ②$$

①のyの範囲と②のzの範囲が同じことが条件だから，

$$2=\frac{a}{3} \qquad \therefore\ \boldsymbol{a=6}$$

8 例題と同様，身長の分布を標準正規分布に直し，正規分布表を用いて求める．

解 平均165，標準偏差6の正規分布$N(165,\ 6^2)$に従う確率変数をXとすると，$Z=\dfrac{X-165}{6}$ は標準正規分布$N(0,\ 1)$に従う．

（1） $159\leqq X\leqq 171$

$\iff -1\leqq Z\leqq 1$

であるから，求める割合は

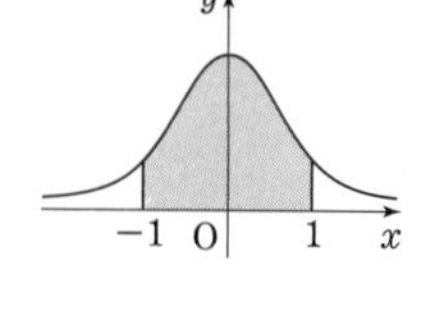

$P(-1\leqq Z\leqq 1)$

$=2P(0\leqq Z\leqq 1)=2\cdot 0.341=\mathbf{0.682}$（$=\mathbf{68.2}$%）

（2） $X\geqq 180 \iff Z\geqq 2.5$

であるから，求める確率は

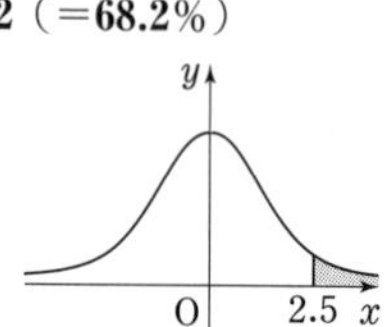

$0.5-P(0\leqq Z\leqq 2.5)$

$=0.5-0.494$

$=\mathbf{0.006}$

9 特定の1人が2つとも正しく○をつける確率をpとすると，2つとも正しく○をつけた者の数は二項分布$B(1600,\ p)$に従う．（2）では，これを（平均と分散が同じ）正規分布で近似し，さらに標準正規分布に直して求める．

解 （1） 5つから2つを選ぶ組合せは${}_5\mathrm{C}_2=10$通りあり，これらは同様に確からしい．このうちの1通りが正解だから，特定の1人の解答者が2つとも正しく○をつける確率は$\dfrac{1}{10}$である．よって，2つとも正しく○をつけた者の数をXとすると，

$$P(130\leqq X\leqq 175)=\sum_{k=130}^{175}{}_{1600}\mathrm{C}_k\left(\frac{1}{10}\right)^k\left(\frac{9}{10}\right)^{1600-k}$$

（2） （1）よりXは二項分布$B\left(1600,\ \dfrac{1}{10}\right)$に従い，

$$E(X)=1600\cdot\frac{1}{10}=160,$$

$$V(X)=1600\cdot\frac{1}{10}\left(1-\frac{1}{10}\right)=160\cdot\frac{9}{10}=144=12^2$$

であるから，$B\left(1600,\ \dfrac{1}{10}\right)$は$N(160,\ 12^2)$で近似できる．$X$が$N(160,\ 12^2)$に従うとみなすと，

$Z=\dfrac{X-160}{12}$ は標準正規分布$N(0,\ 1)$に従い，

$$130\leqq X\leqq 175 \iff -2.5\leqq Z\leqq 1.25$$

正規分布表を用いると，

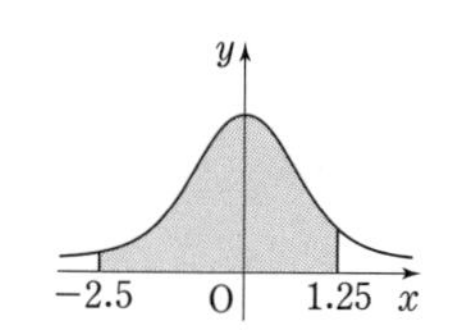

$P(-2.5\leqq Z\leqq 1.25)$

$=0.4938+0.3944$

$=0.8882$

$\fallingdotseq\mathbf{0.89}$

10 信頼区間の公式にあてはめる．

解 900個の標本の平均$\overline{X}$の標準偏差は

$\dfrac{5.5}{\sqrt{900}}=\dfrac{5.5}{30}=\dfrac{11}{60}$ であるから，母平均mに対する95%の信頼区間は

$$\left[164.5-1.96\times\frac{11}{60},\ 164.5+1.96\times\frac{11}{60}\right]$$

$$=[164.5-0.359\cdots,\ 164.5+0.359\cdots]$$

小数第2位を四捨五入すると，答えは

$$\mathbf{[164.1,\ 164.9]}$$

11 標本比率，標本の大きさを公式にあてはめる．

解 標本比率は$\dfrac{90}{300}=0.3$，標本の大きさは300であるから，母比率pの95%信頼区間は

$$\left[0.3-1.96\sqrt{\frac{0.3(1-0.3)}{300}},\ 0.3+1.96\sqrt{\frac{0.3(1-0.3)}{300}}\right]$$

$$=\left[0.3-1.96\cdot\frac{\sqrt{7}}{100},\ 0.3+1.96\cdot\frac{\sqrt{7}}{100}\right]$$

$\sqrt{7}=2.65$とするとき，

$$1.96\sqrt{7}=1.96\cdot 2.65=5.194$$

となるので，%に直すと

$$\mathbf{[24.806,\ 35.194]}$$

12 白球と黒球の割合が同じであるという仮説を検定する．この仮定のもとでは，400 個を無作為に取り出したときの白球の個数は，二項分布 $B\left(400,\ \frac{1}{2}\right)$ に従う．これを正規分布で近似して棄却域を設定する．

解 「白球と黒球の割合は同じである」という仮説を有意水準 5％で検定する．

この仮定のもとで 400 個の球を無作為に取り出すと，白球の個数 X は二項分布 $B\left(400,\ \frac{1}{2}\right)$ に従う．よって，

$$E(X)=400\cdot\frac{1}{2}=200,$$

$$V(X)=400\cdot\frac{1}{2}\left(1-\frac{1}{2}\right)=100$$

となり，$B\left(400,\ \frac{1}{2}\right)$ は $N(200,\ 10^2)$ で近似できる．

X が $N(200,\ 10^2)$ に従うとみなすと，棄却域は

$$|X-200|\geqq 10\cdot 1.96$$

すなわち

$$X\leqq 180.4 \quad \text{または} \quad X\geqq 219.6$$

$X=222$ はこの棄却域に含まれるから，最初の仮説は**棄却される．**

数学B

第2部

◆1 $\{a_{3n}\}$，偶数番目の項，奇数番目の項

（ア） 次の数列の第1項から第5項までを左から順に書き並べよ．また，第 $n+1$ 項を求めよ．

（1） $\{a_{3n}\}$　（2） $\{a_{3n-2}\}$　（3） $\{a_{3n-1}+n\}$

（イ） $a_n=4n+1$ のとき，（ア）の（1）～（3）の数列の一般項を求めよ．

（ウ） $\{a_n\}$ の偶数番目の項を小さい方から順に並べてできる数列を $\{b_n\}$ とするとき，$b_n=a_{\square}$ であるから，$\{b_n\}=\{a_{\square}\}$ である．

（エ） $\{a_n\}$ の奇数番目の項を小さい方から順に並べてできる数列を $\{c_n\}$ とするとき，$c_n=a_{\square}$ であるから，$\{c_n\}=\{a_{\square}\}$ である．

書き出すのが基本　第1部の◆9でも同様の問題を扱ったが，ここではさらに難し目のを扱う．

例えば，$\{a_{2n+1}+n\}$ を考えてみよう．この数列の第1項，第2項，…，第5項は，

$\{a_{2n+1}+n\}$ ： a_3+1，a_5+2，a_7+3，a_9+4，$a_{11}+5$

となる．第 $n+1$ 項は，「$a_{2n+1}+n$」の n を n⇨$n+1$ としたもの（第 k 項は，$a_{2k+1}+k$ であり，この k をすべて $k=n+1$ にしたもの）であるから，$a_{2(n+1)+1}+(n+1)=a_{2n+3}+n+1$ となる．

偶数番目の項，奇数番目の項　正の偶数を小さい方から順に並べると，2，4，6，8，10，……であり，1番目⇨2×1，2番目⇨2×2，…… なので，n 番目の正の偶数は $2n$ である．

正の奇数を小さい方から順に並べると，1，3，5，7，9，…… であり，1番目⇨2×1−1，2番目⇨2×2−1，3番目⇨2×3−1，…… なので，n 番目の正の奇数は $2n-1$ である．

$\{a_n\}$ の偶数番目の項を小さい方から順に並べると，a_2，a_4，a_6，a_8，a_{10}，……であり，n 番目の項は a_{2n} である．

$\{a_n\}$ の奇数番目の項を小さい方から順に並べると，a_1，a_3，a_5，a_7，a_9，……であり，n 番目の項は a_{2n-1} である．

解答

（ア） 第1項から第5項までを書き並べると，

（1） $\boldsymbol{a_3,\ a_6,\ a_9,\ a_{12},\ a_{15}}$

（2） $\boldsymbol{a_1,\ a_4,\ a_7,\ a_{10},\ a_{13}}$

（3） $\boldsymbol{a_2+1,\ a_5+2,\ a_8+3,\ a_{11}+4,\ a_{14}+5}$

第 $n+1$ 項は，（1） $\boldsymbol{a_{3(n+1)}(=a_{3n+3})}$　（2） $a_{3(n+1)-2}=\boldsymbol{a_{3n+1}}$

（3） $a_{3(n+1)-1}+(n+1)=\boldsymbol{a_{3n+2}+n+1}$

（イ） $\{a_n\}$ の第 k 項は，$a_k=4k+1$

（1） $a_{3n}=4\cdot3n+1=\boldsymbol{12n+1}$

⇦ a_{3n} は，$a_k=4k+1$ で $k=3n$ としたもの．

（2） $a_{3n-2}=4(3n-2)+1=\boldsymbol{12n-7}$

（3） $a_{3n-1}+n=4(3n-1)+1+n=\boldsymbol{13n-3}$

⇦ $a_{3n-1}=4(3n-1)+1$

（ウ） $\{a_n\}$ の偶数番目の項を小さい方から順に並べると（a_2，a_4，a_6，…），n 番目の項は a_{2n} であるから，$b_n=\boldsymbol{a_{2n}}$，$\{b_n\}=\{\boldsymbol{a_{2n}}\}$

（エ） $\{a_n\}$ の奇数番目の項を小さい方から順に並べると（a_1，a_3，a_5，…），n 番目の項は a_{2n-1} であるから，$c_n=\boldsymbol{a_{2n-1}}$，$\{c_n\}=\{\boldsymbol{a_{2n-1}}\}$

▶◀1 演習題（解答は p.68）

（ア） 次の数列の第1項から第5項までを左から順に書き並べよ．また，第 $n+1$ 項を求めよ．さらに，$a_n=n(n+1)$ のとき，（1）～（3）の数列の一般項を求めよ．

（1） $\{a_{4n}\}$　（2） $\{a_{4n-2}\}$　（3） $\{a_{4n-3}-n\}$

（イ） 数列 $\{n(n+1)\}$ の奇数番目の項を小さい順に並べてできる数列の一般項を求めよ．

🕒8分

◆2 等差数列，等比数列は○○ずつ間をとばしても等差，等比

（ア） 数列 $\{a_n\}$ は，$a_n=3n-2$ を満たし，$b_n=a_{2n-1}$ とする．数列 $\{b_n\}$ の偶数番目の項を小さい方から順に並べてできる数列を $\{c_n\}$ とするとき，$\{c_n\}$ の一般項は $\boxed{}$ であり，$c_{\boxed{}}-c_n=\boxed{\ *\ }$ となるから，$\{c_n\}$ は公差 $\boxed{\ *\ }$ の等差数列である．

（イ） 数列 $\{a_n\}$ は $a_n=4\cdot3^n$ を満たし，$b_n=a_{2n}$ とする．数列 $\{b_n\}$ の奇数番目の項を小さい方から順に並べてできる数列を $\{c_n\}$ とするとき，$\{c_n\}$ の一般項は $\boxed{}$ であり，$\dfrac{c_{\boxed{}}}{c_n}=\boxed{**}$ となるから，$\{c_n\}$ は公比 $\boxed{**}$ の等比数列である．

（（ア）の2つの $\boxed{\ *\ }$ には，同じ数が入る．（イ）の $\boxed{**}$ も同様）

等差数列は1つおきも等差 （ア）の $\{a_n\}$ は一般項が n の1次式なので等差数列である．公差は n の係数であるから3である．初項から順に並べると

1，4，7，10，13，16，19，22，25，28，31，34，37，……

となり，初項から1つおきに取り出すと，（$\{a_n\}$ の奇数番目の項で，$\{b_n\}$ である）

1	7	13	19	25	31	37
‖	‖	‖	‖	‖	‖	‖
b_1	b_2	b_3	b_4	b_5	b_6	b_7

と公差 $6(=3\times2)$ の等差数列になる．2つおきや3つおきも等差数列である．

等比数列の場合も同様に，1つおきなど，○○ずつ間をとばしても等比数列である．

解答

（ア） $\{b_n\}$ の偶数番目の項で，小さい方から n 番目の項は b_{2n} であるから，$\{c_n\}$ の一般項（つまり n 番目の項）c_n は，

$$c_n=b_{2n}=a_{2(2n)-1}=a_{4n-1}$$
$$=3(4n-1)-2=\mathbf{12n-5}$$

⇦ $b_k=a_{2k-1}$ の k に $2n$ を代入．

⇦ $a_k=3k-2$ の k に $4n-1$ を代入．

次に，$c_{n+1}-c_n=12(n+1)-5-(12n-5)=\mathbf{12}$ となるから，$\{c_n\}$ は公差12の等差数列である．

⇦ $c_{n+1}-c_n$ が一定なら $\{c_n\}$ は等差数列で，一定値が公差である．

➡**注** $\{c_n\}$：a_3，a_7，a_{11}，a_{15}，……
$\{c_n\}$ は初項が a_3 で，$\{a_n\}$ の項を4つ目ごとに取り出した数列である．

⇦ $\{b_n\}$：a_1，a_3，a_5，a_7，a_9，…
この偶数番目の項の数列が $\{c_n\}$ である．

（イ） $\{b_n\}$ の奇数番目の項で，小さい方から n 番目の項は b_{2n-1} であるから，$\{c_n\}$ の一般項（つまり n 番目の項）c_n は，

$$c_n=b_{2n-1}=a_{2(2n-1)}=a_{4n-2}$$
$$=\mathbf{4\cdot3^{4n-2}}$$

⇦ $b_k=a_{2k}$ の k に $2n-1$ を代入．

⇦ $a_k=4\cdot3^k$ の k に $4n-2$ を代入．

次に，$\dfrac{c_{n+1}}{c_n}=\dfrac{4\cdot3^{4(n+1)-2}}{4\cdot3^{4n-2}}=3^4=\mathbf{81}$ となるから，$\{c_n\}$ は公比81の等比数列である．

▶◀2 演習題（解答は p.68）

（ア） 数列 $\{a_n\}$ は，$a_n=4n+1$ を満たし，$b_n=a_{3n-1}$ とする．数列 $\{b_n\}$ の奇数番目の項を小さい方から順に並べてできる数列を $\{c_n\}$ とするとき，$\{c_n\}$ の一般項は $\boxed{}$ であり，$c_{n+1}-c_{\boxed{}}=\boxed{\ *\ }$ となるから，$\{c_n\}$ は公差 $\boxed{\ *\ }$ の等差数列である．

（イ） 数列 $\{a_n\}$ は $a_n=3\cdot4^n$ を満たし，$b_n=a_{3n-2}$ とする．数列 $\{b_n\}$ の偶数番目の項を小さい方から順に並べてできる数列を $\{c_n\}$ とするとき，$\{c_n\}$ の一般項は $\boxed{}$ であり，$\dfrac{c_{n+1}}{c_{\boxed{}}}=\boxed{**}$ となるから，$\{c_n\}$ は公比 $\boxed{**}$ の等比数列である．

⏲ 8分

◆3　3数が等差数列，等比数列をなす

（ア）　3数a，8，$3a$がこの順に等差数列となるとき，aの値を求めよ．
（イ）　3数a，9，$3a$がこの順に等比数列となるとき，aの値を求めよ．
（ウ）　異なる0でない3数a，b，cがこの順に等差数列となり，c，a，bがこの順に等比数列となる．$a+b+c=9$のとき，a，b，cの値を求めよ．

a，b，cが等差数列　3数a，b，cがこの順に等差数列となるとき，$b-a=c-b$（＝公差）により，$2b=a+c$であるから，

a，b，cがこの順に等差数列 $\Longleftrightarrow$ $2b=a+c$

a，b，cが等比数列　0でない3数a，b，cがこの順に等比数列となるとき，$\frac{b}{a}=\frac{c}{b}$（＝公比）により，$b^2=ac$であるから，0でない3数a，b，cについて，

a，b，cがこの順に等比数列 $\Longleftrightarrow$ $b^2=ac$

解答

（ア）　a，8，$3a$がこの順に等差数列となるとき，

$2\times8=a+3a$　　$\therefore$　$\boldsymbol{a=4}$

⇦3数は4，8，12となる．

（イ）　a，9，$3a$がこの順に等比数列となる……①　とする．
$a=0$のとき，0，9，0となり，等比数列とならないから$a\neq0$である．よって，①となるとき，

$9^2=a\times3a$　　$\therefore$　$a^2=27$　　$\therefore$　$\boldsymbol{a=\pm3\sqrt{3}}$

⇦3数は$3\sqrt{3}$，9，$9\sqrt{3}$
または$-3\sqrt{3}$，9，$-9\sqrt{3}$

（ウ）　a，b，cがこの順に等差数列となるから，

$2b=a+c$ ……………………①

c，a，bがこの順に等比数列となるから，

$a^2=bc$ ……………………②

$a+b+c=9$……③　のとき，①により，$3b=9$　　$\therefore$　$b=3$
これと③，②により，$a+c=6$，$a^2=3c$
$c=6-a$を$a^2=3c$に代入して，$a^2=3(6-a)$

$\therefore$　$a^2+3a-18=0$　　$\therefore$　$(a+6)(a-3)=0$

a，bは異なるから，$a\neq3$であり，$a=-6$　　$\therefore$　$c=6-a=12$
以上により，$\boldsymbol{a=-6}$，$\boldsymbol{b=3}$，$\boldsymbol{c=12}$

⇦a，b，cは，-6，3，12（$+9$，$+9$）
c，a，bは，12，-6，3（$\times\frac{-1}{2}$，$\times\frac{-1}{2}$）
となる．

▶3　演習題（解答は p.68）

（ア）　3数a，$3a$，10　がこの順に等差数列となるとき，aの値を求めよ．
（イ）　3数a，$2a$，8　がこの順に等比数列となるとき，aの値を求めよ．
（ウ）　a，bを正の数とする．3つの数6，a，bがこの順に等差数列になり，また，3つの数a，b，16がこの順に等比数列になる．このとき，$a=$□，$b=$□である．
（東京工科大・コンピュータ）

7分

◆4 和が最大

（ア） 一般項が $a_n=-2n^2+7n+9$ である数列 $\{a_n\}$ の初項から第 n 項までの和を S_n とする．S_n が最大となる n を求めよ．

（イ） 初項が 50，公差が -3 である等差数列 $\{a_n\}$ において，項の値が最初に負になるのは第 $\square$ 項である．また，初項から第 n 項までの和を S_n とするとき，S_n の最大値は $\square$ である．

（東京工芸大）

和 S_n の増減 $\{a_n\}$ の第 n 項までの和を S_n とすると，$n\geqq 2$ のとき，$S_n=S_{n-1}+a_n$ が成り立つ．したがって，

$a_n>0$ なら，$S_n>S_{n-1}$ （増加）

$a_n<0$ なら，$S_n<S_{n-1}$ （減少）

となる．「正の数を加えると和は増加し，負の数を加えると和は減少する」ということである．

例えば，a_2，a_3，a_4，a_5 が正で，a_6 以降が負なら，

$$S_1<S_2,\ S_2<S_3,\ S_3<S_4,\ S_4<S_5,\ S_5>S_6,\ S_6>S_7,\ \cdots\cdots$$

$$\uparrow a_2>0 \quad \uparrow a_3>0 \quad \uparrow a_4>0 \quad \uparrow a_5>0 \quad \uparrow a_6<0 \quad \uparrow a_7<0$$

であるから，$S_1<S_2<S_3<S_4<S_5>S_6>S_7>\cdots$ となり，S_5 が最大と分かる．

同様に，a_n の符号が $n=100$ まで正，$n=101$ 以降が負なら，S_n は $n=100$ で最大となる．

これを使うと，S_n が最大となる n の値は，S_n を求めなくても分かる．

（ア）について a_n の符号を調べるため，まず与えられた a_n の式の右辺を因数分解しよう．

解答

（ア） $a_n=-2n^2+7n+9=-(2n^2-7n-9)=-(n+1)(2n-9)$

よって a_n と $9-2n$ は同符号であるから，

a_1，a_2，a_3，a_4 は正，a_5 以降は負

したがって，a_4 までは加えるごとに和が増加し，a_5 以降は加えるごとに和が減少する．

よって，和を最大にする n は，$\boldsymbol{n=4}$ である．

（イ） $a_n=50+(n-1)\cdot(-3)=53-3n$

よって，$n\leqq 17$ のとき $a_n>0$ で，$n\geqq 18$ のとき $a_n<0$ である．

したがって，項の値が負になる最初の項は第 **18** 項であり，a_{17} までは加えるごとに和が増加し，a_{18} 以降は加えるごとに和が減少する．

⇦S_n は $n=17$ で最大値をとる．

よって，S_n の最大値は，$S_{17}=\dfrac{a_1+a_{17}}{2}\cdot 17=\dfrac{50+2}{2}\cdot 17=26\cdot 17=\boldsymbol{442}$

◗◖4 演習題（解答は p.69）

（ア） 一般項が $a_n=n^2-6n+1$ である数列 $\{a_n\}$ の初項から第 n 項までの和を S_n とする．S_n が最小となる n を求めよ．

（イ） 第10項が39，第30項が -41 である等差数列 $\{a_n\}$ $(n=1,\ 2,\ 3,\ \cdots\cdots)$ の一般項は $a_n=\square$ である．また，この数列の初項から第 n 項までの和を S_n とするとき，S_n の最大値は $\square$ である．

（福岡大・理，工）

（ウ） 数列 $\{a_n\}$ の初項から第 n 項までの和 $\{S_n\}$ が，$S_1=1$，$S_n-S_{n-1}=n-\dfrac{9}{2}$ $(n=2,\ 3,\ \cdots\cdots)$ をみたすとき，S_n は $n=\square$ のとき最小となる．また，$S_n=\square$ である．

（ア） a_n の右辺は有理数係数の範囲で因数分解できないので，グラフを使うのがよいだろう．

🕒15分

◆5 和／(等差数列)×(等比数列)の形

(ア)　数列 1，$2\cdot 2$，$3\cdot 2^2$，…，$n\cdot 2^{n-1}$ の和を n の式で表せ．　（酪農学園大・獣医）

(イ)　次の和を求めよ．

$$S=2+4x+6x^2+8x^3+\cdots+2nx^{n-1}$$

（奈良教大）

一般項が，(等差数列)×(等比数列) の形の和　(ア)は，等差数列 $\{n\}$，等比数列 $\{2^{n-1}\}$ に対して，それらの一般項の積を作って得られる数列 $\{n\cdot 2^{n-1}\}$ の和である．このタイプの数列の和 S を求めるには，(ア)の場合，等比数列 $\{2^{n-1}\}$ の公比 $r=2$ に対して，$S-rS$ を考えるのが定石である（等比数列の和の公式を導くのと同様の手法）．

和 S は，シグマ記号ではなく(イ)のように書き並べて，S と rS の式を書く．S の次に rS の式を書くが，等比数列の指数の部分をそろえておく．

解答

(ア)　求める和を S とすると，($1=1\cdot 1$ と見て)

$$\begin{array}{rl} S= & 1\cdot 1+2\cdot 2+3\cdot 2^2+4\cdot 2^3+\cdots\cdots+\qquad\qquad n\cdot 2^{n-1} \\ -)\ 2S= & \qquad 1\cdot 2+2\cdot 2^2+3\cdot 2^3+\cdots\cdots+(n-1)\cdot 2^{n-1}+n\cdot 2^n \\ \hline -S= & 1+\ 2+\ 2^2+\ 2^3+\cdots\cdots+\qquad\qquad 2^{n-1}-n\cdot 2^n \end{array}$$

$$=1\cdot\frac{2^n-1}{2-1}-n\cdot 2^n=(1-n)\cdot 2^n-1$$

⇦$k\cdot 2^{k-1}$ に 2 をかけると $k\cdot 2^k$

⇦〰〰は，初項 1，公比 2，項数 n の等比数列の和．

よって，$\boldsymbol{S=(n-1)\cdot 2^n+1}$

(イ)

$$\begin{array}{rl} S= & 2+4x+6x^2+8x^3+\cdots\cdots+\qquad\qquad 2nx^{n-1} \\ -)\ xS= & \qquad 2x+4x^2+6x^3+\cdots\cdots+2(n-1)x^{n-1}+2nx^n \\ \hline (1-x)S= & 2+2x+2x^2+2x^3+\cdots\cdots+\qquad\qquad 2x^{n-1}-2nx^n \end{array}$$

よって，$\boldsymbol{x\neq 1}$ **のとき**，

$$(1-x)S=2\cdot\frac{1-x^n}{1-x}-2nx^n=\frac{2\{1-x^n-nx^n(1-x)\}}{1-x}$$

$$\therefore\ \boldsymbol{S=\frac{2\{1-(n+1)x^n+nx^{n+1}\}}{(1-x)^2}}$$

⇦公比 x が，$x\neq 1$ か $x=1$ かで場合分けが起こることに注意！
　$x\neq 1$ のとき，〰〰は公比 $\neq 1$ の等比数列の和として計算．

$\boldsymbol{x=1}$ **のとき**，$S=2+4+6+8+\cdots+2n=\dfrac{2+2n}{2}n=\boldsymbol{n(n+1)}$

⇦もとの式に戻って計算する．S は，初項 2，末項 $2n$，項数 n の等差数列の和．

▶◀5 演習題（解答は p.69）

(ア)　$\displaystyle\sum_{k=1}^{n}\frac{3k}{2^k}=$ ☐　（鈴鹿国際大）

(イ)　以下の n 項までの数列の和を求めよ．

$$1-2x+3x^2-4x^3+\cdots+n(-x)^{n-1}$$

（日本福祉大）

15 分

◆6 和/差の形にして求める

(ア) $\sum_{k=1}^{49}\frac{1}{k}\cdot\frac{1}{k+1}=$ ☐ (中部大・工)

(イ) $\frac{1}{1\cdot3}+\frac{1}{2\cdot4}+\frac{1}{3\cdot5}+\cdots+\frac{1}{9\cdot11}=$ ☐ (日大・国際関係)

(ウ) $\sum_{k=1}^{50}\frac{1}{\sqrt{k+1}+\sqrt{k}}$ を求めよ. (大阪工業大)

$\sum_{k=1}^{n}\{(k+1)^2-k^2\}$ タイプの計算 $a_n=n^2$ とすると, $a_{k+1}=(k+1)^2$, $a_k=k^2$ であるから, $(k+1)^2$ と k^2 は $\{a_n\}$ の隣り合う2項である. 見出しのシグマ計算は,

$$\sum_{k=1}^{n}(a_{k+1}-a_k)=\sum_{k=1}^{n}a_{k+1}-\sum_{k=1}^{n}a_k=(\underline{a_2+a_3+\cdots+a_n}+a_{n+1})-(a_1+\underline{a_2+a_3+\cdots+a_n})$$
$$=a_{n+1}-a_1 \quad (\text{〰〰がキャンセルされる})$$

として求められる.「差の形」なら上のようにして計算できるので, (ア)~(ウ)はまずその形に直す.

(ア)は, $\frac{1}{k}-\frac{1}{k+1}=\frac{(k+1)-k}{k(k+1)}=\frac{1}{k(k+1)}$, (イ)は, $\frac{1}{k}-\frac{1}{k+2}=\frac{(k+2)-k}{k(k+2)}=\frac{2}{k(k+2)}$ を使う. (イ)は, 隣り合う2項の差の形ではないので, どこがキャンセルされるか注意しよう.

(ウ)は分母を有理化すると, 差の形になる.

解答

(ア) $\sum_{k=1}^{49}\frac{1}{k}\cdot\frac{1}{k+1}=\sum_{k=1}^{49}\left(\frac{1}{k}-\frac{1}{k+1}\right)=\sum_{k=1}^{49}\frac{1}{k}-\sum_{k=1}^{49}\frac{1}{k+1}$

$=\left(\frac{1}{1}+\frac{1}{2}+\cdots+\frac{1}{49}\right)-\left(\frac{1}{2}+\cdots+\frac{1}{49}+\frac{1}{50}\right)=\frac{1}{1}-\frac{1}{50}=\mathbf{\frac{49}{50}}$

⇦前文から, $\frac{1}{k(k+1)}=\frac{1}{k}-\frac{1}{k+1}$

(イ) $\frac{1}{k}-\frac{1}{k+2}=\frac{2}{k(k+2)}$ により, $\frac{1}{k(k+2)}=\frac{1}{2}\left(\frac{1}{k}-\frac{1}{k+2}\right)$

与式 $=\sum_{k=1}^{9}\frac{1}{k(k+2)}=\frac{1}{2}\sum_{k=1}^{9}\left(\frac{1}{k}-\frac{1}{k+2}\right)=\frac{1}{2}\left(\sum_{k=1}^{9}\frac{1}{k}-\sum_{k=1}^{9}\frac{1}{k+2}\right)$

$=\frac{1}{2}\left\{\left(\frac{1}{1}+\frac{1}{2}+\frac{1}{3}+\cdots+\frac{1}{9}\right)-\left(\frac{1}{3}+\cdots+\frac{1}{9}+\frac{1}{10}+\frac{1}{11}\right)\right\}$

⇦最初の2項と最後の2項が残る.

$=\frac{1}{2}\left(1+\frac{1}{2}-\frac{1}{10}-\frac{1}{11}\right)=\frac{1}{2}\cdot\frac{110+55-11-10}{110}=\frac{144}{2\cdot110}=\mathbf{\frac{36}{55}}$

(ウ) $\frac{1}{\sqrt{k+1}+\sqrt{k}}=\frac{\sqrt{k+1}-\sqrt{k}}{(\sqrt{k+1}+\sqrt{k})(\sqrt{k+1}-\sqrt{k})}=\sqrt{k+1}-\sqrt{k}$ により,

与式 $=\sum_{k=1}^{50}\sqrt{k+1}-\sum_{k=1}^{50}\sqrt{k}=(\sqrt{2}+\cdots+\sqrt{50}+\sqrt{51})-(\sqrt{1}+\sqrt{2}+\cdots+\sqrt{50})$

$=\mathbf{\sqrt{51}-1}$

▶6 演習題 (解答は p.70)

次の和を求めよ.

(1) $\sum_{k=1}^{50}\frac{1}{(2k+1)(2k-1)}$

(2) $\sum_{k=1}^{50}\frac{1}{\sqrt{2k+1}+\sqrt{2k-1}}$

(3) $\sum_{k=1}^{n}\frac{1}{\sqrt{2k}+\sqrt{2k+4}}$

((1)(2)成城大・文芸, (3)岡山理科大)

15分

◆7 群数列

正の奇数を次のような群に分けるとき，777 は第□群の第□番目にあたる．

(1)，(3，5)，(7，9，11)，(13，15，17，19)，……

（早大・人科）

群数列 数列 $\{a_n\}$ を，グループ分けした数列を群数列という．本問の場合 $\{a_n\}$ が正の奇数の列 1，3，5，7，…… である．この数列を，第 1 群が 1 個の項，第 2 群が 2 個の項，第 3 群が 3 個の項が並ぶようにグループ分けしている．本問の場合，まずは 777 が $\{a_n\}$ の第何番目の項であるかを求める．これを l 番目の項としよう．

a_l が第□群の第□番目の項であるかを求める．このとき，

「第 k 群には何個の項があるか」をもとに「第 n 群の最後の項はもとの数列の第何項であるか」をとらえるのが第一歩である．

a_{200} が第何群に属するか 一般に，ある項が第 n 群に属する条件を考えてみよう．第 n 群の最後の項は，もとの数列の第 $f(n)$ 項とする．このとき，例えば，$a_{f(9)}<a_{200}\leqq a_{f(10)}$，つまり $f(9)<200\leqq f(10)$ になっていれば，a_{200} は第 10 群に属することになる．

a_{200} が第 n 群に属する条件は $a_{f(n-1)}<a_{200}\leqq a_{f(n)}$，つまり $f(n-1)<200\leqq f(n)$ である．例えば第 n 群の最後の項 $a_{f(n)}$ が $f(n)=n^2$ を満たすとして，この n を求めてみよう．まず，$n^2\fallingdotseq 200$ となる n の見当をつける．$n\fallingdotseq\sqrt{200}=10\sqrt{2}=14.1\cdots\cdots$ より，$n\fallingdotseq 14$

$f(14)=196$，$f(15)=225$ であるから，$f(14)<200\leqq f(15)$ であり，a_{200} は第 15 群に属することが分かる．

解 答

正の奇数を小さい順に並べた数列を $\{a_n\}$ とすると，$a_n=2n-1$

$a_n=777$ のとき，$2n-1=777$　　∴　$n=389$

よって，777 は，389 番目の奇数である ($a_{389}=777$)．

さて，第 k 群は k 個の項が並ぶから，第 n 群の最後の項は最初から数えると

$1+2+\cdots+n=\frac{1}{2}n(n+1)$ ……①　番目の奇数である．

①の $n=27$，28 の値は，$\frac{1}{2}\cdot 27\cdot 28=378$，$\frac{1}{2}\cdot 28\cdot 29=406$

よって，第 27 群の最後の項は a_{378} であり，a_{389} は第 **28** 群の $389-378=$ **11** 番目の項である．

①が 389 前後となる n を探す．
$\frac{1}{2}n(n+1)=389$
∴　$n^2+n=389\times 2$
n を無視し，389⇨400 として，
$n^2\fallingdotseq 800$
⇦　∴　$n\fallingdotseq 10\sqrt{8}=20\sqrt{2}\fallingdotseq 28$
として見当をつけている．答案では見当をつける過程は不要である．

▶7 演習題（解答は p.70）

すべての項が正の奇数からなる数列

1，1，3，1，3，5，1，3，5，7，…

がある．この数列を次のような群に分けると，第 n 群には 1 からはじまる正の奇数が n 個入る．

{1}，　{1，3}，　{1，3，5}，　{1，3，5，7}，…
第 1 群　第 2 群　第 3 群　第 4 群

(1)　第 200 項は第□群にある．

(2)　第 200 項は□である．

(3)　初項から第 200 項までの和は□である．　（日大・経）

15 分

8 群数列／群数列と見る

数列 $\frac{1}{2}$, $\frac{2}{3}$, $\frac{1}{3}$, $\frac{3}{4}$, $\frac{2}{4}$, $\frac{1}{4}$, $\frac{4}{5}$, $\frac{3}{5}$, $\frac{2}{5}$, $\frac{1}{5}$, …… について，$\frac{19}{25}$ は第何項か．また，初項から $\frac{19}{25}$ までの総和を求めよ．（昭和女子大）

どのような規則で並んでいるかをとらえる　本問の場合，群数列の規則は書かれていないが，分母が等しい分数でグループ分けするとよいことはすぐに気づくだろう．

第1群は $\frac{1}{2}$，第2群は $\frac{2}{3}$, $\frac{1}{3}$，第3群は $\frac{3}{4}$, $\frac{2}{4}$, $\frac{1}{4}$，第4群は $\frac{4}{5}$, $\frac{3}{5}$, $\frac{2}{5}$, $\frac{1}{5}$ であって，

$$\text{第 } n \text{ 群は，}\ \frac{n}{n+1},\ \frac{n-1}{n+1},\ \cdots,\ \frac{2}{n+1},\ \frac{1}{n+1}\quad(\text{項数は } n)$$

と見る．あとは前問と同様に，まず第 n 群の最後の項は，もとの数列で最初から数えると何番目の項であるかを考える．

解答

この数列を $\{a_n\}$ とする．次のように群に分ける．

$$\frac{1}{2}\,\Big|\,\frac{2}{3},\ \frac{1}{3}\,\Big|\,\frac{3}{4},\ \frac{2}{4},\ \frac{1}{4}\,\Big|\,\frac{4}{5},\ \frac{3}{5},\ \frac{2}{5},\ \frac{1}{5}\,\Big|\,\cdots\cdots$$

第1群　第2群　第3群　第4群

第 k 群は，$\frac{k}{k+1}$, $\frac{k-1}{k+1}$, $\cdots$, $\frac{2}{k+1}$, $\frac{1}{k+1}$ であり，その項数は k である．

よって，第 n 群の最後の項は，最初から数えると，$1+2+\cdots+n=\frac{n(n+1)}{2}$ 番目の項である．$\frac{19}{25}$ は第24群の項で，この群の最後の項 $\frac{1}{25}$（初めから数えて $\frac{24\cdot25}{2}=300$ 番目）より18項手前の項であるから，初めから数えて $300-18=$ **282** 番目の項である．

⇦ $a_{300}=\frac{1}{25}$，$a_{282}=\frac{19}{25}$

また，第 k 群に属する項の和は，

$$\frac{1}{k+1}\cdot\{k+(k-1)+\cdots+2+1\}=\frac{1}{k+1}\cdot\frac{k(k+1)}{2}=\frac{k}{2}$$

であるから，求める総和は，

$$\sum_{k=1}^{23}\frac{k}{2}+\frac{1}{25}(24+23+\cdots+19)$$

⇦ 第23群までと第24群に分けた．

$$=\frac{1}{2}\cdot\frac{23\cdot24}{2}+\frac{1}{25}\cdot\frac{24+19}{2}\cdot6=138+\frac{129}{25}=\mathbf{\frac{3579}{25}}$$

⇦ $24+23+\cdots+19$ は，初項24，末項19，項数6の等差数列の和．

8 演習題（解答は p.70）

数列 $\frac{1}{1}$, $\frac{1}{2}$, $\frac{2}{1}$, $\frac{1}{3}$, $\frac{2}{2}$, $\frac{3}{1}$, $\frac{1}{4}$, $\frac{2}{3}$, $\frac{3}{2}$, $\frac{4}{1}$, $\frac{1}{5}$, ……

において，$\frac{10}{13}$ が最初に現れる項は第 ☐ 項であり，また，第2450項は $\frac{☐}{☐}$ である．

（星薬大）

15分

◆9 偶奇で異なる規則の数列／変則的な漸化式など

（ア） 数列 $\{a_n\}$ の初項から第 n 項までの和 S_n が，$S_{2n}=n^3$，$S_{2n-1}=n^2$ $(n=1,\ 2,\ 3,\ \cdots\cdots)$ を満たすとする．$\{a_n\}$ の偶数番目の項を小さい順に並べてできる数列 $\{b_n\}$ の一般項と，$\{a_n\}$ の奇数番目の項を小さい順に並べてできる数列 $\{c_n\}$ の一般項をそれぞれ求めよ．

（イ） 次の条件で定まる数列 $\{a_n\}$ について，a_5 の値を求めよ．

$$a_1=2,\ a_{2n}=2a_n-1,\ a_{2n+1}=a_n+2\ \ (n=1,\ 2,\ 3,\ \cdots\cdots)$$

S_{2n}，S_{2n-1} と第□項の関係 $S_{2n}-S_{2n-1}=a_{2n}$ として，$\{a_n\}$ の偶数番目の項が分かる．$S_{2n-1}-S_{2n-2}=a_{2n-1}$ $(n\geqq 2)$ として，$\{a_n\}$ の奇数番目の項が分かる．$S_{2n-1}-S_{2n-2}=a_{2n-1}$ で $n=1$ とすると S_0 が現れるので，この式は $n\geqq 2$ で成り立つ．a_1 は S_1 から求める．

（イ）の漸化式について 例えば，$a_{n+1}=-na_n+n^2$ なら，手前の１項から次の項が決まり，$a_{n+2}=a_{n+1}+a_n$ なら，手前の２項から次の項が決まる．

本問の漸化式はどうなっているのだろうか？ a_n が分かれば a_{2n} と a_{2n+1} が決まる規則が与えられている．$a_1=1$ しか分かっていないので，$a_{2n}=2a_n-1$，$a_{2n+1}=a_n+2$ ……☆ で $n=1$ とすると，$a_2=2a_1-1$，$a_3=a_1+2$ となり a_2，a_3 が求まる．☆で $n=2$ とすると，$a_4=2a_2-1$，$a_5=a_2+2$ となり a_4，a_5 が求まる．このように，$n=1,\ 2,\ \cdots$ とすることで，a_n の値が順次求まっていく．

解 答

（ア） $a_{2n}=S_{2n}-S_{2n-1}=n^3-n^2$

$n\geqq 2$ のとき，

$$a_{2n-1}=S_{2n-1}-S_{2n-2}=n^2-(n-1)^3 \cdots\cdots ①$$

$n=1$ のとき，$a_1=S_1=S_{2\cdot 1-1}=1$ であるから，①は $n=1$ のときも成立．

したがって，

$\boldsymbol{b_n}=a_{2n}=\boldsymbol{n^3-n^2}$，$\boldsymbol{c_n}=a_{2n-1}=n^2-(n-1)^3=\boldsymbol{-n^3+4n^2-3n+1}$

である．

（イ） $a_2=2a_1-1$，$a_3=a_1+2$ と $a_1=2$ により，

$a_2=2\cdot 2-1=3$，$a_3=2+2=4$

$a_4=2a_2-1=2\cdot 3-1=5$，$a_5=a_2+2=3+2=\boldsymbol{5}$

➡**注** （イ)で，a_5 を求める際に，a_3，a_4 の値は不要である．

⇦$n=1$ を代入しても S_0 は現れず $n=1$ でも使える．

⇦$S_{2n-2}=S_{2(n-1)}$
$S_{2(n-1)}$ は $S_{2n}=n^3$ で n⇨$n-1$ としたもの．

⇦$\{a_n\}$ の奇数番目の項を並べてできる数列は $\{a_{2n-1}\}$ (☞ p.48)

⇦$a_{2n}=2a_n-1$，$a_{2n+1}=a_n+2$ に $n=1,\ 2,\ \cdots$ とした式を作る．

⇦上式に，$n=2$ を代入すると，$a_{2\cdot 2}=2a_2-1$，$a_{2\cdot 2+1}=a_2+2$

▶◀9 演習題 (解答は p.71)

（ア） 数列 $\{a_n\}$ の初項から第 n 項までの和 S_n が，$S_{2n}=n^3$ $(n=1,\ 2,\ 3,\ \cdots\cdots)$，$S_{2n+1}=n^2$ $(n=0,\ 1,\ 2,\ 3,\ \cdots\cdots)$ を満たすとする．$\{a_n\}$ の偶数番目の項を小さい順に並べてできる数列 $\{b_n\}$ の一般項と，$\{a_n\}$ の奇数番目の項を小さい順に並べてできる数列 $\{c_n\}$ の一般項をそれぞれ求めよ．

（イ） 次の条件で定まる数列 $\{a_n\}$ について，a_5 の値を求めよ．

$$a_1=1,\ a_{2n}=a_n,\ a_{2n+1}=a_{n+1}+a_n\ \ (n=1,\ 2,\ 3,\ \cdots\cdots)$$

🕒10分

◆10　2項間漸化式／$a_{n+1}=pa_n+f(n)$

$a_1=1$，$a_{n+1}+2a_n=4\cdot(-2)^n$（$n=1$，2，3，…）で定まる数列 $\{a_n\}$ について，次の問いに答えよ．

（1）a_2，a_3，a_4 をそれぞれ求めよ．

（2）$b_n=\dfrac{a_n}{(-2)^n}$ とするとき，$\{b_n\}$ のみたす漸化式を求めよ．

（3）a_n を n の式で表せ．　　（西日本工大）

$a_{n+1}=pa_n+f(n)$ の一般項の求め方　このタイプ（p は，$p\neq 0$，$p\neq 1$ を満たす定数）の漸化式の一般項を求めさせる入試問題では誘導がついていることが少なくない．どのような誘導かと言えば，a_n に対して作られた b_n について，$\{b_n\}$ の満たす漸化式が，

［1］　$b_{n+1}=b_n+g(n)$　　［2］　$b_{n+1}=pb_n$　　［3］　$b_{n+1}=pb_n+q$　（q は定数）

となるように誘導されている．［3］は，第1部◆11（p.18）で見たように等比数列に帰着させるので，結局，$a_{n+1}=pa_n+f(n)$ の一般項を求めるには，［1］のように階差型に持ち込むか，［2］のように公比 p の等比数列に持ち込んで解くことになる．階差型か等比数列に帰着させるのが基本方針という流れは押さえておこう．

なお，本問の場合は無理だろうが，予想して数学的帰納法を用いるという素朴な方法もあることを忘れないようにしよう．

（2）について　$b_n=\dfrac{a_n}{(-2)^n}$ のとき，$b_{n+1}=\dfrac{a_{n+1}}{(-2)^{n+1}}$ なので，与えられた漸化式の両辺を $(-2)^{n+1}$ で割るとよい．

解答

（1）$a_{n+1}+2a_n=4\cdot(-2)^n$ のとき，$a_{n+1}=-2a_n+4\cdot(-2)^n$ ……①

$a_1=1$ とから，$\boldsymbol{a_2}=-2a_1+4\cdot(-2)=-2-8=\boldsymbol{-10}$

$\boldsymbol{a_3}=-2a_2+4\cdot(-2)^2=20+16=\boldsymbol{36}$

$\boldsymbol{a_4}=-2a_3+4\cdot(-2)^3=-72-32=\boldsymbol{-104}$

（2）①の両辺を $(-2)^{n+1}$ で割ると，

$$\frac{a_{n+1}}{(-2)^{n+1}}=\frac{a_n}{(-2)^n}-2 \qquad \therefore\ \boldsymbol{b_{n+1}=b_n-2}$$ ……②

（3）②により，$\{b_n\}$ は公差 -2 の等差数列である．

$b_1=\dfrac{a_1}{(-2)^1}=-\dfrac{1}{2}$ とから，$b_n=-\dfrac{1}{2}+(n-1)\cdot(-2)=\dfrac{3}{2}-2n$

よって，$a_n=(-2)^nb_n=\boldsymbol{(-2)^n\left(\dfrac{3}{2}-2n\right)}$ ……③

⇦②より $b_{n+1}-b_n=-2$ であって階差数列が定数数列．これは $\{b_n\}$ が等差数列であることを表す．

➡注　③から a_2～a_4 を計算して（1）の結果と一致することを確認することで，答えのチェックができる．

▶10　演習題（解答は p.71）

次の条件によって定められる数列 $\{a_n\}$ を考える．

$a_1=7$，$a_{n+1}=2a_n+9^n$　（$n=1$，2，3，…）

（1）$b_n=\dfrac{a_n}{9^n}$ とするとき，$\{b_n\}$ の満たす漸化式を求めよ．

（2）a_n を n の式で表せ．　　（東京理科大・理工／形式変更，一部省略）

🕒10分

◆11 2項間漸化式／分数形

（ア） 数列 $\{a_n\}$ は $a_1=1$ であり，漸化式 $a_{n+1}=\dfrac{a_n}{3a_n+1}$ $(n=1, 2, 3, \cdots\cdots)$ を満たす．

（1） $b_n=\dfrac{1}{a_n}$ とおくとき，数列 $\{b_n\}$ が満たす漸化式を求めよ．

（2） 数列 $\{b_n\}$ の一般項を求め，数列 $\{a_n\}$ の一般項を求めよ．（広島工大）

（イ） 数列 $\{a_n\}$ は $a_1=\dfrac{1}{3}$ であり，漸化式 $a_{n+1}=\dfrac{1-a_n}{3-4a_n}$ $(n=1, 2, 3, \cdots\cdots)$ を満たす．

（1） a_2，a_3，a_4 を求めよ．

（2） 一般項 a_n を推測し，それを数学的帰納法を用いて証明せよ．（会津大）

分数形の漸化式 分数形の漸化式の一般項を求めさせる入試問題では，たいてい誘導が付いているので，それに従って解いていく．(ア)は，与えられた漸化式の逆数を考える．(イ)は，a_1～a_4 の分子，分母それぞれの規則を見つけ出す．

解 答

（ア）（1） $a_{n+1}=\dfrac{a_n}{3a_n+1}$ ……① の逆数をとり $\dfrac{1}{a_{n+1}}=\dfrac{3a_n+1}{a_n}=3+\dfrac{1}{a_n}$

⇦$a_1>0$ と①から $a_2>0$ である．$a_2>0$ と①から $a_3>0$．この繰り返しで $a_n>0$ が分かる．a_n は 0 でないので，確かに a_n の逆数を考えることができる．

$b_n=\dfrac{1}{a_n}$ であるから，$b_{n+1}=3+b_n$，つまり，$\boldsymbol{b_{n+1}=b_n+3}$

（2）（1）により，$\{b_n\}$ は公差 3 の等差数列である．

$b_1=\dfrac{1}{a_1}=1$ とから，$b_n=1+3(n-1)=3n-2$ $\quad\therefore\quad a_n=\dfrac{1}{b_n}=\boldsymbol{\dfrac{1}{3n-2}}$

（イ）（1） 与えられた初項 a_1 の値と漸化式により，

$$\boldsymbol{a_2}=\frac{1-\frac{1}{3}}{3-\frac{4}{3}}=\boldsymbol{\frac{2}{5}},\quad \boldsymbol{a_3}=\frac{1-\frac{2}{5}}{3-\frac{8}{5}}=\boldsymbol{\frac{3}{7}},\quad \boldsymbol{a_4}=\frac{1-\frac{3}{7}}{3-\frac{12}{7}}=\boldsymbol{\frac{4}{9}}$$

⇦$a_2=\dfrac{1-a_1}{3-4a_1}$ などと計算．

（2） $\boldsymbol{a_n=\dfrac{n}{2n+1}}$ ……① と推測できる．

⇦a_1～a_4 は，$\dfrac{1}{3}$，$\dfrac{2}{5}$，$\dfrac{3}{7}$，$\dfrac{4}{9}$ であり，分子は自然数の列，分母は 3 から始まる奇数の列と推測できる．

[1] $n=1$ のとき，左辺$=a_1=\dfrac{1}{3}$，右辺$=\dfrac{1}{3}$ であり，①は成り立つ．

[2] $n=k$ のとき①が成り立つ，つまり，$a_k=\dfrac{k}{2k+1}$ が成り立つと仮定する．

$$a_{k+1}=\frac{1-a_k}{3-4a_k}=\frac{1-\frac{k}{2k+1}}{3-4\cdot\frac{k}{2k+1}}=\frac{(2k+1)-k}{3(2k+1)-4k}=\frac{k+1}{2k+3}=\frac{k+1}{2(k+1)+1}$$

であるから，$n=k+1$ のときも①が成り立つ．

[1]，[2] から，すべての自然数 n について，①が成り立つ．

▶11 演習題 （解答は p.71）

上の例題(ア)，(イ)で，$\{a_n\}$ の満たす条件を次のように変更．

（ア） $a_1=1$，$a_{n+1}=\dfrac{a_n}{2a_n+3}$ （イ） $a_1=\dfrac{1}{3}$，$a_{n+1}=\dfrac{1}{2-a_n}$

（(ア)慶大・看護医療，(イ)九州保健福祉大）

🕒 15分

◆12 3項間漸化式

数列 $\{a_n\}$ を次の式 $a_1=1$, $a_2=3$, $a_{n+2}+a_{n+1}-6a_n=0$ $(n=1, 2, 3, \cdots\cdots)$ で定める．また，α と β を $a_{n+2}-\alpha a_{n+1}=\beta(a_{n+1}-\alpha a_n)$ $(n=1, 2, 3, \cdots\cdots)$ を満たす実数とする．ただし，$\alpha<\beta$ とする．

（1） a_3，a_4 を求めよ．

（2） α，β を求めよ．

（3） $n=1, 2, 3, \cdots\cdots$ に対し $b_n=a_{n+1}-\alpha a_n$ とおくとき，数列 $\{b_n\}$ の一般項を求めよ．

（4） $n=1, 2, 3, \cdots\cdots$ に対し $c_n=a_{n+1}-\beta a_n$ とおくとき，数列 $\{c_n\}$ の一般項を求めよ．

（5） 数列 $\{a_n\}$ の一般項を求めよ．

（秋田大・工，教／一部省略）

$a_{n+2}+pa_{n+1}+qa_n=0$ の一般項の求め方 このタイプの漸化式（p，q は定数とする）の一般項を求めるときも，◆10と同様に，等比数列を活用する．

なお，本問の(2)の解答から分かるように，$a_{n+2}+pa_{n+1}+qa_n=0$ の形の漸化式を $a_{n+2}-\alpha a_{n+1}=\beta(a_{n+1}-\alpha a_n)$ の形に変形するとき，α，β は2次方程式 $t^2+pt+q=0$ の解である．この解を用いて本問のように一般項を求める手順を押さえておこう．

解 答

（1） $a_1=1$，$a_2=3$，$a_{n+2}=-a_{n+1}+6a_n$ ……①

①に $n=1$，2を代入して，

$\boldsymbol{a_3}=-a_2+6a_1=-3+6=\mathbf{3}$，$\boldsymbol{a_4}=-a_3+6a_2=-3+18=\mathbf{15}$

（2） $a_{n+2}-\alpha a_{n+1}=\beta(a_{n+1}-\alpha a_n)$ ……② のとき，

$a_{n+2}=(\alpha+\beta)a_{n+1}-\alpha\beta a_n$ ……③

①，③の係数を比較して，$\alpha+\beta=-1$，$\alpha\beta=-6$

よって，α，β は2次方程式 $t^2+t-6=0$ の2解である． ⇦解と係数の関係から．

$(t+3)(t-2)=0$ と，$\alpha<\beta$ により，$\boldsymbol{\alpha=-3}$，$\boldsymbol{\beta=2}$ ……④

（3） ④のとき $b_n=a_{n+1}+3a_n$ で，②は $a_{n+2}+3a_{n+1}=2(a_{n+1}+3a_n)$

よって，$b_{n+1}=2b_n$ であり，$\{b_n\}$ は，初項 $b_1=a_2+3a_1=3+3=6$，公比2の等比数列であるから，$\boldsymbol{b_n=6\cdot 2^{n-1}=3\cdot 2^n}$ ……⑤

（4） ③は，$a_{n+2}-\beta a_{n+1}=\alpha(a_{n+1}-\beta a_n)$ とも変形できる．

④のとき $c_n=a_{n+1}-2a_n$ で，上式は，$a_{n+2}-2a_{n+1}=-3(a_{n+1}-2a_n)$

よって，$c_{n+1}=-3c_n$ であり，$\{c_n\}$ は，初項 $c_1=a_2-2a_1=3-2=1$，公比 -3 の等比数列であるから，$\boldsymbol{c_n}=1\cdot(-3)^{n-1}=\boldsymbol{(-3)^{n-1}}$ ……⑥

（5） ⑤，⑥から，$a_{n+1}+3a_n=3\cdot 2^n$，$a_{n+1}-2a_n=(-3)^{n-1}$

辺々引いて5で割ると，$\boldsymbol{a_n=\frac{1}{5}\{3\cdot 2^n-(-3)^{n-1}\}}$

▶◀12 演習題（解答は p.72）

$a_1=1$，$a_2=2$，$a_{n+2}+a_{n+1}-2a_n=0$ $(n=1, 2, 3, \cdots)$ で定められる数列 $\{a_n\}$ がある．この数列の一般項 a_n を求めよ．

（大分大・教，経）

🕒10分

◆13 連立漸化式

数列 $\{a_n\}$, $\{b_n\}$ は, $a_1=4$, $b_1=-1$,

$$\begin{cases} a_{n+1}=4a_n-2b_n \\ b_{n+1}=-a_n+3b_n \end{cases} \quad (n=1,\ 2,\ 3,\ \cdots\cdots)$$

をみたすとする. さらに,

$$a_n+2b_n=\alpha_n,\ a_n-b_n=\beta_n \quad (n=1,\ 2,\ 3,\ \cdots\cdots)$$

とおく.

(1) α_1, β_1 を求めよ.

(2) 数列 $\{\alpha_n\}$, $\{\beta_n\}$ の一般項を求めよ.

(3) 数列 $\{a_n\}$, $\{b_n\}$ の一般項を求めよ. (大同工大)

連立漸化式 2つの数列 $\{a_n\}$, $\{b_n\}$ について,「a_n と b_n」から「a_{n+1} と b_{n+1}」が決まる2つの関係式を連立漸化式という. このとき, 一般項を求めさせる問題については, たいてい誘導がついている. 本問の場合, $\{a_n+2b_n\}$, $\{a_n-b_n\}$ がそれぞれ等比数列になることを使うことになる. (3)は, a_n, b_n についての連立方程式と見て, a_n, b_n を求める.

解答

(1) $\boldsymbol{\alpha_1}=a_1+2b_1=4+2\cdot(-1)=\mathbf{2}$, $\boldsymbol{\beta_1}=a_1-b_1=4-(-1)=\mathbf{5}$

(2) $a_{n+1}=4a_n-2b_n$ ……①, $b_{n+1}=-a_n+3b_n$ ……②

①+②×2 により,

$$a_{n+1}+2b_{n+1}=4a_n-2b_n+2(-a_n+3b_n)$$
$$=2(a_n+2b_n)$$

⇦ $\alpha_n=a_n+2b_n$ であるから, ①+②×2 を考える.

よって, $\alpha_{n+1}=2\alpha_n$. $\{\alpha_n\}$ は初項 $\alpha_1=2$, 公比2の等比数列なので,

$$\boldsymbol{\alpha_n}=2\cdot2^{n-1}=\mathbf{2^n}$$

①−②により,

$$a_{n+1}-b_{n+1}=4a_n-2b_n-(-a_n+3b_n)$$
$$=5(a_n-b_n)$$

よって, $\beta_{n+1}=5\beta_n$. $\{\beta_n\}$ は初項 $\beta_1=5$, 公比5の等比数列なので,

$$\boldsymbol{\beta_n}=5\cdot5^{n-1}=\mathbf{5^n}$$

(3) $a_n+2b_n=\alpha_n$ ……③, $a_n-b_n=\beta_n$ ……④

(③+④×2)÷3 により, $\boldsymbol{a_n}=\dfrac{1}{3}(\alpha_n+2\beta_n)=\mathbf{\dfrac{1}{3}(2^n+2\cdot5^n)}$

(③−④)÷3 により, $\boldsymbol{b_n}=\dfrac{1}{3}(\alpha_n-\beta_n)=\mathbf{\dfrac{1}{3}(2^n-5^n)}$

▶13 演習題 (解答は p.72)

2つの数列 $\{a_n\}$, $\{b_n\}$ は次の条件によって定められている.

$$a_1=1,\ b_1=1,\ a_{n+1}=2(a_n-3b_n),\ b_{n+1}=a_n+7b_n\ (n=1,\ 2,\ 3,\ \cdots)$$

このとき, $a_{n+1}+3b_{n+1}=$ □ (a_n+3b_n) であり, $a_{n+1}+2b_{n+1}=$ □ (a_n+2b_n) である. したがって, 数列 $\{a_n\}$ の一般項は $a_n=$ □ であり, 数列 $\{b_n\}$ の一般項は $b_n=$ □ である. また, 数列 $\{b_n\}$ の初項から第 n 項までの和 S_n は $S_n=$ □ である.

(関西学院大・神, 社, 経, 教, 国際, 総政)

15分

◆14 和と一般項がからむ関係式

数列 $\{a_n\}$ の初項 a_1 から第 n 項 a_n までの和を S_n とする．$S_n=4n-a_n$ が成り立つとき，

（1） 初項 a_1 の値を求めよ．

（2） a_{n+1} を a_n で表せ．

（3） この数列の一般項を求めよ．　　（倉敷芸科大）

a_n と S_n がからむ関係式　a_n と S_n がからむ関係式は，$S_{n+1}-S_n=a_{n+1}$ を用いて，$S_{\square}$ を含まない，$\{a_n\}$ についての漸化式を導こう．また，もとの関係式で $n=1$ を代入し，$S_1=a_1$ を使おう．これから a_1 の値が求まることが少なくない．

解答

（1）
$$S_n=4n-a_n \quad \cdots\cdots ①$$

①で $n=1$ として，$S_1=4-a_1$

$S_1=a_1$ であるから，$a_1=4-a_1$　　$\therefore$ $\boldsymbol{a_1=2}$ $\cdots\cdots ②$

（2） ①の n を $n+1$ に代えて，
$$S_{n+1}=4(n+1)-a_{n+1} \quad \cdots\cdots ③$$

③－①により，
$$S_{n+1}-S_n=4-a_{n+1}+a_n$$

$S_{n+1}-S_n=a_{n+1}$ であるから，
$$a_{n+1}=4-a_{n+1}+a_n$$
$$\therefore \quad \boldsymbol{a_{n+1}=\frac{1}{2}a_n+2} \quad \cdots\cdots ④$$

（3） ④を変形すると，$a_{n+1}-4=\dfrac{1}{2}(a_n-4)$

よって，数列 $\{a_n-4\}$ は，初項 $a_1-4=2-4=-2$，公比 $\dfrac{1}{2}$ の等比数列であるから，
$$a_n-4=(-2)\cdot\left(\frac{1}{2}\right)^{n-1} \qquad \therefore \quad \boldsymbol{a_n=4-\frac{1}{2^{n-2}}}$$

⇦ $a_{n+1}=\dfrac{1}{2}a_n+2$
$-)\quad c=\dfrac{1}{2}c+2$ ……※
$a_{n+1}-c=\dfrac{1}{2}(a_n-c)$
※の解は，$c=4$

▶◀14 演習題 （解答は p.72）

数列 $\{a_n\}$ の初項から第 n 項までの和 S_n は関係式
$$3S_n=2a_n+2n-1 \quad (n=1,\ 2,\ 3,\ \cdots\cdots)$$
を満たしている．

（1） 初項 a_1 を求めよ．

（2） a_n と a_{n+1} の関係を求めよ．

（3） 一般項 a_n を求めよ．　　（日本女子大・家政）

🕒10分

◆15 漸化式の応用／漸化式を立てる（場合の数への応用）

平面上に n 本の直線があって，どの2本も平行でなく，また，どの3本も同一の点で交わらないとする．これら n 本の直線によって平面が a_n 個の部分に分けられるとする．

（1） a_1 を求めよ．

（2） a_{n+1} を a_n で表そう．n 本の直線で平面が a_n 個に分かれている状態にもう1本追加する．追加した直線と，n 本の直線との交点によって，新たに線分と半直線が作られる．これらによって新たに作られる部分の個数に着目することにより，a_{n+1} を a_n で表せ．

（3） a_n を n の式で表せ．

漸化式を立てる 場合の数や確率の問題を解くとき，漸化式を活用できる場合がある．本問のように a_n を求めるようなケースにおいてである．

a_n を直接求めるのは難しいが，a_n が分かっているとして，a_{n+1} を求めるのはやりやすいなら，漸化式が威力を発揮する．

解答

（1） 1本の直線で，平面が2個に分けられるから，$\boldsymbol{a_1=2}$

（2） n 本の直線で平面が a_n 個に分かれている状態に $n+1$ 本目の直線を引くと，$n+1$ 本目の直線は n 本の直線と合計で n 個の点で交わり，$n+1$ 本目の直線は $n+1$ 個の部分（2個の半直線と $n-1$ 個の線分）に分けられる．

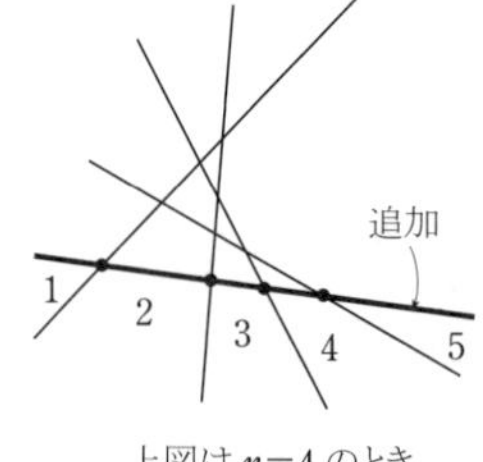

上図は $n=4$ のとき

このn+1個の部分は新たな境界線になって，平面の分けられる部分は $n+1$ 個増えるから，

$$\boldsymbol{a_{n+1}=a_n+n+1}$$

（3） （1），（2）により，$n \geqq 2$ のとき，

$$a_n=a_1+\sum_{k=1}^{n-1}(a_{k+1}-a_k)=2+\sum_{k=1}^{n-1}(k+1)$$

$$=2+\frac{2+n}{2}(n-1) \quad (n=1 \text{のときもこれでよい})$$

$$=\boldsymbol{\frac{1}{2}(n^2+n+2)}$$

⇦ $\{a_n\}$ の階差数列が $\{n+1\}$ であることから，a_n が求まる．

⇦ $\displaystyle\sum_{k=1}^{n-1}(k+1)$ は，初項2，末項 n，項数 $n-1$ の等差数列の和．

▶◀15 演習題（解答は p.73）

平面上に n 個の円があって，どの2つの円も異なる2点で交わり，また，どの3つの円も1点で交わらないものとする．これら n 個の円によって平面が a_n 個の部分に分けられるとする．

（1） a_1 を求めよ．

（2） a_{n+1} を a_n で表そう．n 個の円で平面が a_n 個に分かれている状態にもう1つ円を追加する．追加した円と，n 個の円との交点によって，新たに円弧が作られる．これらによって新たに作られる部分の個数に着目することにより，a_{n+1} を a_n で表せ．

（3） a_n を n の式で表せ．

15分

◀▶16 漸化式／確率と漸化式

1個のさいころを繰り返し投げ，3の倍数の目が出る回数を数える．いま，さいころを n 回投げるとき，3の倍数の目が奇数回出る確率を p_n とする．

（1） p_1 を求めよ．

（2） p_{n+1} を p_n で表せ．

（3） p_n を n の式で表せ．

（中央大・経／改題）

確率 p_n について，p_{n+1} を p_n で表す漸化式を立てるとき 前問と同様に，p_n が分かっているとして，p_{n+1} を p_n で表すことを考える．

n 回目の試行の結果，AとBの2つだけが起こり，AとBが排反のとき，Aが起こる確率を p_n とすれば，Bが起こる確率は（Aの余事象の確率であるから）$1-p_n$ である．

n 回目の試行の結果をもとに（p_n と $1-p_n$ が分かっているとして），$n+1$ 回目にAが起こる確率（$=p_{n+1}$）を求めることができれば，p_{n+1} が p_n で表せる．

本問の場合，3の倍数の目は，奇数回出るか偶数回出るしかない（2つの排反な事象である）．

解答

（1） 1，2，3，4，5，6のうち，3の倍数は3，6であるから，さいころを1回投げて3の倍数の目が出る確率は $\frac{2}{6}=\frac{1}{3}$，出ない確率は $\frac{2}{3}$ である．

よって，$\boldsymbol{p_1=\frac{1}{3}}$

（2） さいころを $n+1$ 回投げて，3の倍数の目が奇数回出るのは，

（ⅰ） n 回投げて3の倍数の目が奇数回出て（確率は p_n），$n+1$ 回目に3の倍数の目が出ない（確率は $\frac{2}{3}$）

（ⅱ） n 回投げて3の倍数の目が偶数回出て（確率は $1-p_n$），$n+1$ 回目に3の倍数の目が出る（確率は $\frac{1}{3}$）

のいずれかの場合である．よって，

$$p_{n+1}=p_n\cdot\frac{2}{3}+(1-p_n)\cdot\frac{1}{3} \qquad \therefore\ \boldsymbol{p_{n+1}=\frac{1}{3}p_n+\frac{1}{3}} \quad \cdots\cdots①$$

n回目　$(n+1)$回目

奇数回：$p_n \xrightarrow{\frac{2}{3}} p_{n+1}$

偶数回：$1-p_n \nearrow \frac{1}{3}$

（3） ①を変形すると，$p_{n+1}-\frac{1}{2}=\frac{1}{3}\left(p_n-\frac{1}{2}\right)$

よって，数列 $\left\{p_n-\frac{1}{2}\right\}$ は，初項 $p_1-\frac{1}{2}=\frac{1}{3}-\frac{1}{2}=-\frac{1}{6}$，公比 $\frac{1}{3}$ の等比数列であるから，

$$p_n-\frac{1}{2}=-\frac{1}{6}\left(\frac{1}{3}\right)^{n-1} \qquad \therefore\ \boldsymbol{p_n=\frac{1}{2}\left\{1-\left(\frac{1}{3}\right)^n\right\}}$$

⇦ $p_{n+1}=\frac{1}{3}p_n+\frac{1}{3}$

$-)\quad c=\frac{1}{3}c+\frac{1}{3}$ ……※

$p_{n+1}-c=\frac{1}{3}(p_n-c)$

※の解は，$c=\frac{1}{2}$

▶◀16 演習題 （解答は p.73）

線分ABの端点A，Bを移動する点Pがある．点Pは，1秒ごとに，もとの端点に確率 $\frac{1}{4}$ でとどまるか，もう1つの端点に確率 $\frac{3}{4}$ で移動する．初め点Aにいた点Pが，n 秒後に点Aにいる確率を p_n とする．p_n を n の式で表せ．

$\{p_n\}$ の漸化式を立てる．

10分

◆17 帰納法／不等式への応用

任意の自然数 n に対して $1+\frac{1}{2}+\frac{1}{3}+\cdots+\frac{1}{n} \geqq \frac{2n}{n+1}$ が成り立つことを数学的帰納法によって証明せよ.

（愛知学院大・文，法，短大）

自然数 n に関する不等式の証明 本問では，数学的帰納法によって証明せよ，という指示があるが，自然数 n に関する等式や不等式の証明では，「数学的帰納法が使えるのでは？」とピンと来るようにしておこう．ただし，どんな場合でも数学的帰納法で証明できるわけではない．

本問の場合，$n=k$ のときの成立を仮定して，$n=k+1$ のときの成立を示すには，$n=k$ のときの成立する不等式の両辺に $\frac{1}{k+1}$ を加える（左辺は $n=k+1$ のときの左辺になる）．その右辺 $\frac{2k}{k+1}+\frac{1}{k+1}$ が，$\frac{2n}{n+1}$ の n に $k+1$ を代入した式 $\frac{2(k+1)}{k+2}$（$n=k+1$ のときの右辺）以上であることを言えばよい．

解答

$$1+\frac{1}{2}+\frac{1}{3}+\cdots+\frac{1}{n} \geqq \frac{2n}{n+1} \quad \cdots\cdots ①$$

が成り立つことを数学的帰納法によって証明する．

[1] $n=1$ のとき，左辺$=1$，右辺$=1$ であり，①は成り立つ．

[2] $n=k$ のとき①が成り立つ，すなわち，

$$1+\frac{1}{2}+\frac{1}{3}+\cdots+\frac{1}{k} \geqq \frac{2k}{k+1} \quad \cdots\cdots ☆$$

が成り立つと仮定する．この両辺に $\frac{1}{k+1}$ を加えて，$n=k+1$ の場合の①の左辺について，

$$1+\frac{1}{2}+\frac{1}{3}+\cdots+\frac{1}{k}+\frac{1}{k+1} \geqq \frac{2k}{k+1}+\frac{1}{k+1}=\frac{2k+1}{k+1} \quad \cdots\cdots ②$$

が成り立つ．

⇦$n=k+1$ のときの①の左辺を，☆を使って変形したのと同じこと．（第1部の◆12と同様に，左辺について，第 $k+1$ 項までの和を第 k 項までの和と第 $k+1$ 項の和と考え，第 k 項までの和に☆を使う．）

よって，②$\geqq \frac{2(k+1)}{(k+1)+1}$，すなわち，$\frac{2k+1}{k+1}-\frac{2(k+1)}{k+2} \geqq 0 \quad \cdots\cdots ③$

を示せば，$n=k+1$ のときも①が成り立つことが言える．ここで，

$$③の左辺=\frac{(2k+1)(k+2)-2(k+1)^2}{(k+1)(k+2)}=\frac{k}{(k+1)(k+2)}>0$$

で，確かに③が成り立つので，$n=k+1$ のときも①が成り立つ．

[1]，[2] から，すべての自然数 n について，①が成り立つ．

▶17 演習題（解答は p.73）

（ア） $\sum_{r=1}^{n} \frac{1}{r^3} \leqq 2-\frac{1}{n^2}$ を数学的帰納法によって証明せよ．（東北学院大，一部略）

（イ） n を自然数とする．数学的帰納法を用いて，次の不等式を証明せよ．

$$4^n \geqq 4n^2$$

（国士舘大・工）

15分

◆ 18 帰納法／整数問題への応用（倍数の証明）

n を自然数とする．6^n-5n-1 は 25 の倍数であることを数学的帰納法によって証明せよ．

倍数の証明　「〜が…の倍数であることを示せ」という整数問題は，入試で頻出である．自然数 n に関する命題なら，数学的帰納法で示すのも有力な方針の１つである．

本問の場合，$n=k$ のときの成立の仮定から，$n=k+1$ のときの成立を示すには，次のようにする．

$n=k$ のときの成立の仮定から，$6^k-5k-1=25A$（A は整数）と表せる．これを $6^k=\cdots\cdots$ の形に直し，$6^{k+1}-5(k+1)-1$ の 6^{k+1} に $6\cdot6^k$ として代入する．

解答

$n=1,\ 2,\ 3,\ \cdots$ に対して，$a_n=6^n-5n-1$ とおく．

a_n が 25 の倍数 ……①　であることを数学的帰納法によって証明する．

[1]　$n=1$ のとき，$a_1=6^1-5\cdot1-1=0$ であるから，①は成り立つ．

[2]　$n=k$ のとき①が成り立つ，すなわち $a_k=6^k-5k-1$ が 25 の倍数と仮定する．このとき，$6^k-5k-1=25A$，つまり $6^k=5k+1+25A$（A は整数）と表すことができる．$n=k+1$ のとき，

$$\begin{aligned}a_{k+1}&=6^{k+1}-5(k+1)-1=6\cdot6^k-5k-6\\&=6(5k+1+25A)-5k-6=25k+6\cdot25A\\&=25(k+6A)\end{aligned}$$

であるから，$n=k+1$ のときも①は成り立つ．

[1]，[2] から，すべての自然数 n について，①が成り立つ．

⇦答案の書き方は色々ある．例えば最終行は，「よって数学的帰納法により，①が成り立つ」などとしてもよい．

▶ 18　演習題（解答は p.74）

（ア）　n を自然数とする．$2n^3+n$ は 3 の倍数であることを，数学的帰納法によって証明せよ．

（イ）　n を自然数とする．7^n-6n-1 は 36 の倍数であることを，数学的帰納法によって証明せよ．

15 分

◆19 積の期待値

1個のサイコロを投げて出た目の数を X とする．次に，1枚のコインを投げ，
- 表が出たら確率変数 Z を $Z=2X$
- 裏が出たら確率変数 Z を $Z=X$

で定めるとき，Z の期待値を求めよ．

（積の期待値） 確率変数 X，Y が独立のとき，
$$E(XY)=E(X)E(Y)$$
が成り立つ．

例題では，確率分布を求めて $E(Z)$ を計算してもよいが，X の係数を確率変数とすると上の公式が利用できる．

解答

確率変数 Y を，コインを投げて

表が出たら 2，裏が出たら 1

と定める．このとき，$Z=XY$ で，X と Y は独立だから
$$E(Z)=E(XY)=E(X)E(Y)$$
ここで，
$$E(X)=\frac{1}{6}(1+2+3+4+5+6)=\frac{7}{2},$$
$$E(Y)=\frac{1}{2}(1+2)=\frac{3}{2}$$
であるから，
$$E(Z)=\frac{7}{2}\cdot\frac{3}{2}=\mathbf{\frac{21}{4}}$$

▨ Z の値は下左表，確率分布は下右表．

	1	2	3	4	5	6
表	2	4	6	8	10	12
裏	1	2	3	4	5	6

Z	1	2	3	4	5	6	8	10	12	計
P	$\frac{1}{12}$	$\frac{2}{12}$	$\frac{1}{12}$	$\frac{2}{12}$	$\frac{1}{12}$	$\frac{2}{12}$	$\frac{1}{12}$	$\frac{1}{12}$	$\frac{1}{12}$	1

▶19 演習題 （解答は p.75）

2個のサイコロ A，B を振り，出た目の数をそれぞれ X，Y とする．次に，コインを1枚投げ，
- 表が出たら確率変数 Z を $Z=X+2Y$
- 裏が出たら確率変数 Z を $Z=X-Y$

で定めるとき，Z の期待値を求めよ．

Y の係数を確率変数にする．

🕒7分

◀▶ 20 期待値／和の計算

1から n までの番号を1つずつ書いた n 個の球がつぼに入っている $(n \geqq 2)$．このつぼから無作為に球を1つとり出し，その番号を X_1 とする．この球をつぼに戻し，再び無作為に球を1つとり出し，その番号を X_2 とする．この2つの番号の差 $|X_1-X_2|$ について，次の問いに答えよ．

（1） k を0以上 $n-1$ 以下の整数とする．$|X_1-X_2|=k$ となる確率を求めよ．

（2） $|X_1-X_2|$ の期待値 E を求めよ．　　　　（名古屋市大・経／一部省略）

絶対値の扱い方　$|X_1-X_2|=k$ となるのは，

（i） $X_1 \geqq X_2$ かつ $X_1-X_2=k$　　（ii） $X_1<X_2$ かつ $X_2-X_1=k$

の2つの場合である．X_1，X_2 の組をそれぞれ書き出していこう．$k=0$ が例外になるので注意．

期待値の計算　X_1，X_2 の組は全部で n^2 通りあってこれらは同様に確からしい．よって，$|X_1-X_2|=k$ となる確率を p_k とすれば，

$$p_k=\frac{|X_1-X_2|=k\text{ となる }X_1,\ X_2\text{ の組の個数}}{n^2}$$

である．（1）でこれを求め，（2）で $E=\sum_{k=0}^{n-1}kp_k$ を計算する．

解答

（1） X_1，X_2 の組は全部で n^2 通りあり，これらは同様に確からしい．

⇦X_1 が n 通り，X_2 が n 通り．

$|X_1-X_2|=k$ となる確率を p_k $(k=0,\ 1,\ \cdots,\ n-1)$ とおく．

• **$k=0$ のとき**，$|X_1-X_2|=0$ は $X_1=X_2$ であるから，$(X_1,\ X_2)$ は

$(1,\ 1)$，$(2,\ 2)$，$\cdots$，$(n,\ n)$ の n 通り

よって，$p_0=\dfrac{n}{n^2}=\boldsymbol{\dfrac{1}{n}}$

• **$k \geqq 1$ のとき**，$|X_1-X_2|=k$ は

「$X_1>X_2$ かつ $X_1-X_2=k$」または「$X_1<X_2$ かつ $X_2-X_1=k$」

であるから，それぞれ $(X_1,\ X_2)$ は

$(k+1,\ 1)$，$(k+2,\ 2)$，$\cdots$，$(n,\ n-k)$ の $n-k$ 通り

$(1,\ k+1)$，$(2,\ k+2)$，$\cdots$，$(n-k,\ n)$ の $n-k$ 通り

⇦$k=0$ のときは，これらが一致するので別に考える必要がある．個数は小さい方 $(1\sim n-k)$ に着目．

よって，$p_k=\boldsymbol{\dfrac{2(n-k)}{n^2}}$

（2）
$$E=\sum_{k=0}^{n-1}kp_k=\sum_{k=1}^{n-1}kp_k=\sum_{k=1}^{n-1}k\cdot\frac{2(n-k)}{n^2}$$
$$=\frac{2}{n^2}\sum_{k=1}^{n-1}(kn-k^2)=\frac{2}{n^2}\left\{\frac{1}{2}(n-1)n\cdot n-\frac{1}{6}(n-1)n(2n-1)\right\}$$
$$=\frac{(n-1)n}{3n^2}\{3n-(2n-1)\}=\frac{(n-1)(n+1)}{3n}=\boldsymbol{\frac{n^2-1}{3n}}$$

⇦$\sum_{k=1}^{n-1}kn=\left(\sum_{k=1}^{n-1}k\right)\times n$

▶◀ 20 演習題 （解答は p.75）

n を自然数とし，n 枚のカード [1]，[2]，$\cdots$，[n] から無作為に1枚を選ぶ試行をSとする．Sにおいて選ばれたカードの数を X とし，$Y=|X-k|$ とする．ただし，k は1以上 n 以下の自然数である．

（1） Y の期待値 $E(Y)$ を n と k の式で表せ．

（2） $n=100$ とする．$E(Y)$ を最小にする k の値を求めよ．

（1） X は $1\sim n$ の値を等確率でとるので，
$E(Y)=\dfrac{|X-k|\text{ の和}}{n}$

🕒 15分

第2部 演習題の解答

1 (ア) 数列$\{a_n\}$の第$n+1$項は，第n項の式a_nで,「n」の部分をすべて「$n+1$」にしたものである．

また，a_{4n}は，a_nの式で「n」の部分をすべて「$4n$」にしたものだが，ここではa_kの式を用意して，$k=4n$とする（もちろんa_kの式を用意しなくても構わない）．

(イ) $a_n=n(n+1)$とおいて考えよう．

解 (ア) **第1項から第5項までを書き並べる．**

(1) $\{a_{4n}\}$の場合，

$\boldsymbol{a_4,\ a_8,\ a_{12},\ a_{16},\ a_{20}}$

(2) $\{a_{4n-2}\}$の場合，

$\boldsymbol{a_2,\ a_6,\ a_{10},\ a_{14},\ a_{18}}$

(3) $\{a_{4n-3}-n\}$の場合，

$\boldsymbol{a_1-1,\ a_5-2,\ a_9-3,\ a_{13}-4,\ a_{17}-5}$

次に，**第$n+1$項**は，

(1) $\boldsymbol{a_{4(n+1)}}(=\boldsymbol{a_{4n+4}})$

(2) $a_{4(n+1)-2}=\boldsymbol{a_{4n+2}}$

(3) $a_{4(n+1)-3}-(n+1)=\boldsymbol{a_{4n+1}-n-1}$

さらに，$a_n=n(n+1)$のとき，$a_k=k(k+1)$ ……①

であることに注意すると，各数列の一般項は，

(1) $a_{4n}=\boldsymbol{4n(4n+1)}$　　［①でkに$4n$を代入］

$(=\boldsymbol{16n^2+4n})$

(2) $a_{4n-2}=\boldsymbol{(4n-2)(4n-1)}(=\boldsymbol{16n^2-12n+2})$

(3) $a_{4n-3}-n=(4n-3)(4n-2)-n$

$=\boldsymbol{16n^2-21n+6}$

(イ) $a_n=n(n+1)$とおくと，$\{a_n\}$の奇数番目の項を小さい方から順に並べると$(a_1,\ a_3,\ a_5,\ a_7,\ \cdots)$，$n$番目の項は$a_{2n-1}$であるから，この数列の一般項は，

$a_{2n-1}=(2n-1)\cdot 2n=\boldsymbol{2n(2n-1)}$　［①で$k=2n-1$］

$(=\boldsymbol{4n^2-2n})$

2 まずc_nを$a_{\square}$を使って表すことにする．

解 (ア) $b_k=a_{3k-1}$である．$\{b_n\}$の奇数番目の項で，小さい方からn番目の項はb_{2n-1}であるから，$\{c_n\}$の一般項c_nは，

$c_n=b_{2n-1}=a_{3(2n-1)-1}$　　［kに$2n-1$を代入］

$=a_{6n-4}$

$a_k=4k+1$であるから，

$c_n=a_{6n-4}=4(6n-4)+1=\boldsymbol{24n-15}$

$c_{n+1}-c_n=\{24(n+1)-15\}-(24n-15)=\boldsymbol{24}$

となるから，$\{c_n\}$は公差24の等差数列である．

⇨**注** $\{b_n\}$は，$\{a_n\}$の項を3つ目ごとに取り出した数列であり，$\{c_n\}$は$\{b_n\}$の項を2つ目ごとに取り出した数列であるから，$\{c_n\}$は$\{a_n\}$の項を6つ目ごとに取り出した数列である．よって，$\{a_n\}$が等差数列のとき，$\{c_n\}$の公差は$\{a_n\}$の公差の6倍になる．なお，$\{b_n\}$，$\{c_n\}$の最初の方を書き出すと，

$\{b_n\}:a_2,\ a_5,\ a_8,\ a_{11},\ a_{14},\ a_{17},\ a_{20},\ \cdots$

$\{c_n\}:a_2,\ a_8,\ a_{14},\ \cdots$

となっている．

(イ) $b_k=a_{3k-2}$である．$\{b_n\}$の偶数番目の項で，小さい方からn番目の項はb_{2n}であるから，$\{c_n\}$の一般項c_nは，

$c_n=b_{2n}=a_{3(2n)-2}=a_{6n-2}$

$a_k=3\cdot 4^k$であるから，

$c_n=a_{6n-2}=\boldsymbol{3\cdot 4^{6n-2}}$

$\dfrac{c_{n+1}}{c_n}=\dfrac{3\cdot 4^{6(n+1)-2}}{3\cdot 4^{6n-2}}=4^6=2^{12}=\boldsymbol{4096}$　となるから，

$\{c_n\}$は公比4096の等比数列である．

⇨**注** (ア)と同様に，$\{c_n\}$は$\{a_n\}$の項を6つ目ごとに取り出した数列である．よって，$\{a_n\}$が等比数列のとき，$\{c_n\}$の公比は$\{a_n\}$の公比の6乗になる．なお，$\{b_n\}$，$\{c_n\}$の最初の方を書き出すと，

$\{b_n\}:a_1,\ a_4,\ a_7,\ a_{10},\ a_{13},\ a_{16},\ a_{19},\ \cdots$

$\{c_n\}:a_4,\ a_{10},\ a_{16},\ \cdots$

となっている．

3 (イ) $a=0$のときは別に扱う．

(ウ) まず“等差”の条件から，一方を消去しよう．

解 (ア) 3数a, $3a$, 10がこの順に等差数列となるとき，

$2\times 3a=a+10$

$\therefore\ 5a=10\qquad\therefore\ \boldsymbol{a=2}$

(イ) 3数a, $2a$, 8がこの順に等比数列となる ……①

とする．$a=0$のとき，0, 0, 8となり，等比数列にならないから$a\neq 0$である．よって，①となるとき，

$(2a)^2=a\times 8\qquad\therefore\ 4a^2=8a$

$a\neq 0$であるから，$\boldsymbol{a=2}$

(ウ) 6, a, bがこの順に等差数列となるとき，

$2a=6+b\qquad\therefore\ b=2(a-3)$ ……①

a, b, 16 $(a>0,\ b>0)$がこの順に等比数列となるとき，

$b^2=a\times 16$

①を代入して，

$4(a-3)^2=16a\qquad\therefore\ (a-3)^2=4a$

$\therefore\ a^2-10a+9=0 \quad \therefore\ (a-1)(a-9)=0$

$\therefore\ a=1,\ 9$

①に代入して，$(a,\ b)=(1,\ -4),\ (9,\ 12)$

$b>0$ であるから，$\boldsymbol{a=9,\ b=12}$

4 （イ） S_n を n で表してから最大値を求めてもよいが（☞注），例題(イ)と同様に，a_n の符号が途中で正から負に変わることに着目すると S_n が最大となる n を先に求めることができる．

（ウ） S_n の増減は，S_n-S_{n-1} の符号から分かる．

$\{S_n\}$ は，階差数列が分かる条件が与えられている．その一般項を求めるには，第1部の演習題，11番(2)の解答（p.22）のようにするのがよいだろう．

解 （ア） $a_n=n^2-6n+1$ の符号を調べるため，$y=x^2-6x+1$ のグラフを考える．$y=(x-3)^2-8$ であるから，図のようになり，

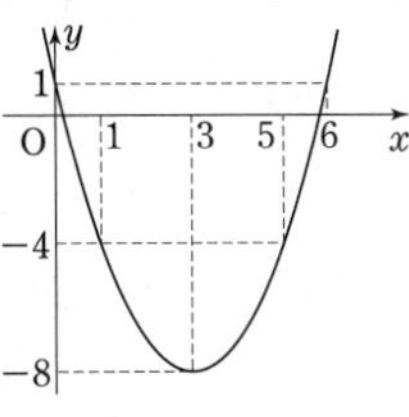

$x=1,\ 2,\ 3,\ 4,\ 5$ のとき $y<0$

$x=6,\ 7,\ \cdots$ のとき $y>0$

である．したがって，

$a_1,\ a_2,\ a_3,\ a_4,\ a_5$ は負，a_6 以降は正

したがって，a_5 までは加えるごとに和が減少し，a_6 以降は加えるごとに和が増加する．

よって，和 S_n を最小にする n は $\boldsymbol{n=5}$ である．

（イ） 初項を a，公差を d とすると，$a_n=a+(n-1)d$

$a_{10}=39$ であるから， $a+9d=39$ ……………………①

$a_{30}=-41$ であるから，$a+29d=-41$ ……………②

②−①により，$20d=-80 \quad \therefore\ d=-4$

①に代入して，$a=39-9d=75$

したがって，$a_n=75+(n-1)\cdot(-4)=\boldsymbol{79-4n}$

よって，

$n\leqq19$ のとき $a_n>0$ で $n\geqq20$ のとき $a_n<0$

である．したがって，a_{19} までは加えるごとに和が増加し，a_{20} 以降は加えるごとに和が減少する．

したがって，S_n の最大値は，

$$S_{19}=\frac{a_1+a_{19}}{2}\cdot19=\frac{75+3}{2}\cdot19$$

$$=39\cdot19=\boldsymbol{741}$$

➡**注** $S_n=\dfrac{a_1+a_n}{2}n=\dfrac{75+(79-4n)}{2}n$

$$=-2n^2+77n=-2\left(n-\frac{77}{4}\right)^2+\frac{77^2}{8}$$

$77/4=19.25$ であるから，$n=19$ のとき，最大値 $-2\cdot19^2+77\cdot19=741$ をとる．

（ウ） $S_n-S_{n-1}=n-\dfrac{9}{2}=n-4.5$ であるから，

$n\leqq4$ のとき，$S_n-S_{n-1}<0$，つまり $S_{n-1}>S_n$

$n\geqq5$ のとき，$S_n-S_{n-1}>0$，つまり $S_{n-1}<S_n$

したがって，

$S_1>S_2>S_3>S_4<S_5<S_6<S_7<\cdots$

S_n は $\boldsymbol{n=4}$ のとき最小となる．

$$S_2-S_1=2-4.5$$
$$S_3-S_2=3-4.5$$
$$S_4-S_3=4-4.5$$
$$\vdots$$
$$S_n-S_{n-1}=n-4.5$$

を辺々加えると，$n\geqq2$ のとき，

$$S_n-S_1=\sum_{k=2}^{n}(S_k-S_{k-1})=\sum_{k=2}^{n}(k-4.5)$$

$$\therefore\ S_n=S_1+\sum_{k=2}^{n}(k-4.5)$$

［シグマの部分を等差数列の和と見て］

$$=1+\frac{(2-4.5)+(n-4.5)}{2}(n-1)$$

（$n=1$ でも正しい）

$$=1+\frac{(n-7)(n-1)}{2}=\boldsymbol{\frac{1}{2}(n^2-8n+9)}$$

5 求める和を S とおいて，例題と同様に求める．

解 （ア） $S=\displaystyle\sum_{k=1}^{n}\frac{3k}{2^k}$ とおくと，

$$S=\frac{3}{2}+\frac{6}{2^2}+\frac{9}{2^3}+\cdots\cdots+\frac{3n}{2^n}$$

$$-)\ \frac{1}{2}S=\qquad\frac{3}{2^2}+\frac{6}{2^3}+\cdots\cdots+\frac{3(n-1)}{2^n}+\frac{3n}{2^{n+1}}$$

$$\frac{1}{2}S=\frac{3}{2}+\frac{3}{2^2}+\frac{3}{2^3}+\cdots\cdots+\frac{3}{2^n}-\frac{3n}{2^{n+1}}$$

［〰〰は初項 $\dfrac{3}{2}$，公比 $\dfrac{1}{2}$，項数 n の等比数列の和］

$$=\frac{3}{2}\cdot\frac{1-\frac{1}{2^n}}{1-\frac{1}{2}}-\frac{3n}{2^{n+1}}=3-\frac{3}{2^n}-\frac{3n}{2^{n+1}}$$

$$\therefore\ \boldsymbol{S=6-\frac{3}{2^{n-1}}-\frac{3n}{2^n}}\ \left(\boldsymbol{=6-\frac{3(n+2)}{2^n}}\right)$$

（イ） $S=1-2x+3x^2-4x^3+\cdots+n(-x)^{n-1}$ とおく．

$$S=1-2x+3x^2-\cdots+n(-x)^{n-1}$$

$$-xS=\quad -x+2x^2-\cdots+(n-1)(-x)^{n-1}+n(-x)^n$$

$$(1+x)S=1-x+x^2-\cdots+(-x)^{n-1}-n(-x)^n$$

［〰〰は初項1，公比 $-x$，項数 n の等比数列の和］

よって，$\boldsymbol{x \neq -1}$ のとき，

$$(1+x)S=\frac{1-(-x)^n}{1-(-x)}-n(-x)^n$$

$$=\frac{1-(-x)^n-n(-x)^n(1+x)}{1+x}$$

$$\therefore\quad S=\boldsymbol{\frac{1-(1+n)(-x)^n+n(-x)^{n+1}}{(1+x)^2}}$$

$\boldsymbol{x=-1}$ のとき，$S=1+2+3+\cdots+n=\boldsymbol{\frac{1}{2}n(n+1)}$

6 例題と同様に，"差の形"にして求める．

解 (1) $\dfrac{1}{2k-1}-\dfrac{1}{2k+1}=\dfrac{2}{(2k-1)(2k+1)}$

により，$\dfrac{1}{(2k+1)(2k-1)}=\dfrac{1}{2}\left(\dfrac{1}{2k-1}-\dfrac{1}{2k+1}\right)$

であるから，

$$\sum_{k=1}^{50}\frac{1}{(2k+1)(2k-1)}=\frac{1}{2}\sum_{k=1}^{50}\left(\frac{1}{2k-1}-\frac{1}{2k+1}\right)$$

$$=\frac{1}{2}\left(\sum_{k=1}^{50}\frac{1}{2k-1}-\sum_{k=1}^{50}\frac{1}{2k+1}\right)$$

$$=\frac{1}{2}\left\{\left(\frac{1}{1}+\frac{1}{3}+\frac{1}{5}+\cdots+\frac{1}{97}+\frac{1}{99}\right)-\left(\frac{1}{3}+\frac{1}{5}+\frac{1}{7}+\cdots+\frac{1}{99}+\frac{1}{101}\right)\right\}$$

$$=\frac{1}{2}\left(\frac{1}{1}-\frac{1}{101}\right)=\boldsymbol{\frac{50}{101}}$$

(2) $\dfrac{1}{\sqrt{2k+1}+\sqrt{2k-1}}$

$$=\frac{\sqrt{2k+1}-\sqrt{2k-1}}{(\sqrt{2k+1}+\sqrt{2k-1})(\sqrt{2k+1}-\sqrt{2k-1})}$$

$$=\frac{\sqrt{2k+1}-\sqrt{2k-1}}{(2k+1)-(2k-1)}=\frac{1}{2}(\sqrt{2k+1}-\sqrt{2k-1})$$

であるから，

$$\sum_{k=1}^{50}\frac{1}{\sqrt{2k+1}+\sqrt{2k-1}}=\frac{1}{2}\sum_{k=1}^{50}(\sqrt{2k+1}-\sqrt{2k-1})$$

$$=\frac{1}{2}\left(\sum_{k=1}^{50}\sqrt{2k+1}-\sum_{k=1}^{50}\sqrt{2k-1}\right)$$

$$=\frac{1}{2}\{(\sqrt{3}+\sqrt{5}+\sqrt{7}+\cdots+\sqrt{99}+\sqrt{101})-(\sqrt{1}+\sqrt{3}+\sqrt{5}+\cdots+\sqrt{97}+\sqrt{99})\}$$

$$=\boldsymbol{\frac{1}{2}(\sqrt{101}-1)}$$

(3) $\dfrac{1}{\sqrt{2k}+\sqrt{2k+4}}=\dfrac{1}{\sqrt{2k+4}+\sqrt{2k}}$

(分母・分子に $\sqrt{2k+4}-\sqrt{2k}$ をかけて)

$$=\frac{\sqrt{2k+4}-\sqrt{2k}}{(2k+4)-2k}=\frac{1}{4}(\sqrt{2k+4}-\sqrt{2k})$$

であるから，

$$\sum_{k=1}^{n}\frac{1}{\sqrt{2k}+\sqrt{2k+4}}=\frac{1}{4}\sum_{k=1}^{n}(\sqrt{2k+4}-\sqrt{2k})$$

$$=\frac{1}{4}\left(\sum_{k=1}^{n}\sqrt{2k+4}-\sum_{k=1}^{n}\sqrt{2k}\right)$$

$$=\frac{1}{4}\{(\sqrt{6}+\sqrt{8}+\cdots+\sqrt{2n}+\sqrt{2n+2}+\sqrt{2n+4})-(\sqrt{2}+\sqrt{4}+\sqrt{6}+\cdots+\sqrt{2n-2}+\sqrt{2n})\}$$

$$=\boldsymbol{\frac{1}{4}(\sqrt{2n+2}+\sqrt{2n+4}-\sqrt{2}-2)}$$

7 群数列を扱うときは「第 n 群の最後の項がもとの数列の第何項か」を考えるのが第一歩である．

解 {1}，{1, 3}，{1, 3, 5}，…
第1群　第2群　第3群

第 k 群は k 個の項が並ぶから，第 n 群の最後の項は最初から数えると，$1+2+\cdots+n=\dfrac{1}{2}n(n+1)$ …………①

番目の項，つまり第①項である．

(1) [①が200前後になる n を探す．つまり $n(n+1)\fallingdotseq 400$ となる n を探す．$n^2+n\fallingdotseq 400$．
n を無視し，$n^2\fallingdotseq 400$．よって $n\fallingdotseq 20$ と見当をつけ]

①は，$n=19$ のとき190，$n=20$ のとき210である(つまり第19群の最後が第190項 ……②，第20群の最後が第210項である)から，第200項は第**20**群にある．

(2) ②により，第200項は第20群の $200-190=10$ 番目の項である．各群は，正の奇数の数列 $\{2n-1\}$ ……③をつくっているから，10番目の項は，

$$2\cdot 10-1=\boldsymbol{19}$$

(3) 第 k 群は k 個の項からなり，③により，初項1，末項 $2k-1$，項数 k の等差数列であるから，第 k 群に含まれる数の和は，

$$\frac{1+(2k-1)}{2}\cdot k=k^2$$

よって，初項から第200項，つまり第20群の10番目までの和は，[第19群までと第20群に分けて]

$$\sum_{k=1}^{19}k^2+(1+3+5+\cdots+19)$$

$$=\frac{1}{6}\cdot 19\cdot 20\cdot 39+\frac{1+19}{2}\cdot 10$$

$$=19\cdot 130+100=\boldsymbol{2570}$$

8 分子について着目して，分子について，

1|1, 2|1, 2, 3|1, 2, 3, 4|…

となるように群に分ける．このとき，各群で，分子は1ずつ増え，分母は1ずつ減るから，分子と分母の和は一定である．これに着目する．

解 この数列を$\{a_n\}$とする．次のように群に分ける．

$$\frac{1}{1}\Big|\frac{1}{2},\ \frac{2}{1}\Big|\frac{1}{3},\ \frac{2}{2},\ \frac{3}{1}\Big|\frac{1}{4},\ \frac{2}{3},\ \frac{3}{2},\ \frac{4}{1}\Big|\cdots$$

第1群　第2群　第3群　第4群

第k群は，「$\frac{1}{k},\ \frac{2}{k-1},\ \frac{3}{k-2},\ \cdots,\ \frac{k}{1}$」 ………①

である．①の分数は，分母と分子の和が$k+1$であり，分子は順に1，2，…，kとなっていて，項数はkである．よって，第n群の最後の項は，最初から数えると，

$1+2+3+\cdots+n=\frac{1}{2}n(n+1)$……②　番目の項である．

（前半）　$\frac{10}{13}$は，第13+10−1=22群の10番目の項として最初に現れる．第21群の最後の項は，最初から数えると$\frac{1}{2}\cdot21\cdot22=21\cdot11=231$番目の項である．

よって，答えは，231+10=**241**

（後半）　[②が2450前後になるnを探す．つまり$n(n+1)\fallingdotseq4900$となるnを探す．$n^2+n\fallingdotseq4900$
nを無視し$n^2\fallingdotseq4900$．よって$n\fallingdotseq70$と見当をつけ]

②は，$n=69$のとき$\frac{1}{2}\cdot69\cdot70=69\cdot35=2415$

$n=70$のとき，$\frac{1}{2}\cdot70\cdot71=35\cdot71=2485$である．

よって，第2450項は，第70群の2450−2415=35番目の項である．第70群にあるので，分母と分子の和は71，分子は35であるから，答えは$\boldsymbol{\frac{35}{36}}$

9 （ア）$\{a_n\}$の奇数番目の項を小さい順に並べてできる数列は$\{a_{2n-1}\}$である（$\{a_{2n+1}\}$ではない）．$\{S_{2n-1}\}$や$\{S_{2n-2}\}$を用意しよう．

解 （ア）　$S_{2n}=n^3$　$(n=1,\ 2,\ 3,\ \cdots)$

$S_{2n+1}=n^2$　$(n=0,\ 1,\ 2,\ 3,\ \cdots)$ ………①

において，$n\Rightarrow n-1$として，

$S_{2n-2}=(n-1)^3$　$(n=2,\ 3,\ \cdots)$

$S_{2n-1}=(n-1)^2$　$(n=1,\ 2,\ \cdots)$

したがって，

$a_{2n}=S_{2n}-S_{2n-1}$
$=n^3-(n-1)^2=n^3-n^2+2n-1$

$n\geqq2$のとき，

$a_{2n-1}=S_{2n-1}-S_{2n-2}=(n-1)^2-(n-1)^3$ ………②

①で$n=0$とすると，$S_1=0$．よって$a_1=S_1=0$であるから，②は$n=1$のときも成立．

したがって，

$\boldsymbol{b_n}=a_{2n}=\boldsymbol{n^3-n^2+2n-1}$

$\boldsymbol{c_n}=a_{2n-1}=(n-1)^2-(n-1)^3$
$=n^2-2n+1-(n^3-3n^2+3n-1)$
$=\boldsymbol{-n^3+4n^2-5n+2}$

（イ）　$a_1=1,\ a_{2n}=a_n,\ a_{2n+1}=a_{n+1}+a_n$

であるから，

$a_2=a_1=1,\ a_3=a_2+a_1=1+1=2,$
$a_4=a_2=1,\ a_5=a_3+a_2=2+1=\boldsymbol{3}$

10 例題と同様に，与えられた漸化式の両辺を9^{n+1}で割る．$\{b_n\}$の漸化式は，p.18，第1部の◆11（3）の形になる．

解 （1）　$a_{n+1}=2a_n+9^n$の両辺を9^{n+1}で割ると，

$$\frac{a_{n+1}}{9^{n+1}}=\frac{2}{9}\cdot\frac{a_n}{9^n}+\frac{1}{9}$$

$b_n=\frac{a_n}{9^n}$であるから，$\boldsymbol{b_{n+1}=\frac{2}{9}b_n+\frac{1}{9}}$ ………………①

（2）　$\left[c=\frac{2}{9}c+\frac{1}{9}\text{ の解 }c=\frac{1}{7}\text{ を用いて}\right]$

①を変形すると，$b_{n+1}-\frac{1}{7}=\frac{2}{9}\left(b_n-\frac{1}{7}\right)$

よって数列$\left\{b_n-\frac{1}{7}\right\}$は，初項$b_1-\frac{1}{7}$，公比$\frac{2}{9}$の等比数列である．ここで，

$$b_1-\frac{1}{7}=\frac{a_1}{9}-\frac{1}{7}=\frac{7}{9}-\frac{1}{7}=\frac{40}{63}$$

であるから，

$$b_n-\frac{1}{7}=\frac{40}{63}\cdot\left(\frac{2}{9}\right)^{n-1}=\frac{20}{7}\cdot\left(\frac{2}{9}\right)^n$$

$$\therefore\quad b_n=\frac{1}{7}\left\{1+20\cdot\left(\frac{2}{9}\right)^n\right\}$$

$$\therefore\quad a_n=9^nb_n=\boldsymbol{\frac{1}{7}(9^n+20\cdot2^n)}$$

11 例題と同様に解こう．

解 （ア）　$a_1=1,\ a_{n+1}=\frac{a_n}{2a_n+3}$ ……………………①

（1）　①の逆数をとり，$\frac{1}{a_{n+1}}=\frac{2a_n+3}{a_n}=2+\frac{3}{a_n}$

$b_n=\frac{1}{a_n}$であるから，$\boldsymbol{b_{n+1}=3b_n+2}$ ………………②

(2) [$c=3c+2$ の解 $c=-1$ を用いて]

②を変形すると，$b_{n+1}+1=3(b_n+1)$

よって，数列 $\{b_n+1\}$ は，初項 $b_1+1=1+1=2$，公比3の等比数列であるから，

$b_n+1=2\cdot3^{n-1}$ ∴ $b_n=2\cdot3^{n-1}-1$

∴ $a_n=\frac{1}{b_n}=\mathbf{\frac{1}{2\cdot3^{n-1}-1}}$

▨ 一般に，$a_{n+1}=\frac{pa_n+q}{ra_n+s}$ で $q=0$ とした $a_{n+1}=\frac{pa_n}{ra_n+s}$ の形のときは，逆数をとると解決する．逆数をとって $b_n=\frac{1}{a_n}$ とおくと，$b_{n+1}=tb_n+u$ の形の漸化式に帰着されるからである．

(イ) $a_1=\frac{1}{3}$，$a_{n+1}=\frac{1}{2-a_n}$

(1) $\mathbf{a_2}=\frac{1}{2-a_1}=\frac{1}{2-\frac{1}{3}}=\mathbf{\frac{3}{5}}$，$\mathbf{a_3}=\frac{1}{2-\frac{3}{5}}=\mathbf{\frac{5}{7}}$，

$\mathbf{a_4}=\frac{1}{2-\frac{5}{7}}=\mathbf{\frac{7}{9}}$

(2) [a_1～a_4 を見ると，分母・分子とも奇数（公差2の等差数列になっているから]

$\mathbf{a_n=\frac{2n-1}{2n+1}}$ ……① と推測できる．

[1] $n=1$ のとき，左辺 $=a_1=\frac{1}{3}$，右辺 $=\frac{1}{3}$ であり，①は成り立つ．

[2] $n=k$ のとき①が成り立つ，つまり $a_k=\frac{2k-1}{2k+1}$ が成り立つと仮定する．

$$a_{k+1}=\frac{1}{2-a_k}=\frac{1}{2-\frac{2k-1}{2k+1}}$$
$$=\frac{2k+1}{2(2k+1)-(2k-1)}=\frac{2k+1}{2k+3}$$
$$=\frac{2(k+1)-1}{2(k+1)+1}$$

であるから，$n=k+1$ のときも①が成り立つ．

[1]，[2] から，すべての自然数 n について，①が成り立つ．

12 $a_{n+2}+a_{n+1}-2a_n=0$ を，$t^2+t-2=0$ の解を用いて変形する．

解 [$t^2+t-2=0$，つまり $(t-1)(t+2)=0$ の解 1，-2 ……☆ を使って漸化式を変形する]

$a_1=1$，$a_2=2$，$a_{n+2}=-a_{n+1}+2a_n$ ……………………①

①により [☆の1に着目して $a_{n+2}-a_{n+1}$ を作ると]

$$a_{n+2}-a_{n+1}=(-a_{n+1}+2a_n)-a_{n+1}$$
$$=-2(a_{n+1}-a_n)$$

よって，数列 $\{a_{n+1}-a_n\}$ は，初項 $a_2-a_1=2-1=1$，公比 -2 の等比数列であるから，

$a_{n+1}-a_n=1\cdot(-2)^{n-1}$ ……………………②

①により [☆の -2 に着目して $a_{n+2}+2a_{n+1}$ を作ると]

$$a_{n+2}+2a_{n+1}=(-a_{n+1}+2a_n)+2a_{n+1}$$
$$=a_{n+1}+2a_n$$

よって，数列 $\{a_{n+1}+2a_n\}$ は定数数列（公比1の等比数列）であり，初項は $a_2+2a_1=2+2=4$ であるから，

$a_{n+1}+2a_n=4$ ……………………③

$\frac{③-②}{3}$ により，$\mathbf{a_n=\frac{4-(-2)^{n-1}}{3}}$

13 例題とほぼ同様である．

解 $a_1=1$，$b_1=1$，

$a_{n+1}=2a_n-6b_n$ ……①，$b_{n+1}=a_n+7b_n$ ……………②

このとき，

$$a_{n+1}+3b_{n+1}=(2a_n-6b_n)+3(a_n+7b_n)$$
$$=5a_n+15b_n$$
$$=\mathbf{5}(a_n+3b_n)$$
$$a_{n+1}+2b_{n+1}=(2a_n-6b_n)+2(a_n+7b_n)$$
$$=4a_n+8b_n$$
$$=\mathbf{4}(a_n+2b_n)$$

よって，数列 $\{a_n+3b_n\}$ は，初項 $a_1+3b_1=1+3=4$，公比5の等比数列であるから，

$a_n+3b_n=4\cdot5^{n-1}$ ……………………③

また，数列 $\{a_n+2b_n\}$ は，初項 $a_1+2b_1=1+2=3$，公比4の等比数列であるから，

$a_n+2b_n=3\cdot4^{n-1}$ ……………………④

④×3−③×2 により，$\mathbf{a_n=9\cdot4^{n-1}-8\cdot5^{n-1}}$

③−④により，$\mathbf{b_n=4\cdot5^{n-1}-3\cdot4^{n-1}}$

また，S_n は，

$$S_n=\sum_{k=1}^{n}b_k=\sum_{k=1}^{n}(4\cdot5^{k-1}-3\cdot4^{k-1})$$
$$=4\sum_{k=1}^{n}5^{k-1}-3\sum_{k=1}^{n}4^{k-1}$$
$$=4\cdot\frac{5^n-1}{5-1}-3\cdot\frac{4^n-1}{4-1}=\mathbf{5^n-4^n}$$

14 例題と数値が少し違うだけである．

解 (1) $3S_n=2a_n+2n-1$ ……………………①

①で $n=1$ として，$3S_1=2a_1+1$

$S_1=a_1$ であるから，$3a_1=2a_1+1$ ∴ $\mathbf{a_1=1}$

（2） ①の n を $n+1$ に代えて，

$$3S_{n+1}=2a_{n+1}+2(n+1)-1 \quad\cdots\cdots②$$

②−①により，$3(S_{n+1}-S_n)=2a_{n+1}-2a_n+2$

$S_{n+1}-S_n=a_{n+1}$ であるから，

$$3a_{n+1}=2a_{n+1}-2a_n+2$$

$$\therefore\quad \boldsymbol{a_{n+1}=-2a_n+2} \quad\cdots\cdots③$$

（3） ［$c=-2c+2$ の解 $c=\dfrac{2}{3}$ を用いて］

③を変形すると，$a_{n+1}-\dfrac{2}{3}=-2\left(a_n-\dfrac{2}{3}\right)$

よって，数列 $\left\{a_n-\dfrac{2}{3}\right\}$ は初項 $a_1-\dfrac{2}{3}=1-\dfrac{2}{3}=\dfrac{1}{3}$，公比 -2 の等比数列であるから，

$$a_n-\frac{2}{3}=\frac{1}{3}(-2)^{n-1} \qquad \therefore\quad \boldsymbol{a_n=\frac{1}{3}\{2+(-2)^{n-1}\}}$$

15 （2） 追加した円が，交点によって分けられる新たな円弧の個数だけ，領域の個数が増える．

解 （1） 1個の円で平面が2個に分けられるから，

$$\boldsymbol{a_1=2}$$

（2） n 個の円で平面が a_n 個に分かれている状態に $n+1$ 個目の円を描くと，$n+1$ 個目の円は，n 個の円と合計で $2n$ 個の点で交わり，$n+1$ 個目の円は $2n$ 個の円弧に分けられる．

上図は $n=2$ のとき

この $2n$ 個の円弧は新たな境界線となって，平面の分けられる部分は $2n$ 個増えるから，

$$\boldsymbol{a_{n+1}=a_n+2n}$$

（3） （1），（2）により，$n\geqq 2$ のとき，

$$a_n=a_1+\sum_{k=1}^{n-1}(a_{k+1}-a_k)=2+\sum_{k=1}^{n-1}2k$$

$$=2+2\cdot\frac{1}{2}(n-1)n \qquad (n=1 \text{ のときもこれでよい})$$

$$=\boldsymbol{n^2-n+2}$$

16 漸化式を立てるとうまく解ける典型的な確率の問題である．

解 点Pは，右図の確率で移動する．$p_1=\dfrac{1}{4}$ である．

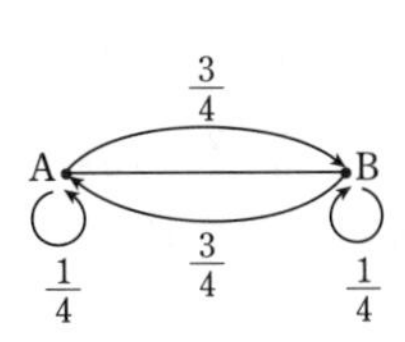

$n+1$ 秒後に点PがAにいるのは，

（i） n 秒後にAにいて（確率は p_n），$n+1$ 秒後もAにとどまる（確率は $\dfrac{1}{4}$）

（ii） n 秒後にBにいて（確率は $1-p_n$），$n+1$ 秒後にAに移動する（確率は $\dfrac{3}{4}$）

のいずれかの場合である．よって，

$$p_{n+1}=p_n\cdot\frac{1}{4}+(1-p_n)\cdot\frac{3}{4}$$

$$\therefore\quad p_{n+1}=-\frac{1}{2}p_n+\frac{3}{4}$$

［$c=-\dfrac{1}{2}c+\dfrac{3}{4}$ の解 $c=\dfrac{1}{2}$ を用いて］

これを変形して，$p_{n+1}-\dfrac{1}{2}=-\dfrac{1}{2}\left(p_n-\dfrac{1}{2}\right)$

よって，数列 $\left\{p_n-\dfrac{1}{2}\right\}$ は，初項 $p_1-\dfrac{1}{2}=-\dfrac{1}{4}$，公比 $-\dfrac{1}{2}$ の等比数列であるから，

$$p_n-\frac{1}{2}=-\frac{1}{4}\left(-\frac{1}{2}\right)^{n-1}$$

$$\therefore\quad \boldsymbol{p_n=\frac{1}{2}-\frac{1}{4}\left(-\frac{1}{2}\right)^{n-1}} \quad \left[=\boldsymbol{\frac{1}{2}-\left(-\frac{1}{2}\right)^{n+1}}\right]$$

▨0秒のときPはAにいるので，$p_0=1$ としてもよい．$\left\{p_n-\dfrac{1}{2}\right\}$ の初項を $p_0-\dfrac{1}{2}=\dfrac{1}{2}$ と見ると $p_n-\dfrac{1}{2}$ は第 $n+1$ 項なので，$p_n-\dfrac{1}{2}=\dfrac{1}{2}\left(-\dfrac{1}{2}\right)^n$ として p_n を求めてもよい．

17 自然数 n についての命題は，「数学的帰納法」と相性がよいことが多い．

（ア） 左辺について，第 $k+1$ 項までの和を，第 k 項までの和と第 $k+1$ 項の和と考えて，$n=k$ のときの帰納法の仮定の式を使う．

解 （ア） $\displaystyle\sum_{r=1}^{n}\frac{1}{r^3}\leqq 2-\frac{1}{n^2}$ $\cdots\cdots①$

を数学的帰納法によって証明する．

［1］ $n=1$ のとき，左辺$=1$，右辺$=1$ であり，①は成り立つ．

［2］ $n=k$ のとき①が成り立つ，すなわち，

$$\sum_{r=1}^{k}\frac{1}{r^3}\leqq 2-\frac{1}{k^2}$$

が成り立つと仮定する．このとき，$n=k+1$ の場合の①の左辺について，

$$\sum_{r=1}^{k+1}\frac{1}{r^3}=\sum_{r=1}^{k}\frac{1}{r^3}+\frac{1}{(k+1)^3}\leqq 2-\frac{1}{k^2}+\frac{1}{(k+1)^3}$$

が成り立つ．よって，

$$2-\frac{1}{k^2}+\frac{1}{(k+1)^3}\leqq 2-\frac{1}{(k+1)^2}$$

すなわち，$\dfrac{1}{k^2}-\dfrac{1}{(k+1)^3}-\dfrac{1}{(k+1)^2}\geqq 0$ ……………②

を示せば，$n=k+1$ のときも①が成り立つことが言える．

ここで，

$$②の左辺=\frac{(k+1)^3-k^2-k^2(k+1)}{k^2(k+1)^3}=\frac{k^2+3k+1}{k^2(k+1)^3}>0$$

で，確かに②が成り立つので，$n=k+1$ のときも①が成り立つ．

［1］，［2］から，すべての自然数 n について，①が成り立つ．

（イ）　$4^n\geqq 4n^2$ ……①　を数学的帰納法で示す．

［1］　$n=1$ のとき，左辺$=4$，右辺$=4$ であり，①は成立．

［2］　$n=k$ のとき①が成り立つ．すなわち，

$$4^k\geqq 4k^2$$

が成り立つと仮定すると，

$$4^{k+1}=4\cdot 4^k\geqq 4\cdot 4k^2$$

が成り立つ．よって，$4\cdot 4k^2\geqq 4(k+1)^2$ ………………②

を示せば，$n=k+1$ のときも①が成り立つと言える．

ここで，②の左辺－②の右辺は，

$$4\cdot 4k^2-4(k+1)^2=4\{4k^2-(k+1)^2\}$$
$$=4(3k+1)(k-1)\geqq 0$$

であるから，k が自然数のとき確かに②が成り立つので，$n=k+1$ のときも①が成り立つ．

［1］，［2］から，すべての自然数 n について，①が成り立つ．

⇨**注**　$n=k$ のときの成立を仮定して，$n=k+1$ のときの成立を示すときの答案の書き方は色々ある．

例えば，(ア)では，

$$\left\{2-\frac{1}{(k+1)^2}\right\}-\sum_{r=1}^{k+1}\frac{1}{r^3}\quad\left[\begin{array}{l}これが0以上を\\示すことが目標\end{array}\right]$$
$$=\left\{2-\frac{1}{(k+1)^2}\right\}-\left\{\sum_{r=1}^{k}\frac{1}{r^3}+\frac{1}{(k+1)^3}\right\}$$
$$\geqq\left\{2-\frac{1}{(k+1)^2}\right\}-\left\{\left(2-\frac{1}{k^2}\right)+\frac{1}{(k+1)^3}\right\}$$
$$=②の左辺=\frac{k^2+3k+1}{k^2(k+1)^3}>0 としてもよい．$$

18　（ア）　$n=k$ の仮定から $2k^3+k=3A$ とおき，$2k^3=3A-k$ として使おう．

解　（ア）　$n=1,\ 2,\ 3,\ \cdots$ に対して，$a_n=2n^3+n$ とおく．

a_n が 3 の倍数 ……①　を数学的帰納法で示す．

［1］　$n=1$ のとき，$a_1=2+1=3$ であるから，①は成り立つ．

［2］　$n=k$ のとき①が成り立つ，すなわち，$a_k=2k^3+k$ が 3 の倍数であると仮定する．このとき，$2k^3+k=3A$，つまり $2k^3=3A-k$（A は整数）と表すことができる．$n=k+1$ のとき，

$$a_{k+1}=2(k+1)^3+(k+1)$$
$$=2k^3+6k^2+7k+3$$
$$=(3A-k)+6k^2+7k+3$$
$$=3A+6k^2+6k+3=3(A+2k^2+2k+1)$$

であるから，$n=k+1$ のときも①は成り立つ．

［1］，［2］から，すべての自然数 n について，①が成り立つ．

▨ 数学的帰納法を使わない証明について．

$n=3k$ または $3k+1$ または $3k+2$（k は整数）とおける．$2n^3+n=n(2n^2+1)$ ………………………㋐

• $n=3k$ のとき，n が 3 の倍数なので，㋐も 3 の倍数．

• $n=3k+1$ のとき，
$2n^2+1=2(3k+1)^2+1=3(6k^2+4k+1)$ が 3 の倍数．

• $n=3k+2$ のとき，
$2n^2+1=2(3k+2)^2+1=3(6k^2+8k+3)$ が 3 の倍数．

（イ）　$n=1,\ 2,\ 3,\ \cdots$ に対して，$a_n=7^n-6n-1$ とおく．

a_n が 36 の倍数 ……①　を数学的帰納法で示す．

［1］　$n=1$ のとき，$a_1=7-6-1=0$ であるから，①は成り立つ．

［2］　$n=k$ のとき①が成り立つ，すなわち，$a_k=7^k-6k-1$ が 36 の倍数と仮定する．このとき，$7^k-6k-1=36A$，つまり $7^k=6k+1+36A$（A は整数）と表すことができる．$n=k+1$ のとき，

$$a_{k+1}=7^{k+1}-6(k+1)-1=7\cdot 7^k-6k-7$$
$$=7(6k+1+36A)-6k-7$$
$$=36k+7\cdot 36A=36(k+7A)$$

であるから，$n=k+1$ のときも①は成り立つ．

［1］，［2］から，すべての自然数 n について，①が成り立つ．

▨ 一般に，$(a+1)^n-an-1$（a，n は自然数）は，a^2 の倍数である．上の解答と同様に n ついての数学的帰納法で示せるが，二項定理を使うと一発である．

$$(1+a)^n=1+na+{}_n\mathrm{C}_2a^2+{}_n\mathrm{C}_3a^3+\cdots+a^n$$

であるから，

$$(a+1)^n-an-1={}_n\mathrm{C}_2a^2+{}_n\mathrm{C}_3a^3+\cdots+a^n$$

この右辺は a^2 の倍数である．

19　Z の定義式で，Y の係数を確率変数にする．つまり，コインが表のとき $W=2$，裏のとき $W=-1$ とすれば，$Z=X+WY$ と表せる．

解　$Z=\begin{cases} X+2Y & \text{（コインが表）} \\ X-Y & \text{（コインが裏）} \end{cases}$

であるから，確率変数 W を，コインを投げて

表が出たら 2，裏が出たら -1

と定めると，$Z=X+WY$

このとき，W と Y は独立だから，

$$E(Z)=E(X+WY)=E(X)+E(WY)$$
$$=E(X)+E(W)E(Y)$$

また，

$$E(X)=E(Y)=\frac{1}{6}(1+2+3+4+5+6)=\frac{7}{2},$$

$$E(W)=\frac{1}{2}\{2+(-1)\}=\frac{1}{2}$$

よって，

$$E(Z)=\frac{7}{2}+\frac{1}{2}\cdot\frac{7}{2}=\boldsymbol{\frac{21}{4}}$$

20　（1）　X は $1\sim n$ の値を等確率でとるので，$Y=|X-k|$ の期待値は（$|X-k|$ の総和）$\div n$ で求められる．$X=1,\ 2,\ \cdots,\ n$ のときの $|X-k|$ の値を書き出してみよう．

解　（1）　X は $1\sim n$ の n 個の値を等確率でとるので，

$$E(Y)=\sum_{X=1}^{n} Y\cdot\frac{1}{n}=\frac{1}{n}\sum_{X=1}^{n}|X-k|$$

ここで，$|X-k|$ は，

- $X=1,\ 2,\ \cdots,\ k$ のとき，順に $k-1,\ k-2,\ \cdots,\ 1,\ 0$
- $X=k+1,\ k+2,\ \cdots,\ n$ のとき，順に $1,\ 2,\ \cdots,\ n-k$

であるから，

$$\sum_{X=1}^{n}|X-k|=\sum_{l=1}^{k-1}l+\sum_{l=1}^{n-k}l$$

$$=\underbrace{\frac{1}{2}(k-1)k}_{①}+\underbrace{\frac{1}{2}(n-k)(n-k+1)}_{②}$$

［$k=1$ のとき①$=0$，$k=n$ のとき②$=0$ なので，どちらの場合もこれでよい．（2）を見て k で整理すると］

$$=k^2-(n+1)k+\frac{1}{2}n(n+1)$$

よって，$E(Y)=\boldsymbol{\frac{1}{n}k^2-\frac{n+1}{n}k+\frac{1}{2}(n+1)}$

（2）（1）で $n=100$ とすると，

$$E(Y)=\frac{1}{100}(k^2-101k+50\cdot101)$$

右辺のカッコ内は

$$\left(k-\frac{101}{2}\right)^2-\frac{101^2}{4}+50\cdot101$$

となるので，k が 1 以上 100 以下の自然数であることに注意すると，これを最小にする

k の値は **50，51**

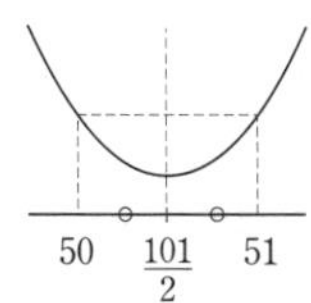

ベクトル

第1部 平面のベクトル

平面のベクトル 公式など

【ベクトルの基本，点の表現】

（1） ベクトルとは

「向きと大きさをもつもの」がベクトルである．

ベクトル $\vec{a}$ に対し，始点を決めると終点が決まる．

右図のとき，

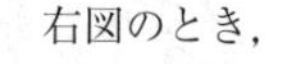

$$\vec{a}=\overrightarrow{AB}=\overrightarrow{CD}$$

A　B　終点　向きと大きさが同じ　C　D　始点

である．この場合，線分 AB の長さ（＝線分 CD の長さ）が $\vec{a}$ の大きさであり，$\vec{a}$ の大きさを $|\vec{a}|$ と表す．

（2） 単位ベクトルと零ベクトル

大きさが 1 のベクトルを**単位ベクトル**という．大きさが 0 のベクトルを**零ベクトル**といい，$\vec{0}$ で表す．なお，$\vec{0}=\overrightarrow{AA}$ である．零ベクトルの向きは考えない．

（3） ベクトルの演算

$\vec{a}$，$\vec{b}$ をベクトル，k を実数とする．

$\vec{a}+\vec{b}$ は，$\vec{a}=\overrightarrow{OA}$，$\vec{b}=\overrightarrow{AB}$ とする（$\vec{a}$ の終点と $\vec{b}$ の始点を一致させる）とき $\overrightarrow{OB}$ である．

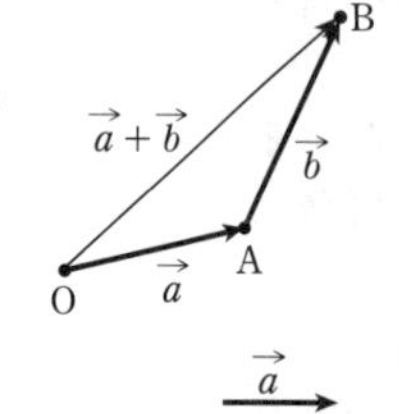

$k\vec{a}$ は，$k>0$ のとき $\vec{a}$ と同じ向きで大きさが k 倍のベクトルを表す．$k<0$ のとき $\vec{a}$ と逆向きで大きさが $-k$（$=|k|$）倍のベクトルを表す．

$\vec{a}$　大きさが k 倍　$k\vec{a}\,(k<0)$　$k\vec{a}\,(k>0)$

（4） ベクトルの始点の変更

$\overrightarrow{AB}$ に対して，始点を O にすると，

$$\overrightarrow{AB}=\overrightarrow{OB}-\overrightarrow{OA}$$

（5） 位置ベクトル

平面上に始点 O を固定すると，平面上の任意のベクトル $\vec{p}$ に対して，$\overrightarrow{OP}=\vec{p}$ を満たす点 P が定まる．このとき，$\vec{p}$ を点 O に関する点 P の位置ベクトルという．また，位置ベクトルが $\vec{p}$ である点 P を $\mathrm{P}(\vec{p})$ と表す．

2 点 $\mathrm{A}(\vec{a})$，$\mathrm{B}(\vec{b})$ に対し，$\overrightarrow{AB}=\vec{b}-\vec{a}$ である．

（6） ベクトルの平行条件

$\vec{a}\neq\vec{0}$，$\vec{b}\neq\vec{0}$ のとき

$\vec{a}\parallel\vec{b} \iff \vec{b}=t\vec{a}$（$t$ は 0 でない実数）

と表される

（7） ベクトルの分解・平面上の点の表現

平面 α 上の 2 つのベクトル $\vec{a}$，$\vec{b}$ は $\vec{0}$ でなく，また平行でないとする．このとき，α 上の任意のベクトル $\vec{p}$ は，次の形にただ一通りに表すことができる．

$$\vec{p}=s\vec{a}+t\vec{b}\quad(s,\ t \text{ は実数})$$

このことから，次のことが分かる．

平面 α 上に点 O を固定する．平面 α 上の任意の点 P は，さきほどの $\vec{a}$，$\vec{b}$（$\vec{a}\neq\vec{0}$，$\vec{b}\neq\vec{0}$，$\vec{a}\not\parallel\vec{b}$）を用いて

$$\overrightarrow{OP}=s\vec{a}+t\vec{b}\quad(s,\ t \text{ は実数})$$

の形に一通りに表せる．

したがって，$\boldsymbol{\vec{a}\neq\vec{0}}$，$\boldsymbol{\vec{b}\neq\vec{0}}$，$\boldsymbol{\vec{a}\not\parallel\vec{b}}$ **のとき，**

$$\boldsymbol{s\vec{a}+t\vec{b}=s'\vec{a}+t'\vec{b} \iff s=s' \text{ かつ } t=t'}$$

が成り立つ．

（8） 直線上の点の表現

• 点 P が点 A を通り，$\vec{d}\,(\neq\vec{0})$ に平行な直線上にあるとき，$\overrightarrow{AP}=t\vec{d}$，つまり

$$\overrightarrow{OP}=\overrightarrow{OA}+t\vec{d}\ \cdots\cdots①$$

（t は実数）

$t\vec{d}$　P　A　$\vec{d}$　O

と表される．

• 点 P が直線 AB 上にあるとき（上で $\vec{d}=\overrightarrow{AB}$ として）$\overrightarrow{AP}=t\overrightarrow{AB}$，つまり $\overrightarrow{OP}=\overrightarrow{OA}+t\overrightarrow{AB}$（$t$ は実数）と表される．これを変形し，$1-t=s$ とおくと，

$$\boldsymbol{\overrightarrow{OP}=s\overrightarrow{OA}+t\overrightarrow{OB},\ s+t=1}\quad(s,\ t \text{ は実数})$$

と表される．

（9） 内分点の公式

点 P が AB を $m:n$ に内分するとき，

$$\overrightarrow{OP}=\frac{n\overrightarrow{OA}+m\overrightarrow{OB}}{m+n}$$

⇨**注**　$\mathrm{P}(\vec{p})$，$\mathrm{A}(\vec{a})$，$\mathrm{B}(\vec{b})$ とすると，

$$\vec{p}=\frac{n\vec{a}+m\vec{b}}{m+n}$$

(10) 外分点の公式

点PがABを$m:n$に外分するとき,

$$\overrightarrow{OP}=\frac{-n\overrightarrow{OA}+m\overrightarrow{OB}}{m-n}\left(=\frac{n\overrightarrow{OA}-m\overrightarrow{OB}}{-m+n}\right)$$

((9)の公式で,m,nの一方にマイナスをつければよい)

【ベクトルの成分表示】

座標平面において,原点をO,A$(a,\ b)$とするとき,

$\overrightarrow{OA}=\begin{pmatrix}a\\b\end{pmatrix}$ [または$(a,\ b)$]

と表す.これをベクトルの成分表示という.

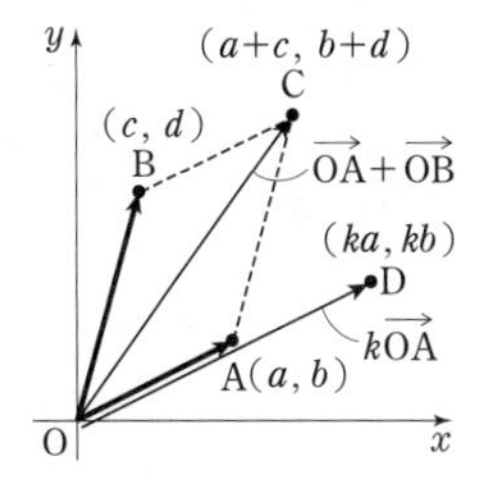

成分表示されたベクトルの和と実数倍は,図の$\overrightarrow{OA}+\overrightarrow{OB}=\overrightarrow{OC}$,$k\overrightarrow{OA}=\overrightarrow{OD}$に対応して

$$\begin{pmatrix}a\\b\end{pmatrix}+\begin{pmatrix}c\\d\end{pmatrix}=\begin{pmatrix}a+c\\b+d\end{pmatrix},\ k\begin{pmatrix}a\\b\end{pmatrix}=\begin{pmatrix}ka\\kb\end{pmatrix}$$

となる.

【内積】

(1) 内積の定義

$\vec{0}$でない2つのベクトル$\vec{a}$,$\vec{b}$のなす角をθとする$(0°\leqq\theta\leqq180°)$.$\vec{a}$と$\vec{b}$の内積を$|\vec{a}||\vec{b}|\cos\theta$で定め,$\vec{a}\cdot\vec{b}$と書く.$\vec{a}=\vec{0}$または$\vec{b}=\vec{0}$のときは$\vec{a}\cdot\vec{b}=0$とする.

(2) 内積の成分での表現

$\vec{a}=\begin{pmatrix}a_1\\a_2\end{pmatrix}$,$\vec{b}=\begin{pmatrix}b_1\\b_2\end{pmatrix}$のとき

$$\vec{a}\cdot\vec{b}=\begin{pmatrix}a_1\\a_2\end{pmatrix}\cdot\begin{pmatrix}b_1\\b_2\end{pmatrix}=a_1b_1+a_2b_2$$

⇨注 定義式のcosに余弦定理を使うと導かれる.

(3) 垂直

$\vec{a}\neq\vec{0}$,$\vec{b}\neq\vec{0}$のとき,

$$\vec{a}\perp\vec{b}\iff\vec{a}\cdot\vec{b}=0$$

$\vec{a}=\begin{pmatrix}a_1\\a_2\end{pmatrix}$,$\vec{b}=\begin{pmatrix}b_1\\b_2\end{pmatrix}$のとき,$\vec{a}\cdot\vec{b}=0$は

$a_1b_1+a_2b_2=0$

(4) 内積の計算方法

[1] $\vec{a}\cdot\vec{b}=\vec{b}\cdot\vec{a}$(交換法則)

[2] $\vec{a}\cdot(\vec{b}+\vec{c})=\vec{a}\cdot\vec{b}+\vec{a}\cdot\vec{c}$(分配法則)

[3] $(k\vec{a})\cdot\vec{b}=\vec{a}\cdot(k\vec{b})=k(\vec{a}\cdot\vec{b})$($k$は実数)

(5) 内積と大きさ

$\vec{a}\cdot\vec{a}=|\vec{a}|^2$,$|\vec{a}|=\sqrt{\vec{a}\cdot\vec{a}}$である.

$\vec{a}=\begin{pmatrix}a_1\\a_2\end{pmatrix}$のときは,$|\vec{a}|=\sqrt{a_1{}^2+a_2{}^2}$

【直線の方向ベクトル,法線ベクトル】

(1) 直線の方向ベクトル

前頁の①で,P$(x,\ y)$,A$(a,\ b)$,$\vec{d}=\begin{pmatrix}l\\m\end{pmatrix}(\neq\vec{0})$とおくと,点Aを通り$\vec{d}$に平行な直線$L$は,実数$t$を用いて,

$$\begin{pmatrix}x\\y\end{pmatrix}=\begin{pmatrix}a\\b\end{pmatrix}+t\begin{pmatrix}l\\m\end{pmatrix}$$

と媒介変数表示することができる.$\vec{d}=\begin{pmatrix}l\\m\end{pmatrix}$を$L$の方向ベクトルと言う.

傾きがkである直線$y=kx+c$は,ベクトル$\begin{pmatrix}1\\k\end{pmatrix}$を方向ベクトルとする直線である.

(2) 直線の法線ベクトル

直線$L:ax+by+c=0$と$\vec{n}=\begin{pmatrix}a\\b\end{pmatrix}$は垂直である.

Lに垂直なベクトル$\vec{n}$を,Lの法線ベクトルという.

1 ベクトルとは

右のように点A，B，C，D，E，F，Gを定める．

(ア) 次の(1)～(3)にあてはまるベクトルを，選択肢の中からそれぞれすべて選べ．

(1) $\overrightarrow{AB}$ と同じ向きのベクトル

(2) $\overrightarrow{AB}$ と同じ大きさのベクトル

(3) $\overrightarrow{AB}$ と等しいベクトル

選択肢：$\overrightarrow{BC}$，$\overrightarrow{BD}$，$\overrightarrow{BE}$，$\overrightarrow{CD}$，$\overrightarrow{CE}$，$\overrightarrow{DE}$，$\overrightarrow{DF}$，$\overrightarrow{ED}$，$\overrightarrow{EF}$

(イ) 点Xを，$\overrightarrow{AB}=\overrightarrow{GX}$ を満たす点とする．Xを図示せよ．

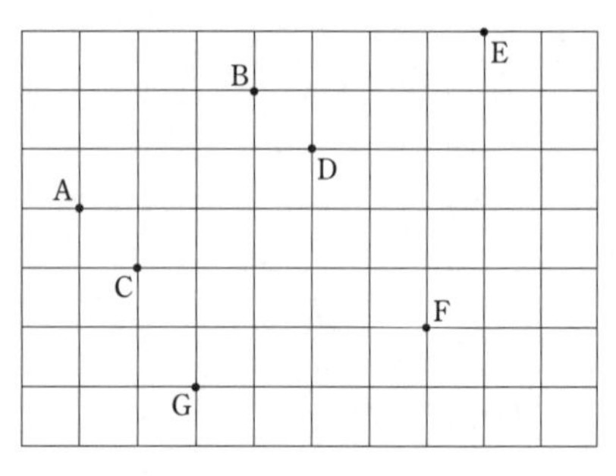

ベクトルとは ベクトルの定義は「向きと大きさをもつもの」である．具体的に2点A，Bを定めれば，「AからみたB」は向きと大きさが決まる．例えば右図でAから見たBは「北に100m」であり，〰〰が向き，══が大きさとなっている．Cから見たDもやはり「北に100m」であり，向きと大きさがともに等しいベクトルを等しいベクトルという．

ベクトルの表記 Aから見たBを $\overrightarrow{AB}$ と表す．上のことから，$\overrightarrow{AB}=\overrightarrow{CD}$ である．また，$\overrightarrow{AB}=\vec{a}$ のように小文字1つで表すこともある．

ベクトルのイメージ $\overrightarrow{AB}$ とあったら，AからBへ向かう矢印を描こう．(ア)の(1)は，$\overrightarrow{AB}$ と同じ向きの矢印になるベクトル，(2)は同じ長さの矢印になるベクトル，(3)は同じ矢印になるベクトルを選ぶ．(イ)は，$\overrightarrow{AB}$ を表す矢印を平行移動して，始点（Aにあたる点）をGにもっていこう．

A●──→●B

解答

(ア) (1) $\overrightarrow{\mathbf{CD}}$，$\overrightarrow{\mathbf{CE}}$，$\overrightarrow{\mathbf{DE}}$

(2) $\overrightarrow{\mathbf{BC}}$，$\overrightarrow{\mathbf{CD}}$，$\overrightarrow{\mathbf{DE}}$，$\overrightarrow{\mathbf{DF}}$，$\overrightarrow{\mathbf{ED}}$

(3) $\overrightarrow{\mathbf{CD}}$，$\overrightarrow{\mathbf{DE}}$

(イ) $\overrightarrow{AB}$ を平行移動してAをGにもってきたときのBが $\overrightarrow{AB}=\overrightarrow{GX}$ を満たすXである（右側の図）．

⇨注 $\overrightarrow{ED}$ は $\overrightarrow{AB}$ と反対向きなので(ア)(1)に含めてはいけない．

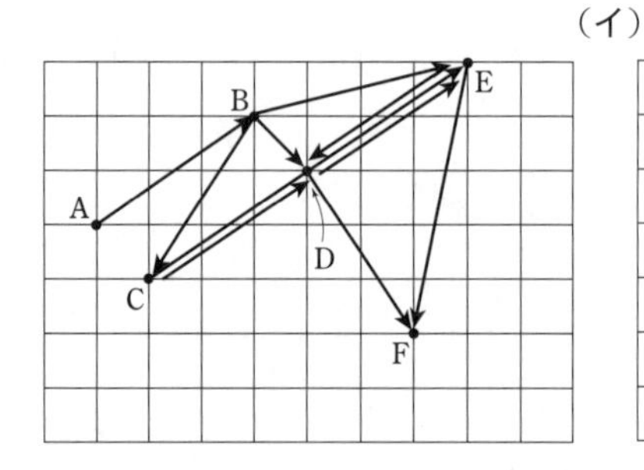

(イ)

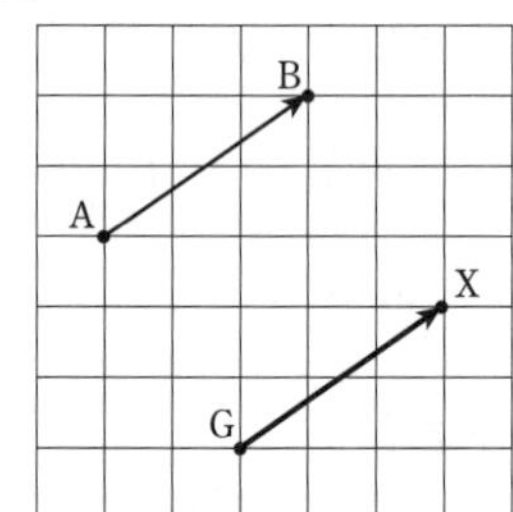

1 演習題（解答は p.95）

右のように点A，B，C，D，E，F，Gを定める．

(ア) 次の(1)～(3)にあてはまるベクトルを，選択肢の中からそれぞれすべて選べ．

(1) $\overrightarrow{AB}$ と同じ向きのベクトル

(2) $\overrightarrow{AB}$ と同じ大きさのベクトル

(3) $\overrightarrow{AB}$ と等しいベクトル

選択肢： $\overrightarrow{AC}$，$\overrightarrow{AD}$，$\overrightarrow{BD}$，$\overrightarrow{BE}$，$\overrightarrow{CD}$，$\overrightarrow{CE}$，$\overrightarrow{CF}$，$\overrightarrow{DE}$，$\overrightarrow{ED}$，$\overrightarrow{EF}$

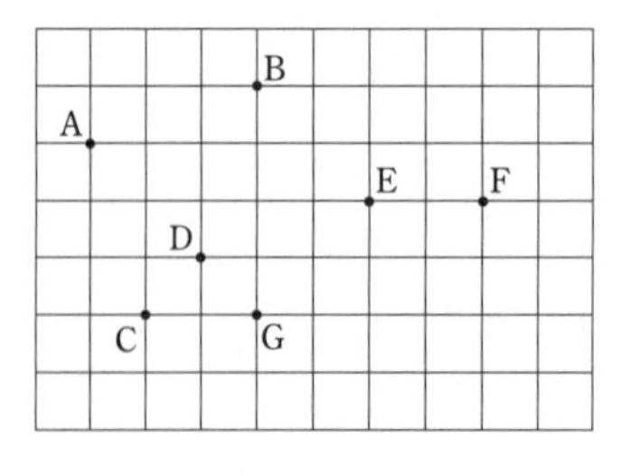

(イ) $\overrightarrow{AB}=\overrightarrow{GX}$ を満たす点X，$\overrightarrow{AB}=\overrightarrow{YG}$ を満たす点Yをそれぞれ図示せよ．

5分

◆2 ベクトルの和，差，実数倍

$\vec{a}$，$\vec{b}$ をそれぞれ右図の矢印で表されるベクトルとする．このとき，次の $\vec{c}$，$\vec{d}$，$\vec{e}$ を，O を始点とする矢印で表せ．

（1） $\vec{c}=3\vec{a}$

（2） $\vec{d}=\vec{a}+2\vec{b}$

（3） $\vec{e}=2\vec{a}-\vec{b}$

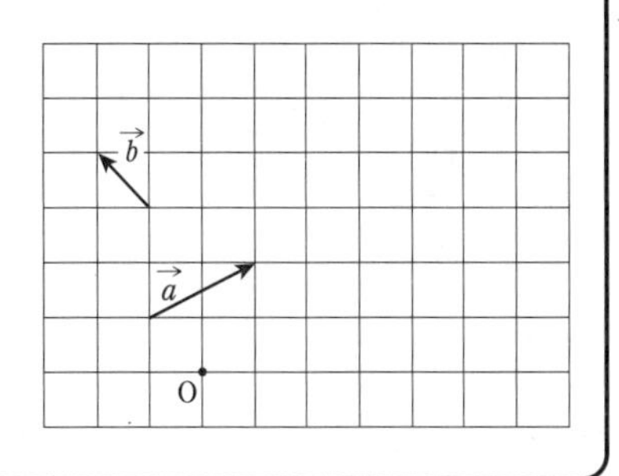

（ベクトルの実数倍） ベクトル $\vec{a}$ に対して，$k\vec{a}$ は，

- $k>0$ のときは $\vec{a}$ と同じ向きで大きさが k 倍のベクトル
- $k<0$ のときは $\vec{a}$ と反対向きで大きさが $|k|$ 倍のベクトル

である．

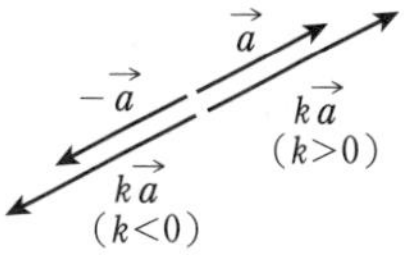

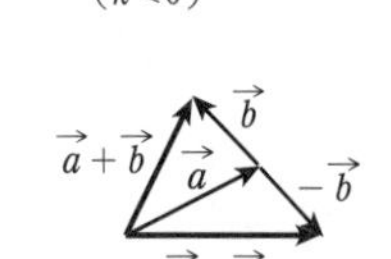

（ベクトルの和と差） ベクトルの和 $\vec{a}+\vec{b}$ は，$\vec{a}$，$\vec{b}$ の順に実行したもの，と考えよう．つまり，$\vec{b}$ の始点が $\vec{a}$ の終点になるように平行移動したとき，$\vec{a}$ の始点から $\vec{b}$ の終点に向かう矢印が $\vec{a}+\vec{b}$ を表す（右図）．本問のように始点 O が定められているときは，まず $\vec{a}$ を平行移動して始点を O にもっていく．

差 $\vec{a}-\vec{b}$ は，$\vec{a}+(-\vec{b})$ である．

解答

（1）

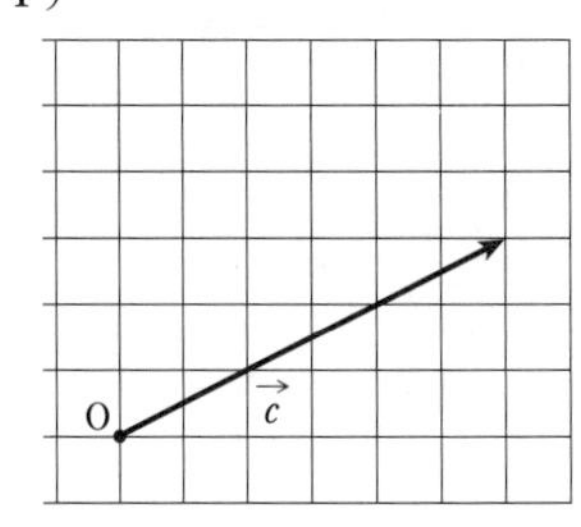

（2）

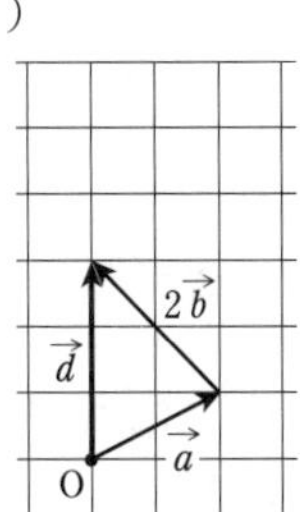

（3）

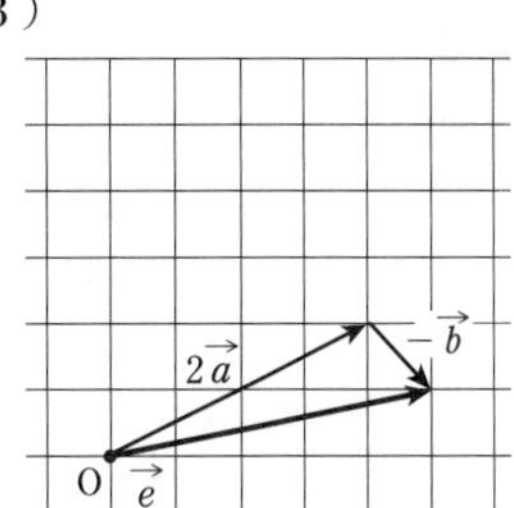

▨ 3 個以上のベクトルの和(差)についても同様で，順番に矢印をつないでいけばよい．また，$\vec{a}+\vec{b}$ は $\vec{b}+\vec{a}$ と同じで，つなぐ順番は変えてもよい．

▶◀2 演習題（解答は p.95）

$\vec{a}$，$\vec{b}$，$\vec{c}$ をそれぞれ右図の矢印で表されるベクトルとする．このとき，次の $\vec{d}$，$\vec{e}$，$\vec{f}$，$\vec{g}$，$\vec{h}$ を，O を始点とする矢印で表せ．

（1） $\vec{d}=2\vec{a}$

（2） $\vec{e}=\dfrac{4}{3}\vec{b}$

（3） $\vec{f}=\vec{a}+\dfrac{2}{3}\vec{b}$

（4） $\vec{g}=-\vec{a}+2\vec{c}$

（5） $\vec{h}=\vec{a}-\dfrac{5}{3}\vec{b}+3\vec{c}$

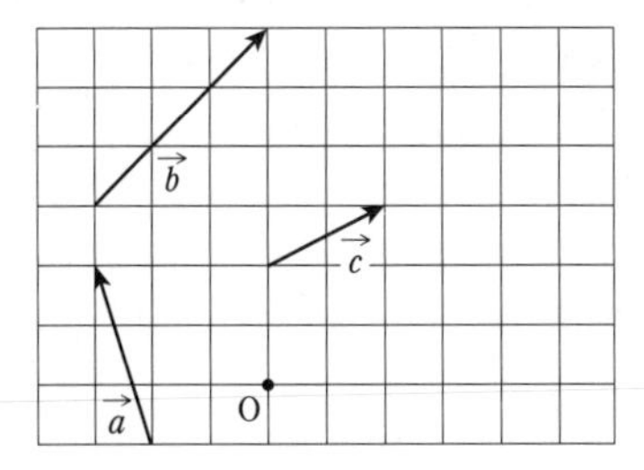

3分

◆3 ベクトルの分解

右図の O，A，B について $\overrightarrow{OA}=\vec{a}$，$\overrightarrow{OB}=\vec{b}$ とする．C，D，E を図のように定めるとき，次の □ にあてはまる実数を求めよ．

（1） $\overrightarrow{OC}=$ □ $\vec{a}+$ □ $\vec{b}$

（2） $\overrightarrow{OD}=$ □ $\vec{a}+$ □ $\vec{b}$

（3） $\overrightarrow{DE}=$ □ $\vec{a}+$ □ $\vec{b}$

（4） $\overrightarrow{CD}=$ □ $\vec{a}+$ □ $\vec{b}$

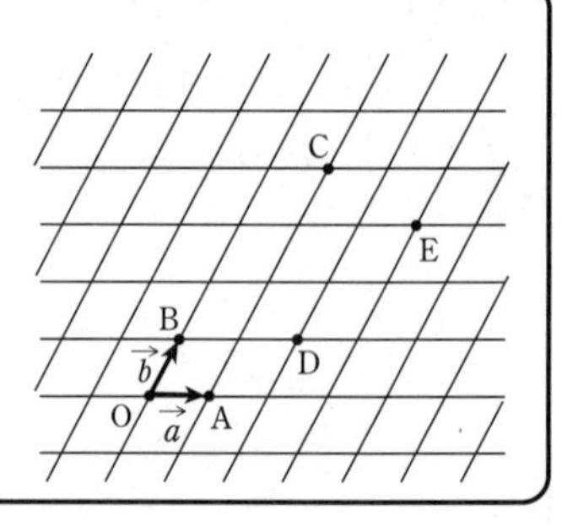

ベクトルの分解のしかた　和の計算の逆であるが，「矢印をつなぐ」と考えるよりも右図の平行四辺形 OA′CB′ を作る方が分解をイメージしやすい．OA′CB′ は平行四辺形なので，$\overrightarrow{A'C}=\overrightarrow{OB'}$ であり，従って，$\overrightarrow{OC}=\overrightarrow{OA'}+\overrightarrow{A'C}=\overrightarrow{OA'}+\overrightarrow{OB'}$ となる．よって，$\overrightarrow{OA'}=s\vec{a}$，$\overrightarrow{OB'}=t\vec{b}$ を満たす s, t を求めればよく（本問では目盛りを読み取る），空欄は順に s，t（の値）が入る．（3），（4）では，始点（D, C）に $\vec{a}$，$\vec{b}$ の始点を合わせよう．

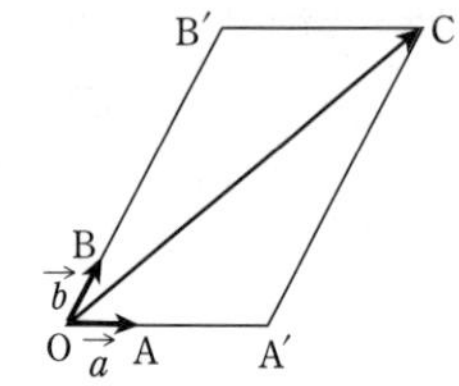

解 答

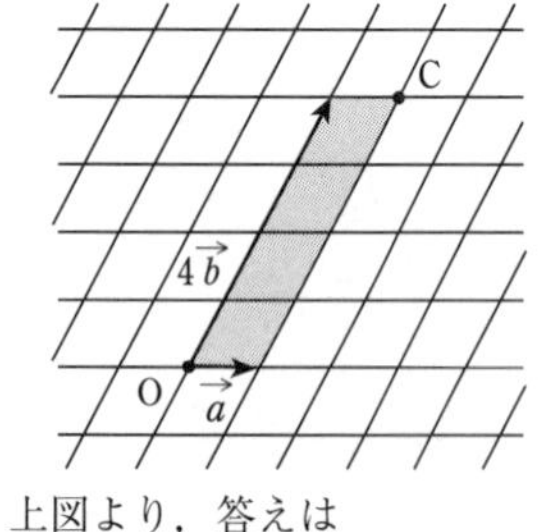

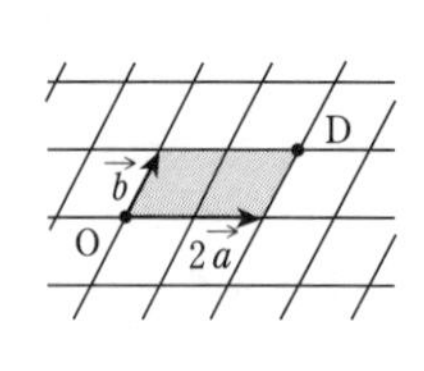

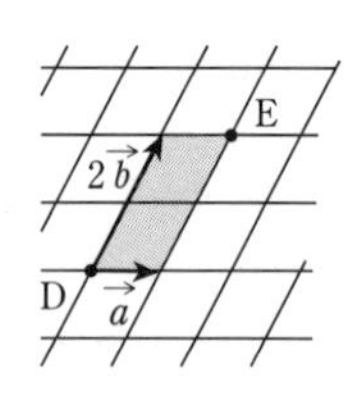

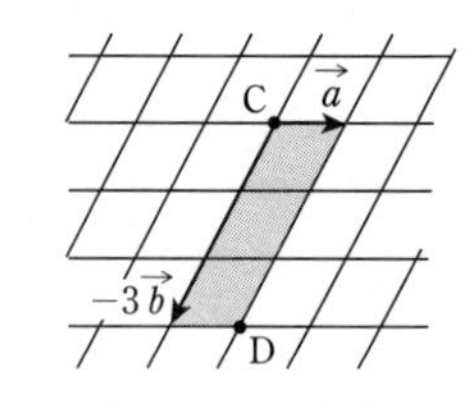

上図より，答えは

（1） $\overrightarrow{OC}=\boldsymbol{\vec{a}+4\vec{b}}$　（2） $\overrightarrow{OD}=\boldsymbol{2\vec{a}+\vec{b}}$　（3） $\overrightarrow{DE}=\boldsymbol{\vec{a}+2\vec{b}}$　（4） $\overrightarrow{CD}=\boldsymbol{\vec{a}-3\vec{b}}$

▨ 解答では，前文の平行四辺形 OA′CB′ にあたるものを網目で示した．

▨（4）は（1）（2）を利用することもできる．$\overrightarrow{OC}+\overrightarrow{CD}=\overrightarrow{OD}$ より，

$\overrightarrow{CD}=\overrightarrow{OD}-\overrightarrow{OC}=(2\vec{a}+\vec{b})-(\vec{a}+4\vec{b})=\vec{a}-3\vec{b}$

◆3 演習題（解答は p.95）

右の図は，正六角形を 3 個合わせたものであり，O は正六角形の中心の点（長い対角線の交点）である．

（1） XA，XB に平行な線をそれぞれ引け．

（2） $\overrightarrow{XA}=\vec{a}$，$\overrightarrow{XB}=\vec{b}$ とする．C，D，E を図のように定めるとき，次の □ にあてはまる実数を求めよ．

（i） $\overrightarrow{XO}=$ □ $\vec{a}+$ □ $\vec{b}$

（ii） $\overrightarrow{XD}=$ □ $\vec{a}+$ □ $\vec{b}$

（iii） $\overrightarrow{CE}=$ □ $\vec{a}+$ □ $\vec{b}$

（iv） $\overrightarrow{DE}=$ □ $\vec{a}+$ □ $\vec{b}$

（v） $\overrightarrow{CD}=$ □ $\vec{a}+$ □ $\vec{b}$

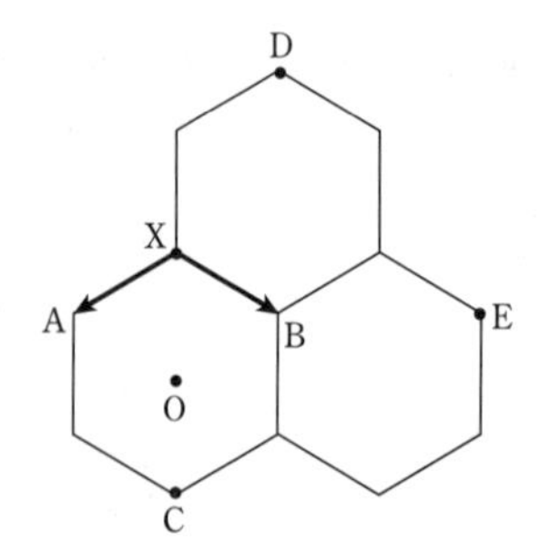

（1）は例題のように等間隔に引いてみよう．そして，（2）は目盛りを読み取って空欄を埋める．なお，空欄に 0，1 などが入ることもある．

8分

◆4 ベクトルの式変形／始点の変更など

（ア） $\overrightarrow{AP}+2\overrightarrow{BP}+3\overrightarrow{CP}=\vec{0}$ が成り立つとき，$\overrightarrow{AP}$ を $\overrightarrow{AB}$ と $\overrightarrow{AC}$ で表せ．

（イ） 等式 $\overrightarrow{AC}+\overrightarrow{EB}+\overrightarrow{DA}=\overrightarrow{DB}+\overrightarrow{EC}$ が成り立つことを証明せよ．

（ベクトルの始点の変更） （イ）はベクトルを図示して解くこともできる（☞▨）が，（ア）はその方針では厳しい．この問題は，機械的な式変形で解くことができる．

（ア）は，「$\overrightarrow{AP}$ を $\overrightarrow{AB}$ と $\overrightarrow{AC}$ で表せ」だから，左辺を $\overrightarrow{AP}$，$\overrightarrow{AB}$，$\overrightarrow{AC}$ だけにすればよいのだが，この3つのベクトルをよく見ると始点がすべてAになっている．そこで，始点をAにする変形ができないか，と考えてみよう．

一般のA，X，Y（何でもよい）に対して，$\overrightarrow{AX}+\overrightarrow{XY}=\overrightarrow{AY}$ であるから，

$$\overrightarrow{XY}=\overrightarrow{AY}-\overrightarrow{AX}$$

が成り立つ．

（ア）は上の公式を使う．

（イ）も，始点を統一すれば解ける．何に統一してもよいが，ここではAにする．

なお，$\vec{0}$（零ベクトル）は始点と終点が一致するベクトルのこと（点の記号を使って表すなら，例えば $\overrightarrow{AA}$）で，実数の0にあたるものだと思って式変形すればよい．

解 答

（ア） $\overrightarrow{AP}+2\overrightarrow{BP}+3\overrightarrow{CP}=\vec{0}$ の始点をAにすると，

$$\overrightarrow{AP}+2(\overrightarrow{AP}-\overrightarrow{AB})+3(\overrightarrow{AP}-\overrightarrow{AC})=\vec{0}$$

$$\therefore\ 6\overrightarrow{AP}=2\overrightarrow{AB}+3\overrightarrow{AC}$$

$$\therefore\ \boldsymbol{\overrightarrow{AP}=\frac{1}{3}\overrightarrow{AB}+\frac{1}{2}\overrightarrow{AC}}$$

（イ） 始点をAにすると，

左辺：$\overrightarrow{AC}+\overrightarrow{EB}+\overrightarrow{DA}=\overrightarrow{AC}+(\overrightarrow{AB}-\overrightarrow{AE})-\overrightarrow{AD}$

$=\overrightarrow{AB}+\overrightarrow{AC}-\overrightarrow{AD}-\overrightarrow{AE}$

右辺：$\overrightarrow{DB}+\overrightarrow{EC}=(\overrightarrow{AB}-\overrightarrow{AD})+(\overrightarrow{AC}-\overrightarrow{AE})$

$=\overrightarrow{AB}+\overrightarrow{AC}-\overrightarrow{AD}-\overrightarrow{AE}$

となるので，問題の等式は成り立つ．

・前文の公式の意味
$\overrightarrow{XY}$ はXからYへ行く，と考えよう．Aを経由するとすれば，
X→A→Y
となるので，
$\overrightarrow{XY}$
$=\overrightarrow{XA}+\overrightarrow{AY}$
$=-\overrightarrow{AX}+\overrightarrow{AY}$
$=\overrightarrow{AY}-\overrightarrow{AX}$
となる．

▨ A～Eを右図の点とし，FをCEBFが平行四辺形になるようにとる．このとき，

$\overrightarrow{EB}=\overrightarrow{CF}$ だから，

（左辺）$=\overrightarrow{DA}+\overrightarrow{AC}+\overrightarrow{CF}=\overrightarrow{DF}$

$\overrightarrow{EC}=\overrightarrow{BF}$ だから，

（右辺）$=\overrightarrow{DB}+\overrightarrow{BF}=\overrightarrow{DF}$

となって確かに一致している．

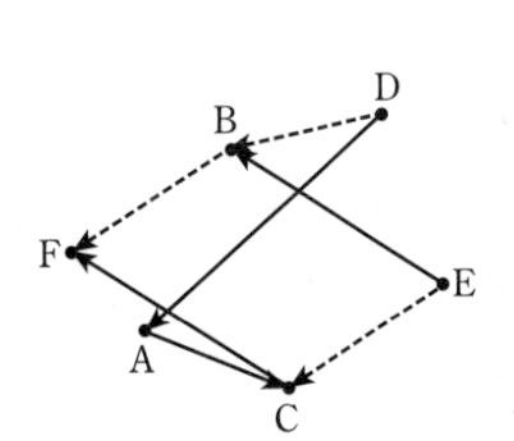

◀4 演習題（解答は p.96）

（ア） $2\overrightarrow{AP}+3\overrightarrow{BP}+4\overrightarrow{CP}=\vec{0}$ が成り立つとき，$\overrightarrow{AP}$ を $\overrightarrow{AB}$ と $\overrightarrow{AC}$ で表せ．

（イ） 等式 $\overrightarrow{DA}+\overrightarrow{CB}+\overrightarrow{ED}=\overrightarrow{CA}+\overrightarrow{AB}+\overrightarrow{EA}$ が成り立つことを証明せよ．

（ウ） A，Bを定点とする．$\overrightarrow{AX}=\overrightarrow{XB}$ を満たすXはどのような点か．

6分

◆5 内分点・外分点

△ABCにおいて，ABを1:2に内分する点をD，BCを5:2に外分する点をE，CAを4:5に内分する点をFとする．

（1） $\overrightarrow{AB}$ と $\overrightarrow{AC}$ を用いて $\overrightarrow{AD}$，$\overrightarrow{AE}$，$\overrightarrow{AF}$ を表せ．

（2） D，F，Eは一直線上にあることを示し，DF：FEを求めよ．

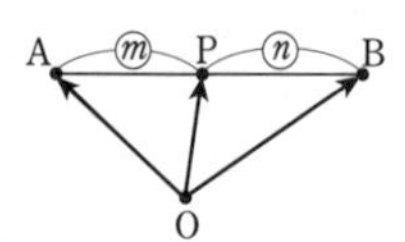

（内分点の公式） m，n を正の実数とする．定点A，Bに対し，ABを $m:n$ に内分する点Pは，（定義から）$\overrightarrow{AP}=\dfrac{m}{m+n}\overrightarrow{AB}$……※ と表される．実際には，A，BがA以外の点を始点とするベクトルで表されていることが多く，※の始点をOに変更した次の式を覚えるとよいだろう．$\overrightarrow{OA}=\vec{a}$，$\overrightarrow{OB}=\vec{b}$ とすると，※は，

$\overrightarrow{OP}-\vec{a}=\dfrac{m}{m+n}(\vec{b}-\vec{a})$．つまり，$\overrightarrow{OP}=\dfrac{n\vec{a}+m\vec{b}}{m+n}$ となる．

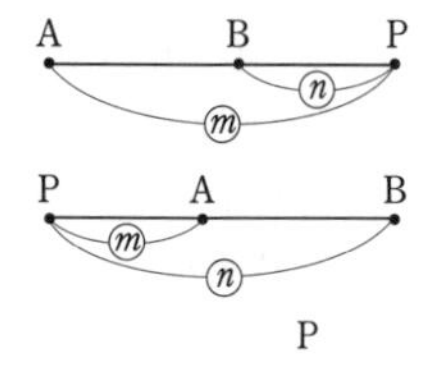

ABを $m:n$ に外分する点Pは，$\overrightarrow{AP}=\dfrac{m}{m-n}\overrightarrow{AB}$ と表され（m と n の大小によらず成立），$m:(-n)$ に内分とした式（※の n を $-n$ にした式）と同じである．従って，Oを始点にすると $\overrightarrow{OP}=\dfrac{-n\vec{a}+m\vec{b}}{m-n}$

（一直線上にあることを示すには） 右図のA，B，Cが一直線上にあることを示すには，$\overrightarrow{AC}=k\overrightarrow{AB}$ となる実数 k が存在することを言えばよい．もし $k>1$ であれば，A，B，Cはこの順に並び，AB：BC=1：$(k-1)$ となる．

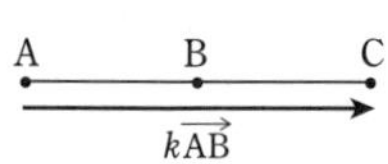

解 答

（1） $\overrightarrow{\mathbf{AD}}=\dfrac{\mathbf{1}}{\mathbf{3}}\overrightarrow{\mathbf{AB}}$，

$\overrightarrow{\mathbf{AE}}=\dfrac{-2\overrightarrow{AB}+5\overrightarrow{AC}}{5-2}=-\dfrac{\mathbf{2}}{\mathbf{3}}\overrightarrow{\mathbf{AB}}+\dfrac{\mathbf{5}}{\mathbf{3}}\overrightarrow{\mathbf{AC}}$

$\overrightarrow{\mathbf{AF}}=\dfrac{\mathbf{5}}{\mathbf{9}}\overrightarrow{\mathbf{AC}}$

（2）（1）より

$\overrightarrow{DE}=\overrightarrow{AE}-\overrightarrow{AD}=-\overrightarrow{AB}+\dfrac{5}{3}\overrightarrow{AC}$，

$\overrightarrow{DF}=\overrightarrow{AF}-\overrightarrow{AD}=-\dfrac{1}{3}\overrightarrow{AB}+\dfrac{5}{9}\overrightarrow{AC}$

となるので，$\overrightarrow{DE}=3\overrightarrow{DF}$ である．よって，D，F，Eは一直線上にあり，**DF：FE=1：2**

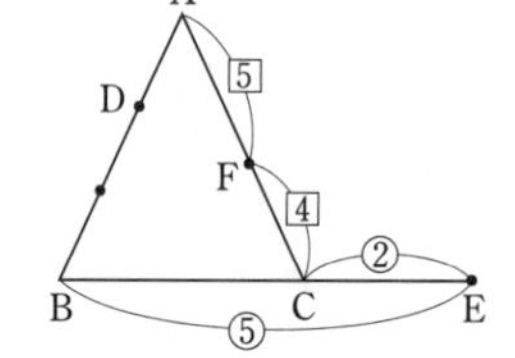

▨（2） メネラウスの定理の逆を用いて前半（一直線上）を示し，再びメネラウスの定理を用いて後半（比）を求めることもできるが，ここではベクトルを利用する．

▶5 演習題（解答は p.96）

平行四辺形ABCDにおいて，ADを4：1に外分する点をE，DCの中点をF，ACを4：1に内分する点をG，BCを2：1に内分する点をHとする．

（1） $\overrightarrow{AB}$ と $\overrightarrow{AD}$ を用いて $\overrightarrow{AE}$，$\overrightarrow{AF}$，$\overrightarrow{AG}$，$\overrightarrow{AH}$ を表せ．

（2） E，F，G，Hは一直線上にあることを示し，EF：FG：GHを求めよ．

8分

◆6 直線上の点の表現

△ABCと，$\overrightarrow{\mathrm{AD}}=\frac{1}{4}\overrightarrow{\mathrm{AB}}+\frac{1}{2}\overrightarrow{\mathrm{AC}}$ を満たす点Dについて以下の問いに答えよ．

（1） 直線CDと直線ABの交点をEとするとき，AE：EBを求めよ．

（2） 直線ADと直線BCの交点をFとするとき，AD：DFおよびBF：FCを求めよ．

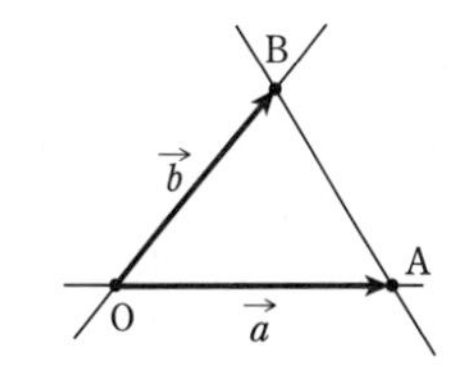

（直線上の点を媒介変数で表す） △OABにおいて，$\overrightarrow{\mathrm{OA}}=\vec{a}$，$\overrightarrow{\mathrm{OB}}=\vec{b}$ とする．この平面上の点Pは，◆3のように考えると $\overrightarrow{\mathrm{OP}}=s\vec{a}+t\vec{b}$（$s$，$t$ は実数）と表されるが，s，t の決まり方から

　　Pが直線OA上 $\Longleftrightarrow t=0$，　　Pが直線OB上 $\Longleftrightarrow s=0$

となることは容易にわかる．

次に，Pが直線AB上にあるための条件を考えよう．Pが直線AB上にあるとき，$\overrightarrow{\mathrm{AP}}=u\overrightarrow{\mathrm{AB}}$ と書けるから，始点をOにすると $\overrightarrow{\mathrm{OP}}-\overrightarrow{\mathrm{OA}}=u(\overrightarrow{\mathrm{OB}}-\overrightarrow{\mathrm{OA}})$，つまり $\overrightarrow{\mathrm{OP}}=(1-u)\vec{a}+u\vec{b}$ と表せる．従って，$s=1-u$，$t=u$ であり，$s+t=1$ が成り立つ．

逆に $s+t=1$ であれば $s=1-t$ であるから，$\overrightarrow{\mathrm{OP}}=(1-t)\vec{a}+t\vec{b}$ は $\overrightarrow{\mathrm{OP}}-\vec{a}=t(\vec{b}-\vec{a})$，つまり $\overrightarrow{\mathrm{AP}}=t\overrightarrow{\mathrm{AB}}$ となってPは直線AB上にある．よって，

　　Pが直線AB上にある $\Longleftrightarrow s+t=1$　［係数の和が1］

となる．

例題の(1)は，$\overrightarrow{\mathrm{AE}}=\overrightarrow{\mathrm{AC}}+x\overrightarrow{\mathrm{CD}}$ とおいて右辺を $\overrightarrow{\mathrm{AB}}$ と $\overrightarrow{\mathrm{AC}}$ で表し，$\overrightarrow{\mathrm{AC}}$ の係数が0となる x の値を求める．(2)は $\overrightarrow{\mathrm{AF}}=y\overrightarrow{\mathrm{AD}}$ とおいて「係数の和が1」を用いるとよい．

解答

（1） $\overrightarrow{\mathrm{AE}}=\overrightarrow{\mathrm{AC}}+x\overrightarrow{\mathrm{CD}}$ とおくと，右辺は

⇦$\overrightarrow{\mathrm{CE}}=x\overrightarrow{\mathrm{CD}}$ とおいた

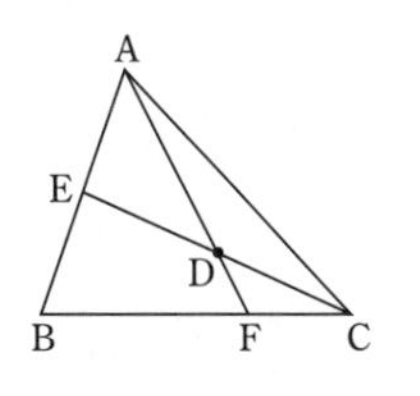

$\overrightarrow{\mathrm{AC}}+x(\overrightarrow{\mathrm{AD}}-\overrightarrow{\mathrm{AC}})$

$=\overrightarrow{\mathrm{AC}}+x\left(\frac{1}{4}\overrightarrow{\mathrm{AB}}-\frac{1}{2}\overrightarrow{\mathrm{AC}}\right)=\frac{x}{4}\overrightarrow{\mathrm{AB}}+\left(1-\frac{1}{2}x\right)\overrightarrow{\mathrm{AC}}$

これの $\overrightarrow{\mathrm{AC}}$ の係数が0だから，$x=2$ で $\overrightarrow{\mathrm{AE}}=\frac{1}{2}\overrightarrow{\mathrm{AB}}$

よって，EはABの中点で **AE：EB=1：1**

（2） $\overrightarrow{\mathrm{AF}}=y\overrightarrow{\mathrm{AD}}=y\left(\frac{1}{4}\overrightarrow{\mathrm{AB}}+\frac{1}{2}\overrightarrow{\mathrm{AC}}\right)=\frac{y}{4}\overrightarrow{\mathrm{AB}}+\frac{y}{2}\overrightarrow{\mathrm{AC}}$ と書け，FはBC上にあるから，$\frac{y}{4}+\frac{y}{2}=1$，つまり $\frac{3}{4}y=1$ で $y=\frac{4}{3}$ となる．

$\overrightarrow{\mathrm{AF}}=\frac{4}{3}\overrightarrow{\mathrm{AD}}$ より，**AD：DF=3：1**

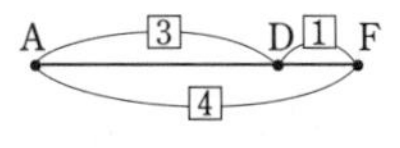

⇦DF=AF−AD
　=4−3

$\overrightarrow{\mathrm{AF}}=\frac{1}{3}\overrightarrow{\mathrm{AB}}+\frac{2}{3}\overrightarrow{\mathrm{AC}}$ より，（内分点の公式から）**BF：FC=2：1**

⇦$\overrightarrow{\mathrm{AF}}=\frac{1\cdot\overrightarrow{\mathrm{AB}}+2\cdot\overrightarrow{\mathrm{AC}}}{2+1}$

▶◀6 演習題（解答はp.97）

△ABCにおいて，ACを3：1に内分する点をD，BDの中点をEとする．

（1） $\overrightarrow{\mathrm{AE}}$ を $\overrightarrow{\mathrm{AB}}$ と $\overrightarrow{\mathrm{AC}}$ で表せ．

（2） 直線CEと直線ABの交点をFとするとき，AF：FBを求めよ．

（3） 直線AEと直線BCの交点をGとするとき，AE：EGおよびBG：GCを求めよ．

（4） $\overrightarrow{\mathrm{AE}}=p\overrightarrow{\mathrm{AF}}+q\overrightarrow{\mathrm{AD}}$ を満たす実数 p，q を求めよ．

（5） 直線FDと直線AEの交点をHとするとき，AH：HEおよびFH：HDを求めよ．

🕒15分

◆7 交点

三角形OABにおいて，辺OAを1：2に内分する点をC，辺OBを3：1に内分する点をDとし，線分ADと線分BCの交点をPとする．ベクトル$\overrightarrow{OP}$を$\overrightarrow{OA}$，$\overrightarrow{OB}$を用いて表せば，
$\overrightarrow{OP}=$ □ $\overrightarrow{OA}+$ □ $\overrightarrow{OB}$である．　　（摂南大・理工，薬）

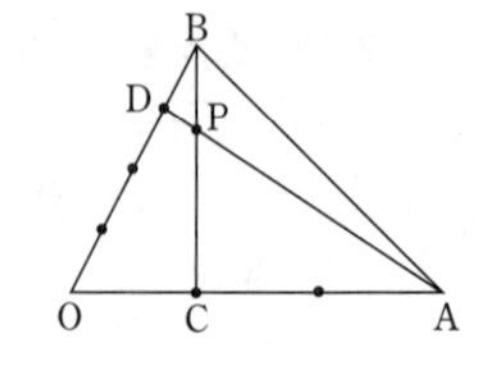

（交点の求め方）Pが2つの直線AD，BCの上にあることをベクトルで表そう．PがAD上にあることから，$\overrightarrow{OP}=(1-s)\overrightarrow{OA}+s\overrightarrow{OD}$ …………①
と書ける．また，BC上にあることから$\overrightarrow{OP}=(1-t)\overrightarrow{OB}+t\overrightarrow{OC}$ …………②
と書ける．しかし，このままでは進展しない．

①②の右辺を2つの（決まった）ベクトルで表すのがポイント．答える形から，$\overrightarrow{OA}$と$\overrightarrow{OB}$で表してみよう．

①$=\square\overrightarrow{OA}+\triangle\overrightarrow{OB}$，②$=\blacksquare\overrightarrow{OA}+\blacktriangle\overrightarrow{OB}$となったとする．この2つが同じベクトルを表すのだから，係数（□，△など）の決まり方（☞◆3）を考えれば，□＝■，△＝▲でなければならないことがわかる．これ（s，tの連立方程式）を解けばよい．

係数比較をしてよいのは，O，A，Bが三角形を作る，すなわち，「$\overrightarrow{OA}\neq\vec{0}$，$\overrightarrow{OB}\neq\vec{0}$かつ$\overrightarrow{OA}$と$\overrightarrow{OB}$は平行でない」からである．答案には，係数比較できる理由（「　」内）を書こう．

解答

PはAD上，BC上にあるから，

$\overrightarrow{OP}=(1-s)\overrightarrow{OA}+s\overrightarrow{OD}$ …………①

$\overrightarrow{OP}=(1-t)\overrightarrow{OB}+t\overrightarrow{OC}$ …………②

（s，tは実数）と書ける．

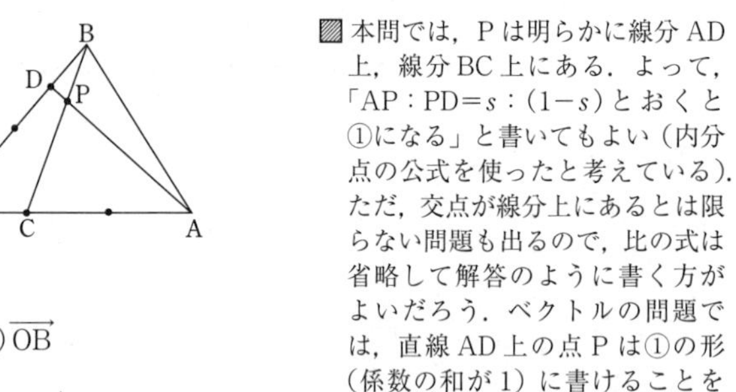

$\overrightarrow{OD}=\frac{3}{4}\overrightarrow{OB}$，$\overrightarrow{OC}=\frac{1}{3}\overrightarrow{OA}$より

①$=(1-s)\overrightarrow{OA}+\frac{3}{4}s\overrightarrow{OB}$，　　②$=\frac{1}{3}t\overrightarrow{OA}+(1-t)\overrightarrow{OB}$

これらが一致することと，$\overrightarrow{OA}\neq\vec{0}$，$\overrightarrow{OB}\neq\vec{0}$かつ$\overrightarrow{OA}$と$\overrightarrow{OB}$は平行でないことから，

$$1-s=\frac{1}{3}t,\ \frac{3}{4}s=1-t \qquad \therefore\ 1-s=\frac{1}{3}\left(1-\frac{3}{4}s\right)$$

これを解くと$s=\frac{8}{9}$なので，$\boldsymbol{\overrightarrow{OP}=\frac{1}{9}\overrightarrow{OA}+\frac{2}{3}\overrightarrow{OB}}$

▨本問では，Pは明らかに線分AD上，線分BC上にある．よって，「AP：PD＝s：$(1-s)$とおくと①になる」と書いてもよい（内分点の公式を使ったと考えている）．ただ，交点が線分上にあるとは限らない問題も出るので，比の式は省略して解答のように書く方がよいだろう．ベクトルの問題では，直線AD上の点Pは①の形（係数の和が1）に書けることを前提としてかまわない．

▶7 演習題 （解答はp.97）

（ア）△OABにおいて，辺OAを2：1に内分する点をC，辺OBを2：3に内分する点をDとし，線分ADと線分BCの交点をPとする．$\overrightarrow{OP}$を$\overrightarrow{OA}$，$\overrightarrow{OB}$を用いて表せ．

（イ）△OABにおいて，OBを2：1に内分する点をD，ABを12：7に内分する点をEとする．また，辺OA上に点Xをとり，ADとBXの交点をP，BXとOEの交点をQとする．$\overrightarrow{OA}=\vec{a}$，$\overrightarrow{OB}=\vec{b}$，$\overrightarrow{OX}=x\vec{a}$（$0<x<1$）として以下の問いに答えよ．

（1）$\overrightarrow{OP}$を$\vec{a}$，$\vec{b}$，xで表せ．

（2）$\overrightarrow{OQ}$を$\vec{a}$，$\vec{b}$，xで表せ．

（3）QがPXの中点になるとき，xの値を求めよ．

🕒ア　4分
イ　12分

◆8 位置ベクトル／重心

△ABC の辺 BC，CA，AB を 3：2 に内分する点をそれぞれ D，E，F とする．このとき，△DEF の重心は △ABC の重心と一致することを示せ．

重心のベクトル表示　△ABC の重心を G とすると，G は中線 AM（M は BC の中点）を 2：1 に内分する点であったから，ベクトルの始点を A にすると

$$\overrightarrow{AM}=\frac{1}{2}(\overrightarrow{AB}+\overrightarrow{AC}),\quad \overrightarrow{AG}=\frac{2}{3}\overrightarrow{AM}=\frac{1}{3}(\overrightarrow{AB}+\overrightarrow{AC})$$

という表示が得られる．

位置ベクトルで表示すると　A，B，C の位置ベクトルをそれぞれ $\vec{a}$，$\vec{b}$，$\vec{c}$ とする．つまり，始点 O を（この平面上に）固定し，$\overrightarrow{OA}=\vec{a}$，$\overrightarrow{OB}=\vec{b}$，$\overrightarrow{OC}=\vec{c}$ とすると，

$$\overrightarrow{OM}=\frac{1}{2}(\vec{b}+\vec{c}),\quad \overrightarrow{OG}=\frac{2\overrightarrow{OM}+\overrightarrow{OA}}{3}=\frac{1}{3}(\vec{a}+\vec{b}+\vec{c})$$

が得られる．

なぜ位置ベクトルを使うのか　例題は，A を始点にして解くことができるが，ここでは位置ベクトルを設定して示す．理由は，重心が A，B，C に関して対等だから，また，D，E，F が同じ形で定義されているからである．このようなときに位置ベクトルを用いると，$\vec{a}$，$\vec{b}$，$\vec{c}$ について対等なものが出てきて見通しがよい．出てくるベクトルが 1 つ増えてしまったとしても，同じ係数の式（例えば，上の $\overrightarrow{OG}$ の式は係数がすべて $\frac{1}{3}$）や同じ形の式（傍注参照）になることのメリットが大きいと言える．

解答

A，B，C の位置ベクトルをそれぞれ $\vec{a}$，$\vec{b}$，$\vec{c}$ とすると，△ABC の重心の位置ベクトルは

$$\frac{1}{3}(\vec{a}+\vec{b}+\vec{c})$$

また，D，E，F の位置ベクトルは，

$$\text{D}:\frac{2}{5}\vec{b}+\frac{3}{5}\vec{c},\quad \text{E}:\frac{2}{5}\vec{c}+\frac{3}{5}\vec{a}$$

$$\text{F}:\frac{2}{5}\vec{a}+\frac{3}{5}\vec{b}$$

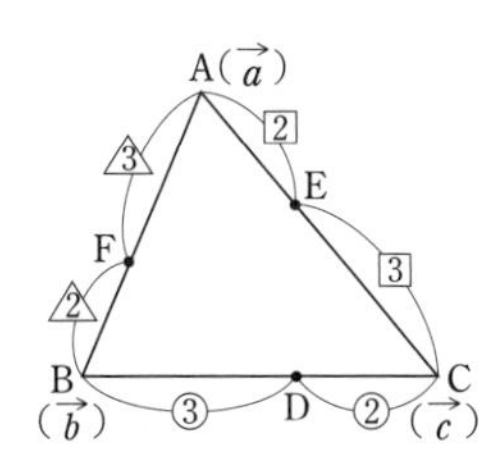

となるから，△DEF の重心の位置ベクトルは，

$$\frac{1}{3}\left\{\left(\frac{2}{5}\vec{b}+\frac{3}{5}\vec{c}\right)+\left(\frac{2}{5}\vec{c}+\frac{3}{5}\vec{a}\right)+\left(\frac{2}{5}\vec{a}+\frac{3}{5}\vec{b}\right)\right\}=\frac{1}{3}(\vec{a}+\vec{b}+\vec{c})$$

これは △ABC の重心の位置ベクトルと一致するから，題意は示された．

▨ A の位置ベクトルが $\vec{a}$ であることを A($\vec{a}$) と表す．

⇦係数が同じで文字が入れかわっていることに着目しよう．B($\vec{b}$)，C($\vec{c}$)，D の位置関係 と C($\vec{c}$)，A($\vec{a}$)，E の位置関係は同じ．よって，D の位置ベクトルで $\vec{b}$⇨$\vec{c}$，$\vec{c}$⇨$\vec{a}$ としたものが E の位置ベクトルになる．

▶8 演習題 （解答は p.98）

相異なる 4 点 A，B，C，D があり，それらの位置ベクトルをそれぞれ $\vec{a}$，$\vec{b}$，$\vec{c}$，$\vec{d}$ とする．△ABC の重心を G_1，△ABD の重心を G_2，△ACD の重心を G_3，△BCD の重心を G_4 として以下の問いに答えよ．

（1） G_1，G_2，G_3，G_4 の位置ベクトルをそれぞれ求めよ．

（2） G_1G_3 の中点と G_2G_4 の中点が一致するとき，$\vec{a}+\vec{c}=\vec{b}+\vec{d}$ であることを示せ．

（3） （2）のとき，四角形 ABCD は平行四辺形であることを示せ．

🕒 6 分

◆9 ベクトルの成分

（ア）$\vec{a}=(3,\ 2)$，$\vec{b}=(1,\ -3)$のとき，$\vec{c}=(5,\ 7)$を$s\vec{a}+t\vec{b}$の形で表せ．

（イ）A(1, 1)，B(4, −1)，C(5, 3)，Dを頂点とする平行四辺形ABCDがある．このとき，Dの座標と，この平行四辺形の周の長さを求めよ．

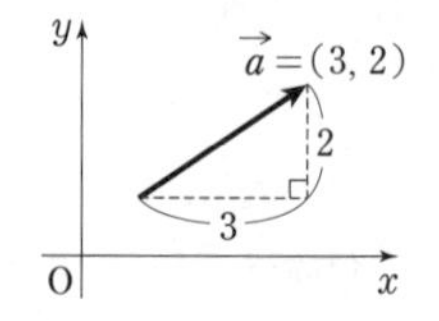

（成分表示されたベクトルの演算） ベクトルの成分が与えられているときは，座標平面に矢印を置いて考えよう．$\vec{a}=(3,\ 2)$であれば，x軸方向に3，y軸方向に2進む（始点と終点を結んだ）矢印となる．演算について，成分表示されたベクトルの和，差，実数倍は，成分ごとの和，差，実数倍になる．つまり

$\vec{a}=(a_1,\ a_2)$，$\vec{b}=(b_1,\ b_2)$と実数kに対して

$$\vec{a}+\vec{b}=(a_1+b_1,\ a_2+b_2),\ \vec{a}-\vec{b}=(a_1-b_1,\ a_2-b_2),\ k\vec{a}=(ka_1,\ ka_2)$$

となる（解答の横の図も参照）．

また，ベクトルの大きさは矢印の長さであるから，上記の$\vec{a}$について$|\vec{a}|=\sqrt{a_1{}^2+a_2{}^2}$となる．

（平行四辺形の3点から残りの1点を求めるときは） 例題（イ）は，平行四辺形ABCDという言い方をしているので，A，B，C，Dがこの順に並ぶ．従って，Dは右図のように決まり，$\overrightarrow{AD}=\overrightarrow{BC}$を用いてDの座標を求める（D′，D″は並び順が違うので不適）．

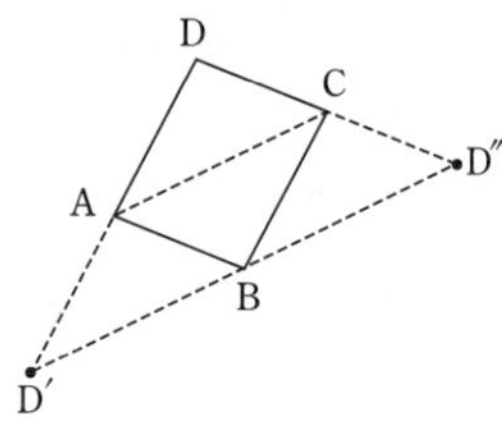

イメージとしては，点A（の座標）＋ベクトル$\overrightarrow{AD}$が点D（の座標）となるのだが，点＋ベクトル　は定義されないので，$\overrightarrow{OD}=\overrightarrow{OA}+\overrightarrow{AD}$という形式で書く．ただ，点の座標とベクトルは見た目の表し方が同じなので，どちらも$(3,\ 2)+\overrightarrow{AD}$という式になる．

解　答

（ア）$\vec{a}=(3,\ 2)$，$\vec{b}=(1,\ -3)$のとき，

$s\vec{a}+t\vec{b}=s(3,\ 2)+t(1,\ -3)=(3s+t,\ 2s-3t)$

これが$\vec{c}=(5,\ 7)$に等しいとき，

$3s+t=5$ ……①，$2s-3t=7$ ……②

①からtをsで表して②に代入すると，$2s-3(5-3s)=7$

$\therefore\ 11s=22\qquad \therefore\ s=2\qquad \therefore\ t=-1$

答えは，$\boldsymbol{\vec{c}=2\vec{a}-\vec{b}}$

（イ）ABCDは平行四辺形だから

$\overrightarrow{BC}=(5,\ 3)-(4,\ -1)=(1,\ 4)=\overrightarrow{AD}$

$\therefore\ \overrightarrow{OD}=\overrightarrow{OA}+\overrightarrow{AD}=(1,\ 1)+(1,\ 4)=(2,\ 5)$

従って，**D(2, 5)**

また，$\overrightarrow{AB}=(4,\ -1)-(1,\ 1)=(3,\ -2)$

だから　$AB=|\overrightarrow{AB}|=\sqrt{9+4}=\sqrt{13}$，

$BC=\sqrt{1+16}=\sqrt{17}$であり，求める周の長さは$\boldsymbol{2(\sqrt{13}+\sqrt{17})}$

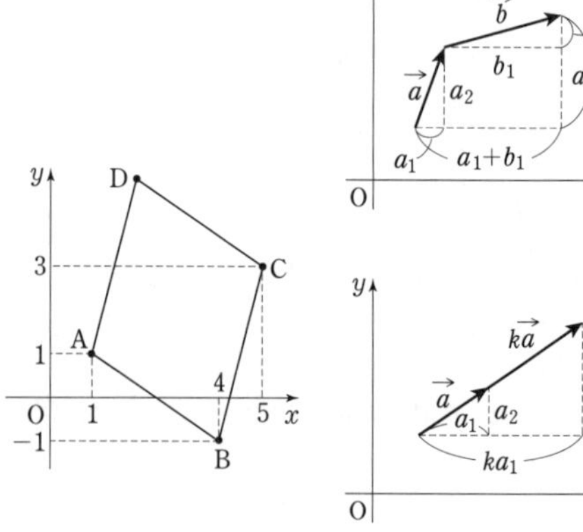

▶◀9 演習題（解答はp.98）

（ア）$\vec{a}=(1,\ 3)$，$\vec{b}=(-2,\ 5)$のとき，$\vec{c}=(10,\ -3)$を$s\vec{a}+t\vec{b}$の形で表せ．

（イ）A(5, 0)，B(0, 5)，C(−2, 1)，G(1, 2)とし，点P，Q，Rを四角形GBPC，GCQA，GARBがすべて平行四辺形になるように定める．

（1）P，Q，Rの座標をそれぞれ求めよ．

（2）六角形ARBPCQの周の長さを求めよ．

（3）△PQRの重心の座標を求めよ．

ア 2分
イ 7分

◐ 10 内積

右図は１辺の長さが２の正六角形である．

（１） AC，AD の長さを求めよ．

（２） 次の内積を求めよ．

（ｉ） $\overrightarrow{AB}\cdot\overrightarrow{AC}$　　　（ii） $\overrightarrow{AB}\cdot\overrightarrow{AD}$

（iii） $\overrightarrow{BF}\cdot\overrightarrow{CD}$　　　（iv） $\overrightarrow{AB}\cdot\overrightarrow{BD}$

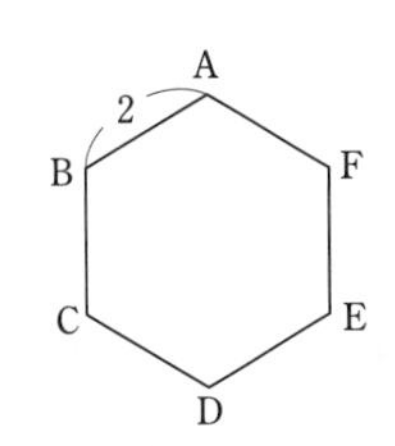

内積の定義　２つのベクトル $\vec{a}$，$\vec{b}$ に対して，内積 $\vec{a}\cdot\vec{b}$ は次のように定められる．

$$\vec{a}\cdot\vec{b}=|\vec{a}||\vec{b}|\cos\theta$$

ただし，θ は $\vec{a}$ と $\vec{b}$ のなす角であり，これは「$\vec{a}$ と $\vec{b}$ の始点を合わせたときのその間の角」である．通常，$0^\circ\leqq\theta\leqq180^\circ$ とするが，大きい方の角（図の破線）にしても［$\cos(360^\circ-\theta)=\cos\theta$ だから］内積は同じ値になり，問題ない．

なお，ベクトルどうしのなす角であるから，$\vec{a}$ と $\vec{b}$ が右図のようなときに「$\vec{a}$ と $\vec{b}$ のなす角は φ」としてはいけない．始点を合わせ，$\vec{a}$ と $\vec{b}$ のなす角は θ とするのが正しい．また，この図で $-\vec{a}$ と $\vec{b}$ のなす角は，$\vec{a}$ の向きを反対にして，φ となる．

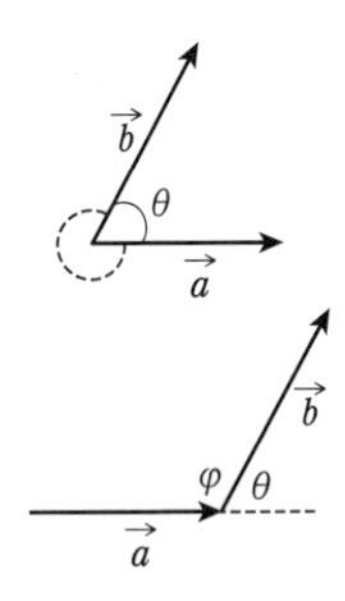

解 答

（１） 正六角形は正三角形６個に分割できるから，右図の・印は 30°．よって，

AC＝$2\sqrt{3}$，AD＝4

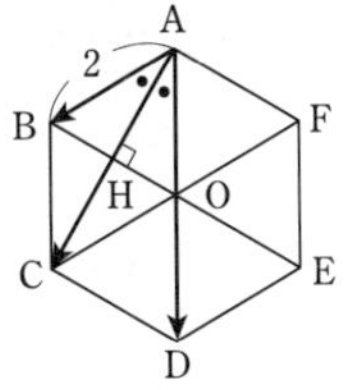

⇦

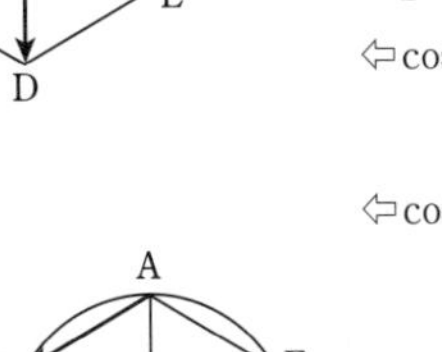

（２）（ｉ） $\overrightarrow{AB}$ と $\overrightarrow{AC}$ のなす角は 30° だから，

$\overrightarrow{AB}\cdot\overrightarrow{AC}=2\cdot2\sqrt{3}\cdot\cos30^\circ=\mathbf{6}$　　⇦$\cos30^\circ=\dfrac{\sqrt{3}}{2}$

（ii） $\overrightarrow{AB}$ と $\overrightarrow{AD}$ のなす角は 60° だから，

$\overrightarrow{AB}\cdot\overrightarrow{AD}=2\cdot4\cdot\cos60^\circ=\mathbf{4}$　　⇦$\cos60^\circ=\dfrac{1}{2}$

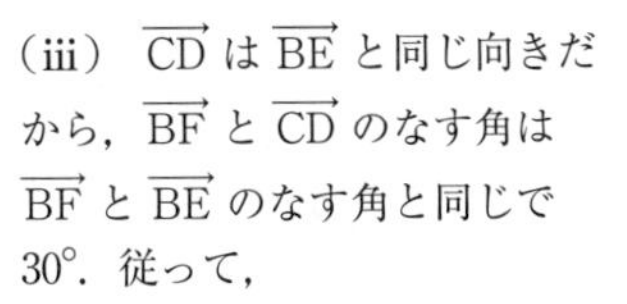

（iii） $\overrightarrow{CD}$ は $\overrightarrow{BE}$ と同じ向きだから，$\overrightarrow{BF}$ と $\overrightarrow{CD}$ のなす角は $\overrightarrow{BF}$ と $\overrightarrow{BE}$ のなす角と同じで 30°．従って，

$\overrightarrow{BF}\cdot\overrightarrow{CD}=2\sqrt{3}\cdot2\cdot\cos30^\circ$

$=\mathbf{6}$

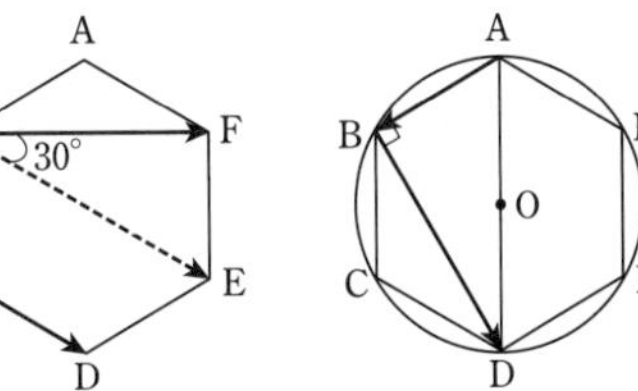

（iv） 正六角形 ABCDEF の外接円を描くと，AD が直径なので ∠ABD＝90°．よって，$\overrightarrow{AB}$ と $\overrightarrow{BD}$ のなす角は 90° であり，$\overrightarrow{AB}\cdot\overrightarrow{BD}=\text{AB}\cdot\text{BD}\cos90^\circ=\mathbf{0}$　　⇦$\cos90^\circ=0$

▶◀ 10 演習題（解答は p.99）

（ア） 例題の正六角形 ABCDEF について，次の内積を求めよ．

（１） $\overrightarrow{AC}\cdot\overrightarrow{AD}$　　　（２） $\overrightarrow{AC}\cdot\overrightarrow{AE}$

（３） $\overrightarrow{AC}\cdot\overrightarrow{BF}$　　　（４） $\overrightarrow{AB}\cdot\overrightarrow{FC}$

（５） $\overrightarrow{BF}\cdot\overrightarrow{EC}$　　　（６） $\overrightarrow{AE}\cdot\overrightarrow{CF}$

（イ） 右図は，１辺の長さが１の正三角形を並べたものである．O，A，B を図のように定めるとき，内積 $\overrightarrow{OA}\cdot\overrightarrow{OB}$ を求めよ．

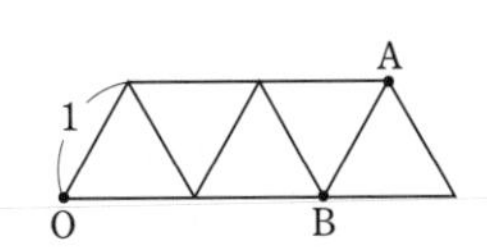

（イ） $\text{OA}\cos\theta=?$

ア ５分
イ ３分

◆11 内積／成分

（ア） $\vec{a}=(1,\ 6)$，$\vec{b}=(7,\ 5)$ について以下の問いに答えよ．

（1） $\vec{a}\cdot\vec{b}$ の値を求めよ．

（2） $\vec{a}$ と $\vec{b}$ のなす角を求めよ．

（イ） t を実数として $\vec{a}=(\sqrt{3}t,\ t+1)$，$\vec{b}=(-\sqrt{3},\ 1)$ とする．以下の問いに答えよ．

（1） $\vec{a}$ と $\vec{b}$ が垂直になるときの t の値を求めよ．

（2） $\vec{a}$ と $\vec{b}$ のなす角が $60°$ になるときの t の値を求めよ．

成分表示されたベクトルの内積 $\vec{a}=(a_1,\ a_2)$，$\vec{b}=(b_1,\ b_2)$ のとき，内積 $\vec{a}\cdot\vec{b}$ は

$$\vec{a}\cdot\vec{b}=a_1b_1+a_2b_2$$

となる（余弦定理を使うと確かめられるがここでは省略）．この式はそのまま覚えよう．成分ごとの積の和，というきれいな形である．

なす角を求めるときは 成分を用いて計算した内積の値と，$\vec{a}\cdot\vec{b}=|\vec{a}||\vec{b}|\cos\theta$ を用いると，上の $\vec{a}$，$\vec{b}$，$\vec{a}$ と $\vec{b}$ のなす角 θ について

$$\cos\theta=\frac{\vec{a}\cdot\vec{b}}{|\vec{a}||\vec{b}|}=\frac{a_1b_1+a_2b_2}{\sqrt{a_1{}^2+a_2{}^2}\sqrt{b_1{}^2+b_2{}^2}}$$

となる．結果の式（右辺）ではなく，中央の式（導き方）を頭に入れよう．

なお，$\vec{a}\neq\vec{0}$，$\vec{b}\neq\vec{0}$ のとき，$\theta=90° \iff \vec{a}\cdot\vec{b}=0 \iff a_1b_1+a_2b_2=0$ である．

解答

（ア） $\vec{a}=(1,\ 6)$，$\vec{b}=(7,\ 5)$，$\vec{a}$ と $\vec{b}$ のなす角を θ とする．

（1） $\vec{a}\cdot\vec{b}=1\cdot7+6\cdot5=\mathbf{37}$

（2） $\cos\theta=\dfrac{\vec{a}\cdot\vec{b}}{|\vec{a}||\vec{b}|}=\dfrac{37}{\sqrt{1+36}\sqrt{49+25}}=\dfrac{37}{\sqrt{37}\sqrt{2\cdot37}}=\dfrac{1}{\sqrt{2}}$

より，$\theta=\mathbf{45°}$

（イ） $\vec{a}\cdot\vec{b}=\sqrt{3}t\cdot(-\sqrt{3})+(t+1)\cdot1=-2t+1$

（1） $\vec{a}$ と $\vec{b}$ が垂直のとき，$\vec{a}\cdot\vec{b}=0$ だから $\boldsymbol{t=\frac{1}{2}}$

⇦ $t=\frac{1}{2}$ のとき $\vec{a}\neq\vec{0}$，$\vec{b}\neq\vec{0}$

（2） $\vec{a}\cdot\vec{b}=|\vec{a}||\vec{b}|\cos60°$ となることから，

$$-2t+1=\sqrt{(\sqrt{3}t)^2+(t+1)^2}\sqrt{(-\sqrt{3})^2+1}\cdot\frac{1}{2}$$

$\therefore\quad -2t+1=\sqrt{4t^2+2t+1}$

⇦ $|\vec{b}|=2$ である．

これが成り立つのは，$-2t+1\geqq0$ かつ $(-2t+1)^2=4t^2+2t+1$ のとき．

よって，$-2t+1\geqq0$ かつ $6t=0$ であり，求める値は $\boldsymbol{t=0}$

▶11 演習題（解答は p.99）

xy 平面の原点を O，$\mathrm{A}(-1,\ 2+\sqrt{3})$ とし，実数 t に対して $\mathrm{X}(2+t,\ t)$ とする．

（1） $\mathrm{B}(-\sqrt{3}-1,\ -\sqrt{3}-3)$ とする．$\overrightarrow{\mathrm{OA}}$ と $\overrightarrow{\mathrm{OB}}$ の内積を求めよ．また，$\overrightarrow{\mathrm{OA}}$ と $\overrightarrow{\mathrm{OB}}$ のなす角を求めよ．

（2） $\overrightarrow{\mathrm{OA}}$ と $\overrightarrow{\mathrm{OX}}$ が垂直になるような t の値を求めよ．このときの X を C とする．

（3） $|\overrightarrow{\mathrm{OX}}|$ が最小になるときの t の値を求めよ．このときの X を D とする．

（4） $\overrightarrow{\mathrm{OC}}$ と $\overrightarrow{\mathrm{OD}}$ のなす角を求めよ．

（5） $\overrightarrow{\mathrm{OA}}$ と $\overrightarrow{\mathrm{DC}}$ のなす角を求めよ．

（4）と（5）の関連を考えてみよう．

12分

◆12 内積／計算法則

（ア）$|\vec{a}|=2$，$|\vec{b}|=1$ で，$\vec{a}+\vec{b}$ と $2\vec{a}+5\vec{b}$ が垂直であるとする．$\vec{a}$ と $\vec{b}$ のなす角を θ とするとき，$\cos\theta$ の値を求めよ．

（イ）$|\vec{a}|=3$，$|\vec{b}|=5$，$\vec{a}\cdot\vec{b}=7$ のとき，$|\vec{a}+2\vec{b}|$ の値を求めよ．

内積の計算法則　ベクトル $\vec{a}$，$\vec{b}$，$\vec{c}$ と実数 k に対して

$\vec{a}\cdot\vec{b}=\vec{b}\cdot\vec{a}$　［交換法則］

$\vec{a}\cdot(\vec{b}+\vec{c})=\vec{a}\cdot\vec{b}+\vec{a}\cdot\vec{c}$，　$(\vec{a}+\vec{b})\cdot\vec{c}=\vec{a}\cdot\vec{c}+\vec{b}\cdot\vec{c}$　［分配法則］

$(k\vec{a})\cdot\vec{b}=\vec{a}\cdot(k\vec{b})=k(\vec{a}\cdot\vec{b})$　［結合法則］

が成り立つ．つまり，内積は通常の数の計算と同じようにできる．これらは，内積の成分表示（◆11）を用いると容易に確かめられるので，ここでは証明は省略．

内積と大きさ　内積の定義（◆10）から，［$\vec{a}$ と $\vec{a}$ のなす角は $0°$ で $\cos 0°=1$ だから］

$\vec{a}\cdot\vec{a}=|\vec{a}|^2$，　$|\vec{a}|=\sqrt{\vec{a}\cdot\vec{a}}$

となる．(ア)は，条件 $(\vec{a}+\vec{b})\cdot(2\vec{a}+5\vec{b})=0$ の左辺を“展開”して，$\vec{a}\cdot\vec{a}=|\vec{a}|^2=4$ などを用いる．

(イ)は $|\vec{a}+2\vec{b}|^2=(\vec{a}+2\vec{b})\cdot(\vec{a}+2\vec{b})$ とするのがポイント．

解答

（ア）$(\vec{a}+\vec{b})\cdot(2\vec{a}+5\vec{b})=(\vec{a}+\vec{b})\cdot2\vec{a}+(\vec{a}+\vec{b})\cdot5\vec{b}$

$=2\vec{a}\cdot\vec{a}+2\vec{b}\cdot\vec{a}+5\vec{a}\cdot\vec{b}+5\vec{b}\cdot\vec{b}$

$=2|\vec{a}|^2+7\vec{a}\cdot\vec{b}+5|\vec{b}|^2$

$=2\cdot2^2+7\vec{a}\cdot\vec{b}+5\cdot1^2$　$(|\vec{a}|=2,\ |\vec{b}|=1)$

$=13+7\vec{a}\cdot\vec{b}$

垂直の条件より，$13+7\vec{a}\cdot\vec{b}=0$

$\therefore\ 13+7|\vec{a}||\vec{b}|\cos\theta=0$　　$\therefore\ 13+7\cdot2\cdot1\cos\theta=0$

よって，$\boldsymbol{\cos\theta=-\frac{13}{14}}$

（イ）$|\vec{a}+2\vec{b}|^2=(\vec{a}+2\vec{b})\cdot(\vec{a}+2\vec{b})=|\vec{a}|^2+4\vec{a}\cdot\vec{b}+4|\vec{b}|^2$

$=3^2+4\cdot7+4\cdot5^2=9+28+100$

$=137$

よって，$\boldsymbol{|\vec{a}+2\vec{b}|=\sqrt{137}}$

▨ 内積の“展開”は，普通の文字式と同じようにできる．

結合法則より，$k(\vec{a}\cdot\vec{b})$ は単に
⇦ $k\vec{a}\cdot\vec{b}$ と書いてよい．

⇦ 慣れてきたら，前２式を省略してこの式を書こう．

◆12 演習題（解答は p.100）

（ア）$|\vec{a}|=5$，$|\vec{b}|=2$ で $\vec{a}+3\vec{b}$ と $2\vec{a}-3\vec{b}$ が垂直であるとする．$\vec{a}$ と $\vec{b}$ のなす角を θ とするとき，$\cos\theta$ の値を求めよ．

（イ）$|\vec{a}|=3$，$|\vec{b}|=4$，$\vec{a}\cdot\vec{b}=5$ のとき，$|\vec{a}-3\vec{b}|$ の値を求めよ．

（ウ）ベクトル $\vec{a}$，$\vec{b}$，$\vec{c}$ は $|\vec{a}|=|\vec{b}|=|\vec{c}|=1$，$\vec{a}\cdot\vec{b}=0$，$\vec{b}\cdot\vec{c}=-\frac{1}{2}$，$\vec{c}\cdot\vec{a}=-\frac{\sqrt{3}}{2}$ を満たすとする．$\vec{d}=\sqrt{3}\,\vec{a}+\vec{b}$ とおくとき，以下の問いに答えよ．

（１）$|\vec{d}|$ および $\vec{c}\cdot\vec{d}$ の値を求めよ．

（２）$|2\vec{c}+\vec{d}|^2$ の値を求めよ．また，$\sqrt{3}\,\vec{a}+\vec{b}+2\vec{c}=\vec{0}$ を示せ．

🕒 アイ 4分
ウ 7分

◆13 直線の法線ベクトル，方向ベクトル

（ア） 点A(1, 1)を通り，法線ベクトルが$\vec{n}=(-1,\ 3)$の直線L_1上に点X(4, t)があるとき，tの値を求めよ．

（イ） 点B(2, 1)を通り，方向ベクトルが$\vec{l}=(-1,\ 2)$の直線L_2上に点Y(u, 5)があるとき，uの値を求めよ．

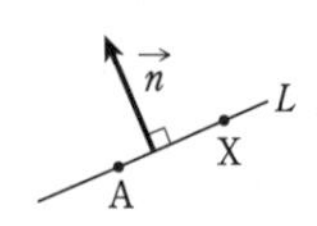

直線の法線ベクトル 直線Lに対して，Lに垂直な方向のベクトルをLの法線ベクトルという（法線ベクトルは，向きの決め方が2通りあり，大きさも自由なので1つには決まらない）．$\vec{n}$が直線Lの法線ベクトルであり，Lが定点Aを通るとき，点XがL上の点であるための条件は，定義から$\overrightarrow{AX}\perp\vec{n}$つまり$\overrightarrow{AX}\cdot\vec{n}=0$となる．(ア)は，この式を成分で表して$t$を求める．

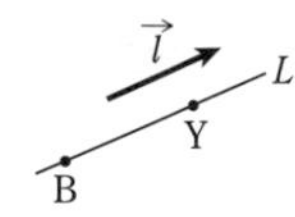

直線の方向ベクトル 直線Lに対して，Lに平行な方向のベクトルをLの方向ベクトルという（方向ベクトルは，向きの決め方が2通りあり，大きさも自由なので1つに決まらない）．$\vec{l}$が直線Lの方向ベクトルであり，Lが定点Bを通るとき，点YがL上の点であるための条件は，定義から$\overrightarrow{BY}\parallel\vec{l}$，つまり，ある実数$s$を用いて$\overrightarrow{BY}=s\vec{l}$と書けることとなる．(イ)は，この式を成分で表してsとuを求める．

解 答

（ア） $\overrightarrow{AX}\perp\vec{n}$，つまり$\overrightarrow{AX}\cdot\vec{n}=0$であるから，

$(3,\ t-1)\cdot(-1,\ 3)=0$

$\therefore\ 3\cdot(-1)+(t-1)\cdot 3=0$

これを解いて，$\boldsymbol{t=2}$

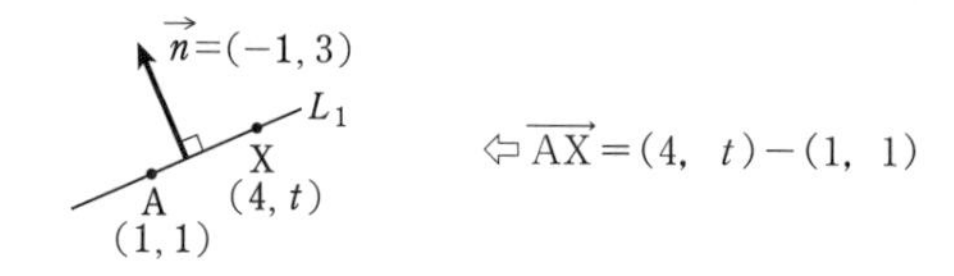

⇦$\overrightarrow{AX}=(4,\ t)-(1,\ 1)$

（イ） $\overrightarrow{BY}\parallel\vec{l}$，つまり実数$s$を用いて$\overrightarrow{BY}=s\vec{l}$と書けるから，

$(u-2,\ 4)=s(-1,\ 2)$

$\therefore\ u-2=-s,\ 4=2s$

従って，$s=2$，$\boldsymbol{u=0}$

⇦$\overrightarrow{BY}=(u,\ 5)-(2,\ 1)$

▨ 直線の式を求めて解くこともできる．L_1は$(-1)(x-1)+3(y-1)=0$［公式を覚えていない人は，P(x, y)がL_1上にある条件$\overrightarrow{AP}\cdot\vec{n}=0$を書こう］となるから，X(4, t)がL_1上にあるとき，$(-1)\cdot 3+3(t-1)=0$で$t=2$．L_2については，$\vec{l}$から傾きが-2であることがわかるので，$y=-2(x-2)+1$となって，Y(u, 5)がL_2にあるとき$5=-2(u-2)+1$で$u=0$が得られる．

⇦公式については，☞演習題の解答

一般に，方向ベクトルが$(a,\ b)\ (a\neq 0)$

⇦の直線の傾きは$\dfrac{b}{a}$

▶13 演習題（解答はp.101）

（ア） 点A(4, 1)を通り，法線ベクトルが$\vec{n}=(4,\ -3)$の直線L_1上に点X(10, t)があるとき，tの値を求めよ．

（イ） 点B(−1, 3)を通り，方向ベクトルが$\vec{l}=(1,\ -4)$の直線L_2上に点Y(u, 15)があるとき，uの値を求めよ．

（ウ） 点P(12, 6)，$\vec{a}=(3,\ -2)$，$\vec{b}=(-1,\ 4)$とし，Pを通り法線ベクトルが$\vec{a}$の直線l_1とx軸の交点をQ，Pを通り法線ベクトルが$\vec{b}$の直線l_2とy軸の交点をRとする．

（1） Q，Rの座標をそれぞれ求めよ．

（2） Qを通り方向ベクトルが$\vec{a}$の直線をl_1'，Rを通り方向ベクトルが$\vec{b}$の直線をl_2'とする．l_1'とl_2'の交点Sの座標を求めよ．

（3） 3点P，Q，Rを通る円の中心の座標を求めよ．

(ウ)(3) 法線ベクトルと方向ベクトルは垂直．∠PQS＝∠PRS＝90°だから円の直径はどこ？

🕒 アイ 3分　ウ 10分

◆14 2直線のなす角

2直線 $x-3y+1=0$，$2x+y+2=0$ のなす角を θ $(0^\circ \leqq \theta \leqq 90^\circ)$ とするとき，$\cos\theta$ の値を求めよ．

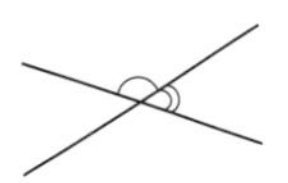

2直線のなす角とは　2直線の間の角のことであるが，直線には向きが定められていないので，2つある．このうちの，大きくない（0° 以上 90° 以下の）方をその2直線のなす角と定める．右図なら ≫ である．

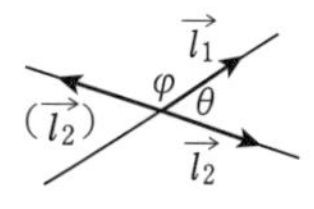

なす角を計算するには　方向ベクトルどうしのなす角，と考えるのが素直であろう．2直線の方向ベクトルを $\overrightarrow{l_1}$，$\overrightarrow{l_2}$ とし，それらのなす角を θ とすれば

$\cos\theta=\dfrac{\overrightarrow{l_1}\cdot\overrightarrow{l_2}}{|\overrightarrow{l_1}||\overrightarrow{l_2}|}$ と求められる．$\overrightarrow{l_1}$，$\overrightarrow{l_2}$ の向きによっては $\cos\varphi$ が得られるが，

$\theta+\varphi=180^\circ$ $(\varphi=180^\circ-\theta)$ なので $\cos\theta=-\cos\varphi$ となる．

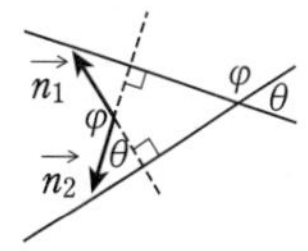

法線ベクトルを使う方法　直線の法線ベクトルは方向ベクトルと垂直であるから，2直線の法線ベクトル $\overrightarrow{n_1}$，$\overrightarrow{n_2}$ のなす角も θ か φ になる（右図）．

実際の計算では，直線の式の形を見て，方向ベクトルを使うか，法線ベクトルを使うかを判断しよう．例題のように，$ax+by+c=0$ の形のときは法線ベクトルが $(a,\ b)$ とすぐにわかるので法線ベクトルを使うのがよい．

解答

$x-3y+1=0$ の法線ベクトルとして $\overrightarrow{n_1}=(1,\ -3)$

$2x+y+2=0$ の法線ベクトルとして $\overrightarrow{n_2}=(2,\ 1)$

がとれる．$\overrightarrow{n_1}$ と $\overrightarrow{n_2}$ のなす角を φ とすると，

$$\cos\varphi=\frac{\overrightarrow{n_1}\cdot\overrightarrow{n_2}}{|\overrightarrow{n_1}||\overrightarrow{n_2}|}=\frac{1\cdot2+(-3)\cdot1}{\sqrt{1^2+(-3)^2}\sqrt{2^2+1^2}}=\frac{-1}{\sqrt{10}\sqrt{5}}=-\frac{1}{5\sqrt{2}}$$

$\cos\varphi<0$ だから $\theta=180^\circ-\varphi$ であり，$\cos\theta=-\cos\varphi=\boldsymbol{\dfrac{1}{5\sqrt{2}}}$

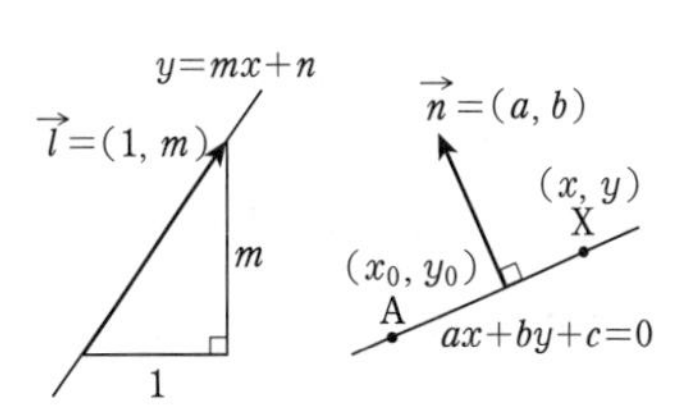

▨ 直線の式が $y=mx+n$ のときは，方向ベクトルが $(1,\ m)$ とすぐにわかる（右図）．ここでは，直線 $ax+by+c=0$ ……① の法線ベクトルが $(a,\ b)$ であることを確かめよう．①上に点 $\mathrm{A}(x_0,\ y_0)$ をとると，$ax_0+by_0+c=0$ ……② だから，①−②より $a(x-x_0)+b(y-y_0)=0$ これは，ベクトルの内積 $(a,\ b)\cdot(x-x_0,\ y-y_0)=0$ とみることができるから，①上の点 $\mathrm{X}(x,\ y)$ は $\vec{n}=(a,\ b)$ として $\vec{n}\cdot\overrightarrow{\mathrm{AX}}=0$ を満たす．この式は，①の法線ベクトルが $\vec{n}=(a,\ b)$ であることを示している．

◆14 演習題 （解答は p.101）

（ア） 2直線 $x+2y+4=0$，$3x-4y+5=0$ のなす角を θ $(0^\circ \leqq \theta \leqq 90^\circ)$ とするとき，$\cos\theta$ の値を求めよ．

（イ） 2直線 $y=\dfrac{3}{2}x+4$，$y=-\dfrac{12}{5}x+1$ のなす角を θ $(0^\circ \leqq \theta \leqq 90^\circ)$ とするとき，$\cos\theta$ の値を求めよ．

（ウ） l_1：$x-2y+3=0$，l_2：$9x-8y+6=0$，l_3：$x-12y+2=0$ とする．

（1） l_1 と l_2 のなす角を θ_1 $(0^\circ \leqq \theta_1 \leqq 90^\circ)$ とするとき，$\cos\theta_1$ の値を求めよ．

（2） l_1 と l_3 のなす角を θ_2 $(0^\circ \leqq \theta_2 \leqq 90^\circ)$ とするとき，$\cos\theta_2$ の値を求めよ．

（3） l_1，l_2，l_3 の3直線で囲まれる三角形の3辺の長さの比を求めよ．

🕒 アイ　5分
ウ 10分

◆15 円のベクトル方程式

O，A を定点とし，OA=1，$\overrightarrow{\mathrm{OA}}=\vec{a}$ とする．ベクトル $\vec{p}$ が次のそれぞれの条件を満たすとき，$\overrightarrow{\mathrm{OP}}=\vec{p}$ で定められる点 P 全体は円になる．その円の中心を C として，OC の長さ，および円の半径 r をそれぞれ求めよ．

（1） $|\vec{p}-\vec{a}|=4$

（2） $|2\vec{p}-3\vec{a}|=1$

（3） $(\vec{p}-\vec{a})\cdot(\vec{p}-3\vec{a})=0$

（4） $\vec{p}\cdot\vec{p}-2\vec{p}\cdot\vec{a}=0$

（ベクトルで円を表す） 中心 C，半径 r の円の上に点 P があるとすると，$|\overrightarrow{\mathrm{CP}}|=r$ であるから，$|\overrightarrow{\mathrm{OP}}-\overrightarrow{\mathrm{OC}}|=r$，すなわち $|\vec{p}-\overrightarrow{\mathrm{OC}}|=r$ となる．

例題の(1)(2)はこの形にあてはめて答えよう．(2)は 2 で割る．

もう一つのパターンが，直径の両端が決まるもの．線分 EF が中心 C の円の直径であるとすると，$\angle\mathrm{EPF}=90°$ を満たす点はこの円上にあり，これと P=E，P=F を合わせると円全体になる．そして，この条件は

$\overrightarrow{\mathrm{EP}}\cdot\overrightarrow{\mathrm{FP}}=0$ とまとめて書くことができる．変形して，

$(\overrightarrow{\mathrm{OP}}-\overrightarrow{\mathrm{OE}})\cdot(\overrightarrow{\mathrm{OP}}-\overrightarrow{\mathrm{OF}})=0$ 　　　$\therefore$ $(\vec{p}-\overrightarrow{\mathrm{OE}})\cdot(\vec{p}-\overrightarrow{\mathrm{OF}})=0$

(3)(4)はこの形にあてはめて答えよう．(4)は $\vec{p}$ でくくる．

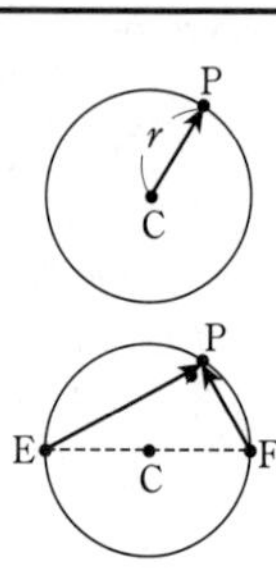

解 答

(1) $|\vec{p}-\vec{a}|=4$ は $|\overrightarrow{\mathrm{OP}}-\overrightarrow{\mathrm{OA}}|=4$，つまり $|\overrightarrow{\mathrm{AP}}|=4$ だから，中心が A(=C)，半径 4 の円を表す．

よって，**OC=OA=1，r=4**

(2) $|2\vec{p}-3\vec{a}|=1$ は $\left|\vec{p}-\dfrac{3}{2}\vec{a}\right|=\dfrac{1}{2}$ だから，中心は $\overrightarrow{\mathrm{OC}}=\dfrac{3}{2}\vec{a}$ であって $|\overrightarrow{\mathrm{CP}}|=\dfrac{1}{2}$ となる．

よって，$\mathbf{OC}=\dfrac{3}{2}$，$r=\dfrac{1}{2}$

(3) $\overrightarrow{\mathrm{OE}}=3\vec{a}$ で E を定めると，与式は $\overrightarrow{\mathrm{AP}}\cdot\overrightarrow{\mathrm{EP}}=0$ となるから，A，E が直径の両端である．よって，中心は AE の中点で $\overrightarrow{\mathrm{OC}}=2\vec{a}$ となるから，**OC=2，r=1**

(4) 与式は $\vec{p}\cdot(\vec{p}-2\vec{a})=0$ だから，$\overrightarrow{\mathrm{OF}}=2\vec{a}$ で F を定めると，$\overrightarrow{\mathrm{OP}}\cdot\overrightarrow{\mathrm{FP}}=0$ より，O，F が直径の両端となる．

よって，中心は OF の中点で $\overrightarrow{\mathrm{OC}}=\vec{a}$ であり，**OC=1，r=1**

(1)

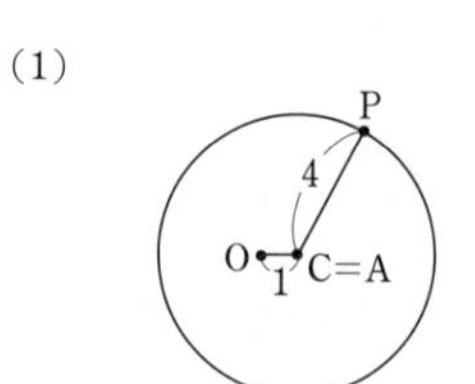

(2)

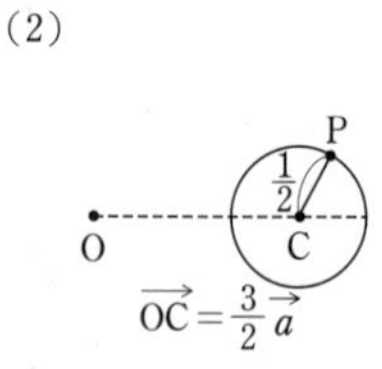

(3)

P
O　A $(\vec{a})$　C $(2\vec{a})$　E $(3\vec{a})$

(4)

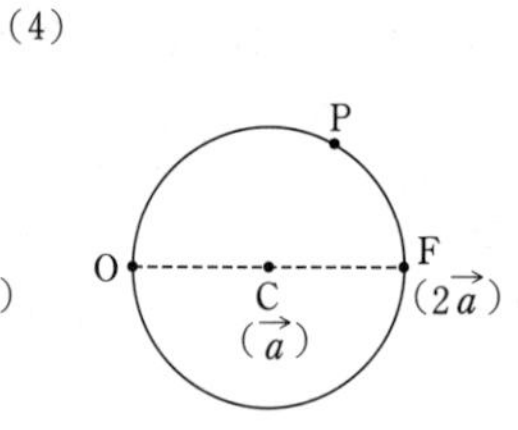

▶◀15 演習題 (解答は p.102)

O，A を定点とし，OA=1，$\overrightarrow{\mathrm{OA}}=\vec{a}$ とする．ベクトル $\vec{p}$ が次のそれぞれの条件を満たすとき，$\overrightarrow{\mathrm{OP}}=\vec{p}$ で定められる点 P 全体は円になる．その円の中心を C として，OC の長さ，および円の半径 r をそれぞれ求めよ．

（1） $|\vec{p}-3\vec{a}|=2$ 　　　（2） $|3\vec{p}-\vec{a}|=4$

（3） $(\vec{p}+\vec{a})\cdot(\vec{p}-5\vec{a})=0$ 　　　（4） $\vec{p}\cdot\vec{p}+\vec{p}\cdot\vec{a}-6\vec{a}\cdot\vec{a}=0$

6分

平面のベクトル 演習題の解答

1 （ア） 選択肢のベクトルを矢印で表し，同じ向き，同じ大きさ，等しいベクトルをそれぞれ選ぶ.

（イ） $\overrightarrow{\mathrm{AB}}$ を表す矢印を平行移動し，前半は始点（A にあたる点）をGに，後半は終点（B にあたる点）をGにもっていく.

解 （ア）

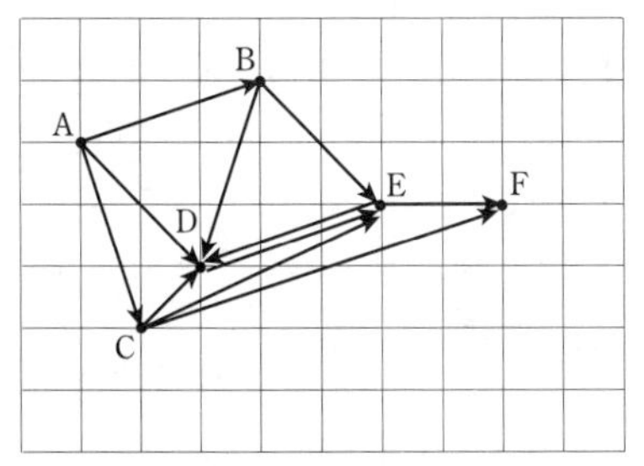

（1） $\overrightarrow{\mathbf{CF}}$，$\overrightarrow{\mathbf{DE}}$

（2） $\overrightarrow{\mathbf{AC}}$，$\overrightarrow{\mathbf{BD}}$，$\overrightarrow{\mathbf{DE}}$，$\overrightarrow{\mathbf{ED}}$

（3） $\overrightarrow{\mathbf{DE}}$

（イ） X，Y は下図の点.

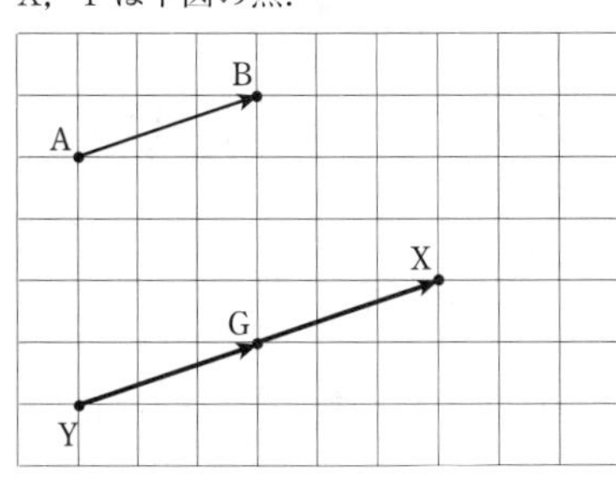

2 （1）は $\vec{a}$ を2倍に，（2）は $\vec{b}$ を4/3倍にのばす. （4）（5）は順番通りにつないでいくとマス目からはみ出してしまうので，つなぐ順番を変えてみる.

解 （1）

（2）

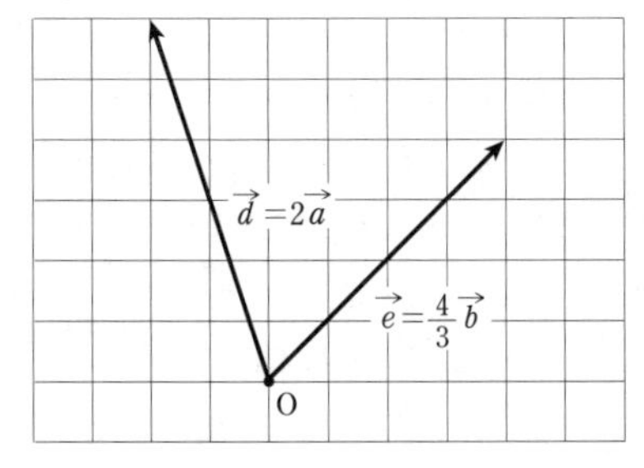

（3）

（4）

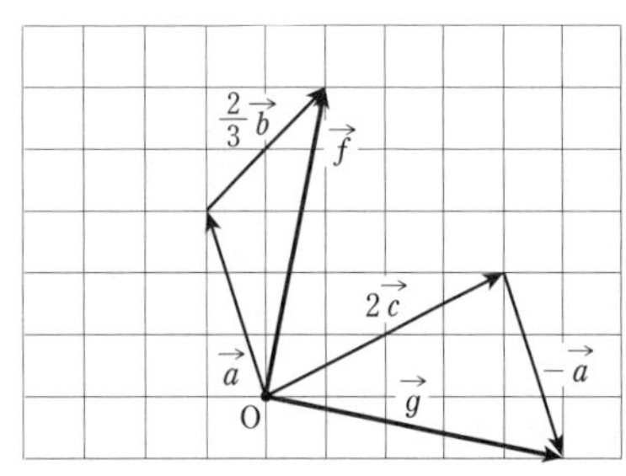

（5）

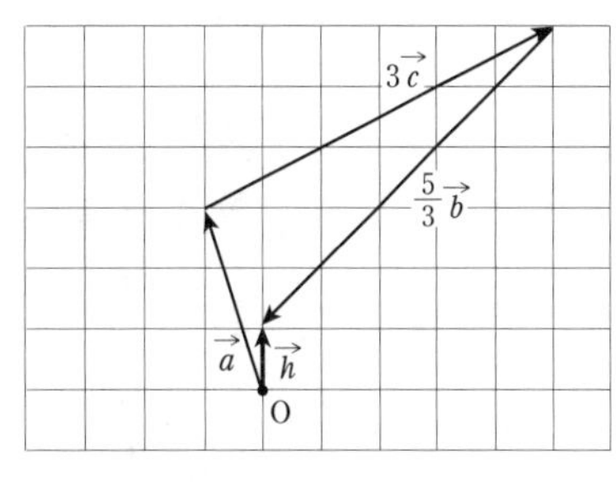

▨（4） マス目を増やし，問題の順番に矢印をつなぐと次のようになる. $\vec{g}$ が同じベクトルになることが確かめられる.（5）も同様.

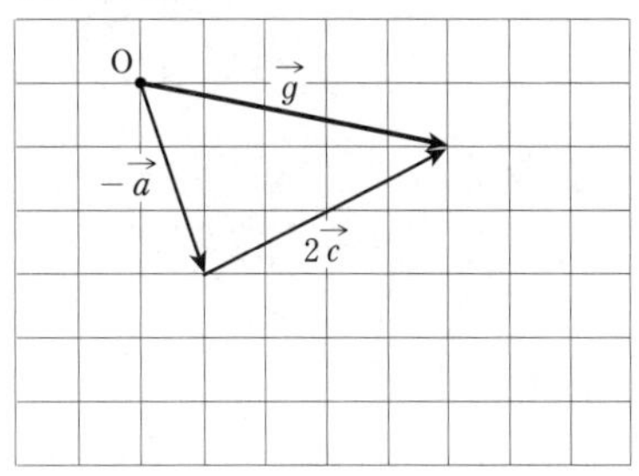

3 （1）は，正六角形の頂点を通り，等間隔に引く. そうすると，（2）で目盛りを読み取って空欄を埋めることができる.

解 （1） （解答例）

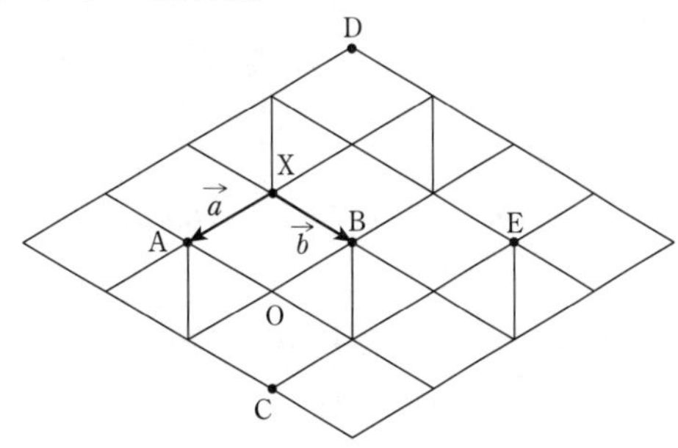

（2）

（i）$\overrightarrow{XO}=\vec{a}+\vec{b}$

［空欄は **1，1**］

（ii）$\overrightarrow{XD}=-2\vec{a}-\vec{b}$

［空欄は **−2，−1**］

（iii）$\overrightarrow{CE}=-3\vec{a}$

［空欄は **−3，0**］

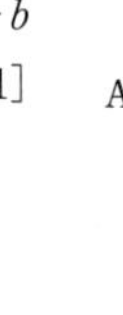

（iv）$\overrightarrow{DE}$

$=\vec{a}+3\vec{b}$

［空欄は **1，3**］

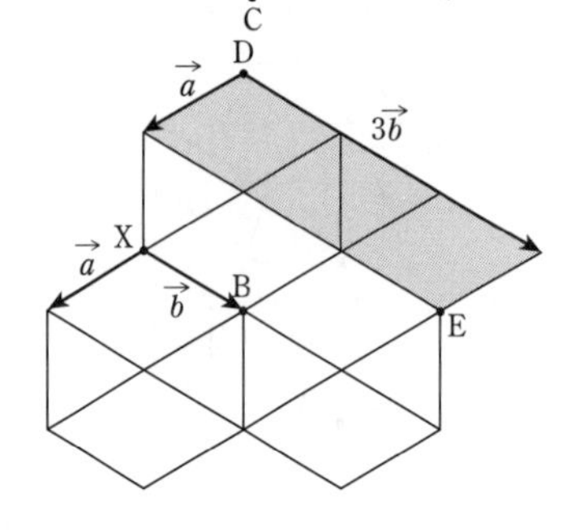

（v）

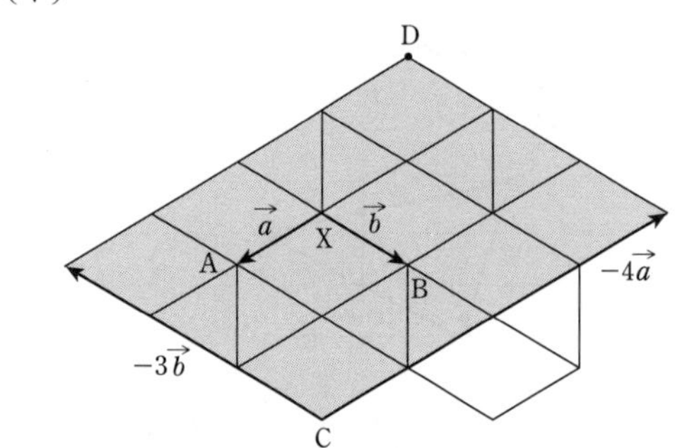

$\overrightarrow{CD}=-4\vec{a}-3\vec{b}$　　［空欄は **−4，−3**］

▨（v）は，$\overrightarrow{CD}+\overrightarrow{DE}=\overrightarrow{CE}$ に着目して，

$$\overrightarrow{CD}=\overrightarrow{CE}-\overrightarrow{DE}=(-3\vec{a})-(\vec{a}+3\vec{b})=-4\vec{a}-3\vec{b}$$

とすることもできる．

4 いずれも，始点を統一する．(ア)は A にする．(イ)は何でもよい（A〜E とは無関係にとった O などとしてもよい）が，ここでは A にする．(ウ)も A にするのがわかりやすい．

解（ア）$2\overrightarrow{AP}+3\overrightarrow{BP}+4\overrightarrow{CP}=\vec{0}$ の始点を A にすると，

$$2\overrightarrow{AP}+3(\overrightarrow{AP}-\overrightarrow{AB})+4(\overrightarrow{AP}-\overrightarrow{AC})=\vec{0}$$

$\therefore\ 9\overrightarrow{AP}=3\overrightarrow{AB}+4\overrightarrow{AC}$

$\therefore\ \boldsymbol{\overrightarrow{AP}=\frac{1}{3}\overrightarrow{AB}+\frac{4}{9}\overrightarrow{AC}}$

（イ）始点を A にすると，

左辺：$\overrightarrow{DA}+\overrightarrow{CB}+\overrightarrow{ED}$

$=-\overrightarrow{AD}+(\overrightarrow{AB}-\overrightarrow{AC})+(\overrightarrow{AD}-\overrightarrow{AE})$

$=\overrightarrow{AB}-\overrightarrow{AC}-\overrightarrow{AE}$

右辺：$\overrightarrow{CA}+\overrightarrow{AB}+\overrightarrow{EA}=-\overrightarrow{AC}+\overrightarrow{AB}-\overrightarrow{AE}$

となるので，問題の等式は成り立つ．

（ウ）$\overrightarrow{AX}=\overrightarrow{XB}$ の始点を A にすると，

$\overrightarrow{AX}=\overrightarrow{AB}-\overrightarrow{AX}$　　$\therefore\ \overrightarrow{AX}=\frac{1}{2}\overrightarrow{AB}$

よって，**X は AB の中点**.

5（2）$\overrightarrow{EF}$，$\overrightarrow{FG}$，$\overrightarrow{GH}$ を $\overrightarrow{AB}$ と $\overrightarrow{AD}$ で表し，$\overrightarrow{FG}=k\overrightarrow{EF}$，$\overrightarrow{GH}=l\overrightarrow{EF}$（$k$，$l$ は実数）の形の式を作ることを目標にする．

解（1）$\overrightarrow{AE}$：外分の条件から，$\boldsymbol{\overrightarrow{AE}=\frac{4}{3}\overrightarrow{AD}}$

$\overrightarrow{AF}$：$\overrightarrow{DF}=\frac{1}{2}\overrightarrow{AB}$ より

$$\boldsymbol{\overrightarrow{AF}}=\overrightarrow{AD}+\overrightarrow{DF}=\boldsymbol{\frac{1}{2}\overrightarrow{AB}+\overrightarrow{AD}}$$

$\overrightarrow{AG}$：内分の条件と $\overrightarrow{AC}=\overrightarrow{AB}+\overrightarrow{AD}$ から

$$\boldsymbol{\overrightarrow{AG}}=\frac{4}{5}\overrightarrow{AC}=\boldsymbol{\frac{4}{5}\overrightarrow{AB}+\frac{4}{5}\overrightarrow{AD}}$$

$\overrightarrow{AH}$：$\overrightarrow{BH}=\frac{2}{3}\overrightarrow{AD}$ より $\boldsymbol{\overrightarrow{AH}=\overrightarrow{AB}+\frac{2}{3}\overrightarrow{AD}}$

（2）（1）より

$$\overrightarrow{EF}=\overrightarrow{AF}-\overrightarrow{AE}=\frac{1}{2}\overrightarrow{AB}-\frac{1}{3}\overrightarrow{AD}$$

$$\overrightarrow{FG}=\overrightarrow{AG}-\overrightarrow{AF}=\frac{3}{10}\overrightarrow{AB}-\frac{1}{5}\overrightarrow{AD}=\frac{3}{5}\overrightarrow{EF}$$

$$\overrightarrow{GH}=\overrightarrow{AH}-\overrightarrow{AG}=\frac{1}{5}\overrightarrow{AB}-\frac{2}{15}\overrightarrow{AD}=\frac{2}{5}\overrightarrow{EF}$$

となるので，E，F，G，H は一直線上にあり，

$$\mathrm{EF:FG:GH}=1:\frac{3}{5}:\frac{2}{5}=\mathbf{5:3:2}$$

▨この問題では A を始点とするベクトルで表したが，$\overrightarrow{FG}$ や $\overrightarrow{GH}$ を $\overrightarrow{EF}$ の実数倍で表すのが目標であるから，始点を E にするのもよい．$\overrightarrow{EG}$ と $\overrightarrow{EH}$ を $\overrightarrow{EF}$ と $\overrightarrow{ED}$ で表す，という方針でやってみよう．

$\overrightarrow{EA}=4\overrightarrow{ED}$,

$\overrightarrow{EC}=\overrightarrow{ED}+2\overrightarrow{DF}$（F は DC の中点）

$=\overrightarrow{ED}+2(\overrightarrow{EF}-\overrightarrow{ED})=2\overrightarrow{EF}-\overrightarrow{ED}$

と内分点の公式より，

$$\overrightarrow{EG}=\frac{1}{5}\overrightarrow{EA}+\frac{4}{5}\overrightarrow{EC}=\frac{1}{5}\cdot 4\overrightarrow{ED}+\frac{4}{5}(2\overrightarrow{EF}-\overrightarrow{ED})$$

$$=\frac{8}{5}\overrightarrow{EF}$$

$$\overrightarrow{EH}=\overrightarrow{EC}+\overrightarrow{CH}=\overrightarrow{EC}+\overrightarrow{ED}=2\overrightarrow{EF}$$

これより，EF=⑤とすると EG=⑧，EH=⑩で右図が得られる．

6 （2）と（3）は例題と同じ．（2）は $\overrightarrow{CF}=x\overrightarrow{CE}$ とおいて $\overrightarrow{AF}$ を $\overrightarrow{AB}$ と $\overrightarrow{AC}$ で表したときの $\overrightarrow{AC}$ の係数が 0 になることから求める．（3）は $\overrightarrow{AG}=y\overrightarrow{AE}$ とおいて $\overrightarrow{AG}$ を $\overrightarrow{AB}$ と $\overrightarrow{AC}$ で表したときの係数の和が 1 であることから求める．（4）は $\overrightarrow{AB}$，$\overrightarrow{AC}$ をそれぞれ $\overrightarrow{AF}$，$\overrightarrow{AD}$ で表して（1）に代入する．（5）は（3）と同様に考える．（4）を利用しよう．

解 （1） $\overrightarrow{AD}=\frac{3}{4}\overrightarrow{AC}$

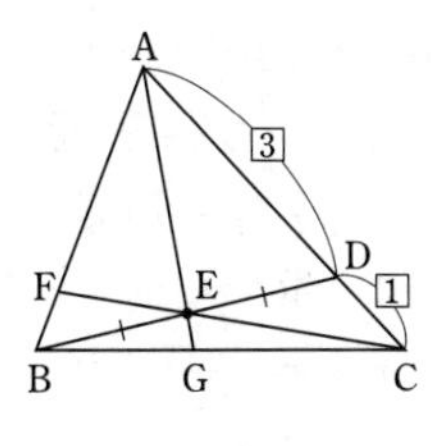

であるから，

$$\overrightarrow{AE}=\frac{1}{2}(\overrightarrow{AB}+\overrightarrow{AD})$$

$$=\boldsymbol{\frac{1}{2}\overrightarrow{AB}+\frac{3}{8}\overrightarrow{AC}}$$

（2） $\overrightarrow{AF}=\overrightarrow{AC}+x\overrightarrow{CE}$ とおくと，右辺は

$$\overrightarrow{AC}+x(\overrightarrow{AE}-\overrightarrow{AC})$$

$$=\overrightarrow{AC}+x\left(\frac{1}{2}\overrightarrow{AB}+\frac{3}{8}\overrightarrow{AC}-\overrightarrow{AC}\right)$$

$$=\frac{x}{2}\overrightarrow{AB}+\left(1-\frac{5}{8}x\right)\overrightarrow{AC}$$

これの $\overrightarrow{AC}$ の係数が 0 だから，

$$1-\frac{5}{8}x=0 \qquad \therefore\ x=\frac{8}{5}$$

従って $\overrightarrow{AF}=\frac{x}{2}\overrightarrow{AB}=\frac{4}{5}\overrightarrow{AB}$ となり，

AF：FB=4：1

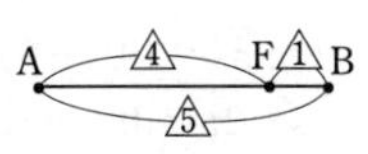

（3） $\overrightarrow{AG}=y\overrightarrow{AE}$

$$=y\left(\frac{1}{2}\overrightarrow{AB}+\frac{3}{8}\overrightarrow{AC}\right)=\frac{y}{2}\overrightarrow{AB}+\frac{3}{8}y\overrightarrow{AC}$$

と書け，G は BC 上にあるから，

$$\frac{y}{2}+\frac{3}{8}y=1 \qquad \therefore\ \frac{7}{8}y=1 \qquad \therefore\ y=\frac{8}{7}$$

これより $\overrightarrow{AG}=\frac{8}{7}\overrightarrow{AE}$ となるので，

AE：EG=7：1

また，$\overrightarrow{AG}=\frac{4}{7}\overrightarrow{AB}+\frac{3}{7}\overrightarrow{AC}$ より，内分点の公式から

BG：GC=3：4

（4） $\overrightarrow{AB}=\frac{5}{4}\overrightarrow{AF}$，$\overrightarrow{AC}=\frac{4}{3}\overrightarrow{AD}$ と（1）より，

$$\overrightarrow{AE}=\frac{1}{2}\cdot\frac{5}{4}\overrightarrow{AF}+\frac{3}{8}\cdot\frac{4}{3}\overrightarrow{AD}=\boldsymbol{\frac{5}{8}\overrightarrow{AF}+\frac{1}{2}\overrightarrow{AD}}$$

（5） $\overrightarrow{AH}=z\overrightarrow{AE}$

$$=\frac{5}{8}z\overrightarrow{AF}+\frac{z}{2}\overrightarrow{AD}$$

と書け，H は FD 上にあるから，

$$\frac{5}{8}z+\frac{z}{2}=1$$

$$\therefore\ \frac{9}{8}z=1 \qquad \therefore\ z=\frac{8}{9}$$

$\overrightarrow{AH}=\frac{8}{9}\overrightarrow{AE}$ より **AH：HE=8：1**

$\overrightarrow{AH}=\frac{5}{9}\overrightarrow{AF}+\frac{4}{9}\overrightarrow{AD}$ より **FH：HD=4：5**

7 （ア） $\overrightarrow{OP}$ を $\overrightarrow{OA}$，$\overrightarrow{OB}$ で表した式を 2 つ作り，係数比較する．

（イ） （1）（2）では x は定数である．（1）は例題と同じ構図になっている．P が AD 上，BX 上にあることをベクトルで表そう．（2）も同様で，Q が OE 上にあることから $\overrightarrow{OQ}=u\overrightarrow{OE}$ と書ける．

解 （ア） P は AD 上，BC 上にあるから，

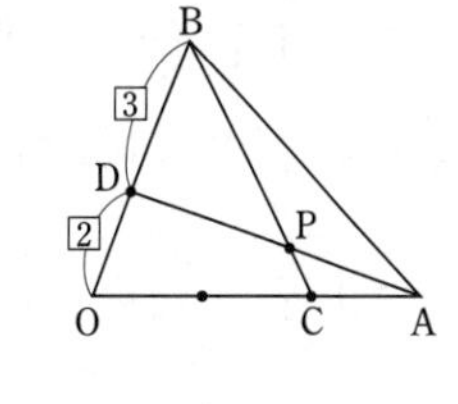

$$\overrightarrow{OP}=(1-s)\overrightarrow{OA}+s\overrightarrow{OD}$$

$$\overrightarrow{OP}=(1-t)\overrightarrow{OB}+t\overrightarrow{OC}$$

（s，t は実数）と書ける．

$\overrightarrow{OD}=\frac{2}{5}\overrightarrow{OB}$，$\overrightarrow{OC}=\frac{2}{3}\overrightarrow{OA}$ より上の 2 式はそれぞれ

$$\overrightarrow{OP}=(1-s)\overrightarrow{OA}+\frac{2}{5}s\overrightarrow{OB},\ \overrightarrow{OP}=\frac{2}{3}t\overrightarrow{OA}+(1-t)\overrightarrow{OB}$$

これらが一致することと，$\overrightarrow{OA}\neq\vec{0}$，$\overrightarrow{OB}\neq\vec{0}$，かつ $\overrightarrow{OA}$ と $\overrightarrow{OB}$ は平行でないことから，

$$1-s=\frac{2}{3}t,\ \frac{2}{5}s=1-t$$

$$\therefore\ 1-s=\frac{2}{3}\left(1-\frac{2}{5}s\right) \qquad \therefore\ s=\frac{5}{11}$$

よって，$\boldsymbol{\overrightarrow{OP}=\frac{6}{11}\overrightarrow{OA}+\frac{2}{11}\overrightarrow{OB}}$

(イ) (1) P は AD 上，BX 上にあるから，

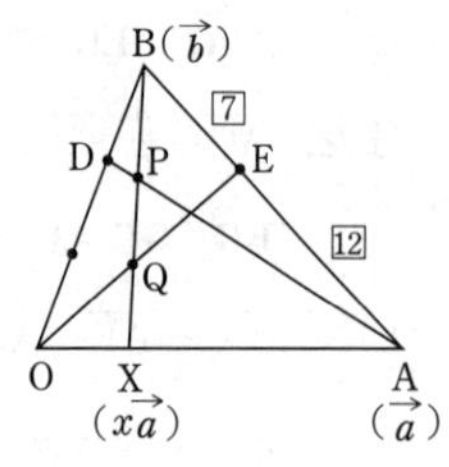

$$\overrightarrow{OP}=(1-s)\overrightarrow{OA}+s\overrightarrow{OD}$$
$$=(1-s)\vec{a}+\frac{2}{3}s\vec{b} \quad \cdots\cdots ①$$
$$\overrightarrow{OP}=(1-t)\overrightarrow{OX}+t\overrightarrow{OB}$$
$$=(1-t)x\vec{a}+t\vec{b} \quad \cdots\cdots ②$$

(s, t は実数) と書ける．①と②が一致することと，$\vec{a}\neq\vec{0}$，$\vec{b}\neq\vec{0}$ かつ $\vec{a}$ と $\vec{b}$ が平行でないことから，

$$1-s=x(1-t), \quad \frac{2}{3}s=t$$
$$\therefore \quad 1-\frac{3}{2}t=x(1-t) \quad \therefore \quad 1-x=\left(\frac{3}{2}-x\right)t$$

$t=\dfrac{2(1-x)}{3-2x}$ だから，②より

$$\overrightarrow{\mathbf{OP}}=\frac{\boldsymbol{x}}{\mathbf{3-2}\boldsymbol{x}}\vec{\boldsymbol{a}}+\frac{\mathbf{2(1-}\boldsymbol{x}\mathbf{)}}{\mathbf{3-2}\boldsymbol{x}}\vec{\boldsymbol{b}}$$

(2) Q は OE 上，BX 上にあるから，

$$\overrightarrow{OQ}=u\overrightarrow{OE}=u\left(\frac{7}{19}\vec{a}+\frac{12}{19}\vec{b}\right)$$
$$\overrightarrow{OQ}=(1-v)\overrightarrow{OX}+v\overrightarrow{OB}=(1-v)x\vec{a}+v\vec{b}$$

(u, v は実数) と書ける．(1)と同様に，

$$\frac{7}{19}u=x(1-v), \quad \frac{12}{19}u=v$$
$$\therefore \quad \frac{7}{19}u=x\left(1-\frac{12}{19}u\right) \quad \therefore \quad \frac{7+12x}{19}u=x$$

$u=\dfrac{19x}{7+12x}$ だから，$\overrightarrow{\mathbf{OQ}}=\dfrac{\mathbf{7}\boldsymbol{x}}{\mathbf{7+12}\boldsymbol{x}}\vec{\boldsymbol{a}}+\dfrac{\mathbf{12}\boldsymbol{x}}{\mathbf{7+12}\boldsymbol{x}}\vec{\boldsymbol{b}}$

(3) Q が PX の中点のとき，$\dfrac{1}{2}(\overrightarrow{OP}+\overrightarrow{OX})=\overrightarrow{OQ}$

$$\therefore \quad \frac{1}{2}\left(\frac{x}{3-2x}+x\right)\vec{a}+\frac{1-x}{3-2x}\vec{b}$$
$$=\frac{7x}{7+12x}\vec{a}+\frac{12x}{7+12x}\vec{b} \quad \cdots\cdots ③$$

$\vec{b}$ の係数について，$\dfrac{1-x}{3-2x}=\dfrac{12x}{7+12x}$

分母を払って整理し，$12x^2-31x+7=0$

$$\therefore \quad (4x-1)(3x-7)=0$$

$0<x<1$ より $\boldsymbol{x}=\dfrac{\mathbf{1}}{\mathbf{4}}$ (このとき③の $\vec{a}$ の係数は，左辺，右辺とも 7/40 となって一致する)

8 (2) G_1G_3 の中点，G_2G_4 の中点の位置ベクトルを，それぞれ(1)を利用して求める．

(3) (2)から $\overrightarrow{DC}=\overrightarrow{AB}$ を導く．

解

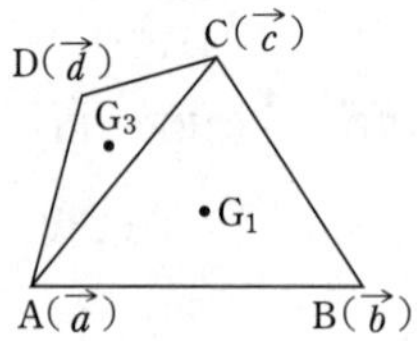

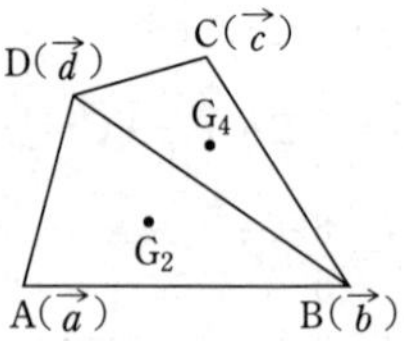

(1) 重心の公式より，

$$\mathbf{G_1}:\frac{\mathbf{1}}{\mathbf{3}}(\vec{\boldsymbol{a}}+\vec{\boldsymbol{b}}+\vec{\boldsymbol{c}}), \quad \mathbf{G_2}:\frac{\mathbf{1}}{\mathbf{3}}(\vec{\boldsymbol{a}}+\vec{\boldsymbol{b}}+\vec{\boldsymbol{d}})$$
$$\mathbf{G_3}:\frac{\mathbf{1}}{\mathbf{3}}(\vec{\boldsymbol{a}}+\vec{\boldsymbol{c}}+\vec{\boldsymbol{d}}), \quad \mathbf{G_4}:\frac{\mathbf{1}}{\mathbf{3}}(\vec{\boldsymbol{b}}+\vec{\boldsymbol{c}}+\vec{\boldsymbol{d}})$$

(2) G_1G_3 の中点の位置ベクトルは，

$$\frac{1}{2}\left\{\frac{1}{3}(\vec{a}+\vec{b}+\vec{c})+\frac{1}{3}(\vec{a}+\vec{c}+\vec{d})\right\}$$
$$=\frac{1}{6}(2\vec{a}+\vec{b}+2\vec{c}+\vec{d})$$

G_2G_4 の中点の位置ベクトルは，

$$\frac{1}{2}\left\{\frac{1}{3}(\vec{a}+\vec{b}+\vec{d})+\frac{1}{3}(\vec{b}+\vec{c}+\vec{d})\right\}$$
$$=\frac{1}{6}(\vec{a}+2\vec{b}+\vec{c}+2\vec{d})$$

これらが一致するとき，

$$2\vec{a}+\vec{b}+2\vec{c}+\vec{d}=\vec{a}+2\vec{b}+\vec{c}+2\vec{d}$$
$$\therefore \quad \vec{a}+\vec{c}=\vec{b}+\vec{d}$$

よって，示された．

(3) $\vec{a}+\vec{c}=\vec{b}+\vec{d}$ より

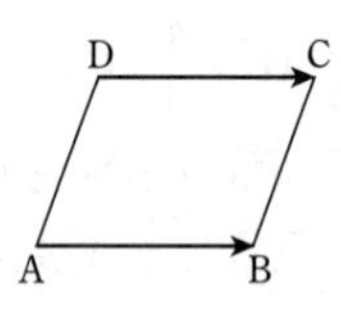

$$\vec{c}-\vec{d}=\vec{b}-\vec{a}$$

つまり，$\overrightarrow{DC}=\overrightarrow{AB}$

これは，AB∥DC かつ AB＝DC を意味するので，ABCD は平行四辺形．

9 (ア) $s\vec{a}+t\vec{b}$ の成分と $\vec{c}$ の成分を比較する．

(イ) (1) $\overrightarrow{GB}=\overrightarrow{CP}$，$\overrightarrow{GC}=\overrightarrow{AQ}$，$\overrightarrow{GA}=\overrightarrow{BR}$ である．

解 (ア) $\vec{a}=(1,\ 3)$，$\vec{b}=(-2,\ 5)$ のとき，

$$s\vec{a}+t\vec{b}=s(1,\ 3)+t(-2,\ 5)$$
$$=(s-2t,\ 3s+5t)$$

これが $\vec{c}=(10,\ -3)$ に等しいとき，

$$s-2t=10 \cdots\cdots ①, \quad 3s+5t=-3 \cdots\cdots ②$$

①から s を t で表して②に代入すると，

$$3(2t+10)+5t=-3 \quad \therefore \quad t=-3$$

よって，$s=4$ で，答えは $\vec{\boldsymbol{c}}=\mathbf{4}\vec{\boldsymbol{a}}-\mathbf{3}\vec{\boldsymbol{b}}$

(イ) (1) $\overrightarrow{CP}=\overrightarrow{GB}=(0,\ 5)-(1,\ 2)=(-1,\ 3)$ より，$\overrightarrow{OP}=\overrightarrow{OC}+\overrightarrow{CP}=(-2,\ 1)+(-1,\ 3)=(-3,\ 4)$

$\overrightarrow{AQ}=\overrightarrow{GC}=(-2,\ 1)-(1,\ 2)=(-3,\ -1)$ より，

$\overrightarrow{OQ}=\overrightarrow{OA}+\overrightarrow{AQ}=(5,\ 0)+(-3,\ -1)=(2,\ -1)$

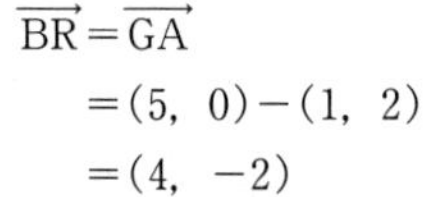

$\overrightarrow{BR}=\overrightarrow{GA}$

$=(5,\ 0)-(1,\ 2)$

$=(4,\ -2)$

より,

$\overrightarrow{OR}=\overrightarrow{OB}+\overrightarrow{BR}$

$=(0,\ 5)+(4,\ -2)$

$=(4,\ 3)$

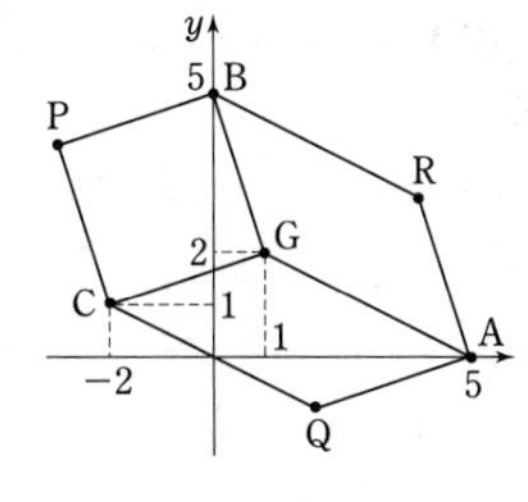

答えは, **P(−3, 4)**, **Q(2, −1)**, **R(4, 3)**

(2) AR=GB=CP, BP=GC=AQ, CQ=GA=BR より, 周の長さは

$\quad$ AR+RB+BP+PC+CQ+QA

$=2(\mathrm{GA}+\mathrm{GB}+\mathrm{GC})$

$=2(\sqrt{4^2+(-2)^2}+\sqrt{(-1)^2+3^2}+\sqrt{(-3)^2+(-1)^2})$

$=2(\sqrt{20}+\sqrt{10}+\sqrt{10})=\mathbf{4(\sqrt{5}+\sqrt{10})}$

(3) △PQR の重心を G′ とすると,

$$\overrightarrow{OG'}=\frac{1}{3}(\overrightarrow{OP}+\overrightarrow{OQ}+\overrightarrow{OR})$$

$$=\frac{1}{3}\{(-3,\ 4)+(2,\ -1)+(4,\ 3)\}=(1,\ 2)$$

よって, 求める重心の座標は **(1, 2)**

▨ △PQR の重心は △ABC の重心と一致する. (3)の G′ が G と一致するのは, G が △ABC の重心だからである. 一般には, 次のようになる.

G が △ABC の重心のとき, $\overrightarrow{GA}+\overrightarrow{GB}+\overrightarrow{GC}=\vec{0}$

P, Q, R を題意のように (平行四辺形になるように) 定めると,

$\overrightarrow{GP}=\overrightarrow{GB}+\overrightarrow{GC}$, $\overrightarrow{GQ}=\overrightarrow{GC}+\overrightarrow{GA}$, $\overrightarrow{GR}=\overrightarrow{GA}+\overrightarrow{GB}$

であるから,

$\overrightarrow{GP}+\overrightarrow{GQ}+\overrightarrow{GR}=2(\overrightarrow{GA}+\overrightarrow{GB}+\overrightarrow{GC})=\vec{0}$

これは, G が △PQR の重心であることを示している.

10 (ア) (3)以降は, 一方のベクトルを平行移動して始点を合わせよう.

(イ) $\overrightarrow{OA}\cdot\overrightarrow{OB}=\mathrm{OA}\cdot\mathrm{OB}\cdot\cos\theta$ を用いて計算するが, OA, $\cos\theta$ それぞれを求める必要はない. 解答のように, $\mathrm{OA}\cos\theta$ が図から求められるのがポイント.

解 (ア) 図の・印は 30°, AC=$2\sqrt{3}$, AD=4

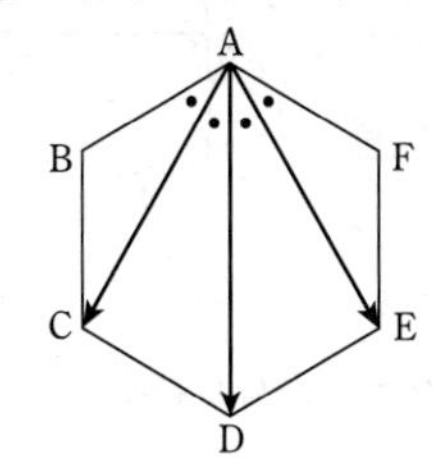

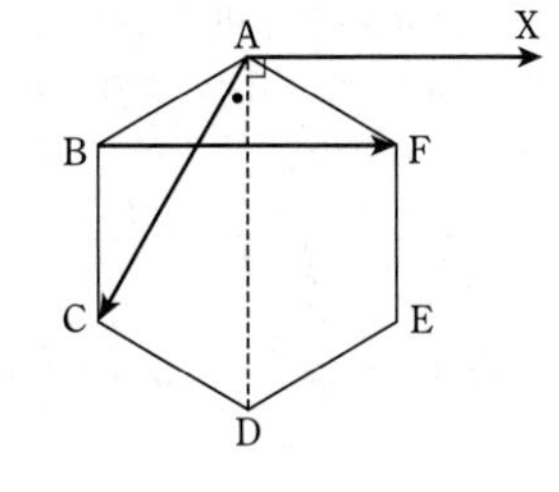

(1) $\overrightarrow{AC}\cdot\overrightarrow{AD}=2\sqrt{3}\cdot4\cdot\cos30^\circ=\mathbf{12}$

(2) $\overrightarrow{AC}\cdot\overrightarrow{AE}=2\sqrt{3}\cdot2\sqrt{3}\cdot\cos60^\circ=\mathbf{6}$

(3) $\overrightarrow{BF}=\overrightarrow{AX}$ となる点 X をとると, $\overrightarrow{AC}$ と $\overrightarrow{AX}$ のなす角は ∠XAD+∠DAC=90°+30°=120° となるので,

$\overrightarrow{AC}\cdot\overrightarrow{BF}=2\sqrt{3}\cdot2\sqrt{3}\cdot\cos120^\circ=\mathbf{-6}$

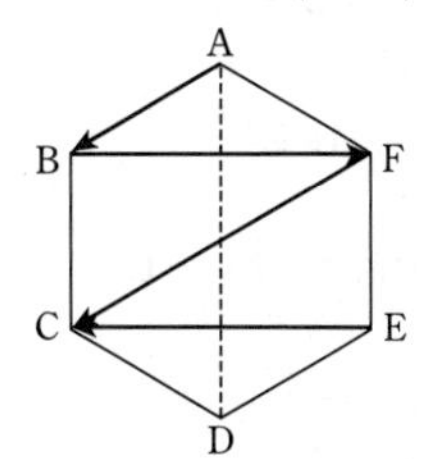

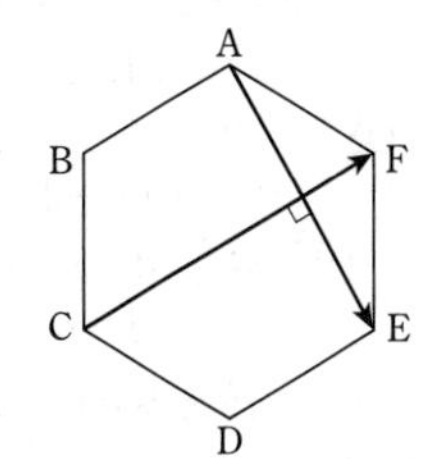

(4) $\overrightarrow{AB}\cdot\overrightarrow{FC}=2\cdot4\cdot\cos0^\circ=\mathbf{8}$

(5) $\overrightarrow{BF}\cdot\overrightarrow{EC}=2\sqrt{3}\cdot2\sqrt{3}\cdot\cos180^\circ=\mathbf{-12}$

(6) $\overrightarrow{AE}\cdot\overrightarrow{CF}=2\sqrt{3}\cdot4\cdot\cos90^\circ=\mathbf{0}$

(イ) A から直線 OB に垂直 AH を下ろす. $\overrightarrow{OA}$ と $\overrightarrow{OB}$ のなす角を θ とすると, (cos の定義から)

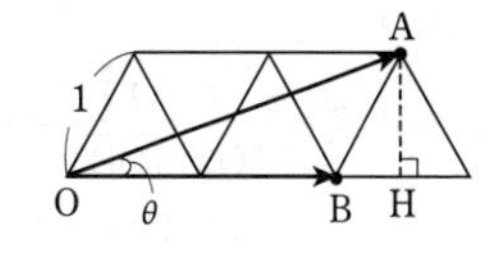

$$\mathrm{OA}\cos\theta=\mathrm{OH}=\frac{5}{2}\qquad\left(\mathrm{BH}=\frac{1}{2}\right)$$

よって,

$$\overrightarrow{OA}\cdot\overrightarrow{OB}=\mathrm{OA}\cdot\mathrm{OB}\cdot\cos\theta=\mathrm{OB}\cdot(\mathrm{OA}\cos\theta)$$

$$=2\cdot\frac{5}{2}=\mathbf{5}$$

11 計算は例題と同様である. 解答する上では図は必要なく, 定義・公式にあてはめて計算すればよいが, 図を描くと(4)と(5)の関連がわかる (☞▨).

解 A$(-1,\ 2+\sqrt{3})$, X$(2+t,\ t)$

(1) B$(-\sqrt{3}-1,\ -3-\sqrt{3})$ のとき,

$$\overrightarrow{OA}\cdot\overrightarrow{OB}=(-1)(-\sqrt{3}-1)+(2+\sqrt{3})(-3-\sqrt{3})$$

$$=\sqrt{3}+1-(9+5\sqrt{3})=\mathbf{-8-4\sqrt{3}}$$

$$|\overrightarrow{OA}|=\sqrt{(-1)^2+(2+\sqrt{3})^2}=\sqrt{1+7+4\sqrt{3}}$$

$$=\sqrt{8+4\sqrt{3}}$$

$$|\overrightarrow{OB}|=\sqrt{(-\sqrt{3}-1)^2+(-3-\sqrt{3})^2}$$

$$=\sqrt{4+2\sqrt{3}+12+6\sqrt{3}}=\sqrt{16+8\sqrt{3}}$$

$$=\sqrt{2}\sqrt{8+4\sqrt{3}}$$

より, $\overrightarrow{OA}$ と $\overrightarrow{OB}$ のなす角を θ_1 とすると,

$$\cos\theta_1=\frac{\overrightarrow{OA}\cdot\overrightarrow{OB}}{|\overrightarrow{OA}||\overrightarrow{OB}|}=\frac{-(8+4\sqrt{3})}{\sqrt{8+4\sqrt{3}}\cdot\sqrt{2}\sqrt{8+4\sqrt{3}}}$$

$$=-\frac{8+4\sqrt{3}}{\sqrt{2}(8+4\sqrt{3})}=-\frac{1}{\sqrt{2}}$$

$\therefore\ \boldsymbol{\theta_1=135^\circ}$

(2) $\overrightarrow{\mathrm{OA}}\cdot\overrightarrow{\mathrm{OX}}=(-1)\cdot(2+t)+(2+\sqrt{3})t$
$=-2+(1+\sqrt{3})t$

よって，$\overrightarrow{\mathrm{OA}}\perp\overrightarrow{\mathrm{OX}}$ のとき，$-2+(1+\sqrt{3})t=0$

$\therefore\ \boldsymbol{t}=\dfrac{2}{\sqrt{3}+1}=\dfrac{2(\sqrt{3}-1)}{(\sqrt{3}+1)(\sqrt{3}-1)}=\boldsymbol{\sqrt{3}-1}$

これより，$\mathrm{C}(\sqrt{3}+1,\ \sqrt{3}-1)$

(3) $|\overrightarrow{\mathrm{OX}}|^2=(2+t)^2+t^2=2t^2+4t+4$
$=2(t+1)^2+2$

だから，$|\overrightarrow{\mathrm{OX}}|$ が最小になる t の値は，$\boldsymbol{t=-1}$

これより，$\mathrm{D}(1,\ -1)$

(4) $\overrightarrow{\mathrm{OC}}$ と $\overrightarrow{\mathrm{OD}}$ のなす角を θ_2 とすると，

$\overrightarrow{\mathrm{OC}}\cdot\overrightarrow{\mathrm{OD}}=(\sqrt{3}+1)\cdot1+(\sqrt{3}-1)\cdot(-1)=2,$

$|\overrightarrow{\mathrm{OC}}|=\sqrt{(\sqrt{3}+1)^2+(\sqrt{3}-1)^2}$
$=\sqrt{4+2\sqrt{3}+4-2\sqrt{3}}=\sqrt{8}=2\sqrt{2}$

$|\overrightarrow{\mathrm{OD}}|=\sqrt{2}$

より，$\cos\theta_2=\dfrac{\overrightarrow{\mathrm{OC}}\cdot\overrightarrow{\mathrm{OD}}}{|\overrightarrow{\mathrm{OC}}||\overrightarrow{\mathrm{OD}}|}=\dfrac{2}{2\sqrt{2}\cdot\sqrt{2}}=\dfrac{1}{2}$

$\therefore\ \boldsymbol{\theta_2=60^\circ}$

(5) $\overrightarrow{\mathrm{DC}}=(\sqrt{3}+1,\ \sqrt{3}-1)-(1,\ -1)=(\sqrt{3},\ \sqrt{3})$

である．また，

$|\overrightarrow{\mathrm{OA}}|=\sqrt{8+4\sqrt{3}}=\sqrt{8+2\sqrt{12}}=\sqrt{2}+\sqrt{6}$

[和が 8，積が 12 になる 2 数は 2 と 6]

である．$\overrightarrow{\mathrm{OA}}$ と $\overrightarrow{\mathrm{DC}}$ のなす角を θ_3 とすると，

$\overrightarrow{\mathrm{OA}}\cdot\overrightarrow{\mathrm{DC}}=(-1)\cdot\sqrt{3}+(2+\sqrt{3})\cdot\sqrt{3}=3+\sqrt{3}$

$|\overrightarrow{\mathrm{DC}}|=\sqrt{3+3}=\sqrt{6}$

より，

$$\cos\theta_3=\frac{\overrightarrow{\mathrm{OA}}\cdot\overrightarrow{\mathrm{DC}}}{|\overrightarrow{\mathrm{OA}}||\overrightarrow{\mathrm{DC}}|}=\frac{3+\sqrt{3}}{(\sqrt{2}+\sqrt{6})\sqrt{6}}$$
$$=\frac{3+\sqrt{3}}{6+2\sqrt{3}}=\frac{1}{2}$$

$\therefore\ \boldsymbol{\theta_3=60^\circ}$

▨ X は直線 $y=x-2$ 上を動く．この直線を l とする．(2)(3)より，C は l 上で OA⊥OC となる点，D は l 上で OD⊥l となる点である．従って，直線 OA と l の交点を E とすれば，

$\theta_2=\angle\mathrm{DOC}=90^\circ-\angle\mathrm{EOD}$

[AE⊥OC に注意]

$=\angle\mathrm{OED}=\theta_3$

となる．これが，(4)と(5)の答えが一致する理由である．なお，図の θ_4 は 15°，θ_5 は 30° となっている．

12 (ア) $(\vec{a}+3\vec{b})\cdot(2\vec{a}-3\vec{b})=0$ と条件から求める．

(イ) $|\vec{a}-3\vec{b}|^2=(\vec{a}-3\vec{b})\cdot(\vec{a}-3\vec{b})$ を計算する．

(ウ) (2) 一般に，$|\vec{x}|=0 \iff \vec{x}=\vec{0}$ である．

解 (ア) $|\vec{a}|^2=25,\ |\vec{b}|^2=4$ より，

$(\vec{a}+3\vec{b})\cdot(2\vec{a}-3\vec{b})$
$=2\vec{a}\cdot\vec{a}+3\vec{a}\cdot\vec{b}-9\vec{b}\cdot\vec{b}$
$=2|\vec{a}|^2-9|\vec{b}|^2+3\vec{a}\cdot\vec{b}$
$=2\cdot25-9\cdot4+3\vec{a}\cdot\vec{b}=14+3\vec{a}\cdot\vec{b}$

垂直の条件から，$14+3\vec{a}\cdot\vec{b}=0$

$\therefore\ 14+3|\vec{a}||\vec{b}|\cos\theta=0$

$\therefore\ \cos\theta=-\dfrac{14}{3|\vec{a}||\vec{b}|}=-\dfrac{14}{3\cdot5\cdot2}=\boldsymbol{-\dfrac{7}{15}}$

(イ) $|\vec{a}-3\vec{b}|^2=(\vec{a}-3\vec{b})\cdot(\vec{a}-3\vec{b})$
$=|\vec{a}|^2-6\vec{a}\cdot\vec{b}+9|\vec{b}|^2$
$=9-6\cdot5+9\cdot16=123$

$\therefore\ \boldsymbol{|\vec{a}-3\vec{b}|=\sqrt{123}}$

(ウ) (1) $|\vec{d}|^2=|\sqrt{3}\,\vec{a}+\vec{b}|^2$
$=(\sqrt{3}\,\vec{a}+\vec{b})\cdot(\sqrt{3}\,\vec{a}+\vec{b})$
$=3|\vec{a}|^2+2\sqrt{3}\,\vec{a}\cdot\vec{b}+|\vec{b}|^2$
$=3\cdot1^2+2\sqrt{3}\cdot0+1^2=4$

より，$\boldsymbol{|\vec{d}|}=\sqrt{4}=\boldsymbol{2}$

$\boldsymbol{\vec{c}\cdot\vec{d}}=\vec{c}\cdot(\sqrt{3}\,\vec{a}+\vec{b})=\sqrt{3}\,\vec{a}\cdot\vec{c}+\vec{b}\cdot\vec{c}$
$=\sqrt{3}\cdot\left(-\dfrac{\sqrt{3}}{2}\right)-\dfrac{1}{2}=\boldsymbol{-2}$

(2) $|2\vec{c}+\vec{d}|^2=(2\vec{c}+\vec{d})\cdot(2\vec{c}+\vec{d})$
$=4|\vec{c}|^2+4\vec{c}\cdot\vec{d}+|\vec{d}|^2$
$=4\cdot1^2+4\cdot(-2)+4=\boldsymbol{0}$

よって，$2\vec{c}+\vec{d}=\vec{0}$

従って，$2\vec{c}+\sqrt{3}\,\vec{a}+\vec{b}=\vec{0}$ となり，示された．

▨ $\sqrt{3}\,\vec{a}+\vec{b}+2\vec{c}=\vec{0}$ は次のように求められる．

大きさと内積の条件から，

$\vec{a}$ と $\vec{b}$ のなす角は 90°

$\vec{b}$ と $\vec{c}$ のなす角は 120°

$\vec{c}$ と $\vec{a}$ のなす角は 150°

となるので，右図のようになる．これより，

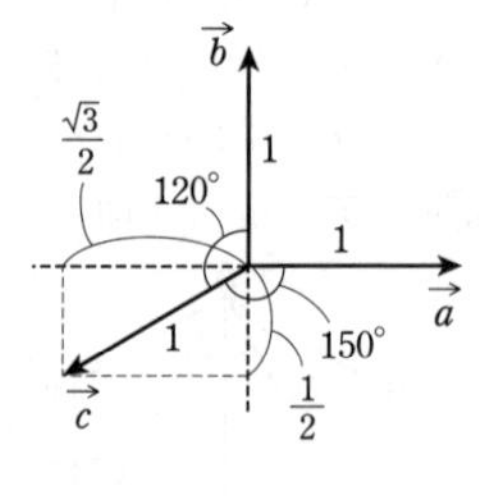

$\vec{c}=-\dfrac{\sqrt{3}}{2}\vec{a}-\dfrac{1}{2}\vec{b}$

となり，整理して $\sqrt{3}\,\vec{a}+\vec{b}+2\vec{c}=\vec{0}$ が得られる．

13 (ア)(イ) 直線 L_1, L_2 の方程式を求めることもできるが，例題の解答と同様，直線の方程式は求めずに解いてみる．

(ウ) (1)は例題と同じ計算．(2)は，l_1', l_2' の方程式を求めてもよいし，S(a, b) とおいて条件を式で表してもよい．(3)は，l_1 の法線ベクトルが $\vec{a}$，l_1' の方向ベクトルが $\vec{a}$ であることから，$l_1\perp l_1'$ と言える．同様に $l_2\perp l_2'$ である．これより ∠PQS＝∠PRS＝90° となるが，このことから何が言えるかを考えよう．

解 (ア) A(4, 1), X(10, t), $\vec{n}=(4,\ -3)$ で $\overrightarrow{AX}\perp\vec{n}$，つまり $\overrightarrow{AX}\cdot\vec{n}=0$ だから，

$$(6,\ t-1)\cdot(4,\ -3)=0$$

$$\therefore\ 6\cdot4+(t-1)\cdot(-3)=0$$

これを解いて，$\boldsymbol{t=9}$

(イ) B(−1, 3), Y(u, 15), $\vec{l}=(1,\ -4)$ で $\overrightarrow{BY}/\!/\vec{l}$，すなわち $\overrightarrow{BY}=s\vec{l}$ と書けるから，

$$(u+1,\ 12)=s(1,\ -4)$$

$$\therefore\ u+1=s,\quad 12=-4s$$

従って，$s=-3$，　$\boldsymbol{u=-4}$

▨ ［公式］ 法線ベクトルが $(a,\ b)$ で点 $(x_0,\ y_0)$ を通る直線の方程式は $a(x-x_0)+b(y-y_0)=0$

▨ 直線の方程式を求めると，(ア)は $4x-3y-13=0$，(イ)は $y=-4x-1$ となる．

(ウ) (1) Q(q, 0) とおくと，$\overrightarrow{QP}\perp\vec{a}$ だから，

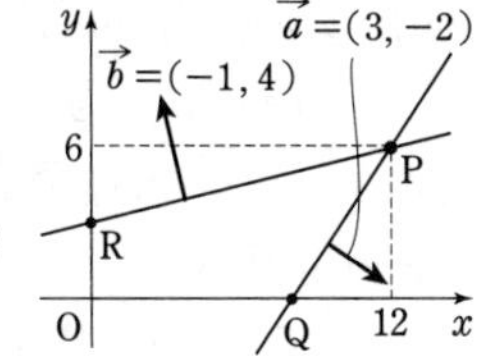

$$(12-q,\ 6)\cdot(3,\ -2)=0$$

$$\therefore\ 3(12-q)+6\cdot(-2)=0$$

これを解いて $q=8$

よって，**Q(8, 0)**

R(0, r) とおくと，$\overrightarrow{RP}\perp\vec{b}$ だから

$$(12,\ 6-r)\cdot(-1,\ 4)=0$$

$$\therefore\ -12+(6-r)\cdot4=0\qquad\qquad \therefore\ r=3$$

よって，**R(0, 3)**

(2) l_1' の方向ベクトルは (3, −2) だから直線 l_1' の傾きは $-\dfrac{2}{3}$ であり，l_1' の方程式は，Q(8, 0) を通ることから，$y=-\dfrac{2}{3}(x-8)$ ……①

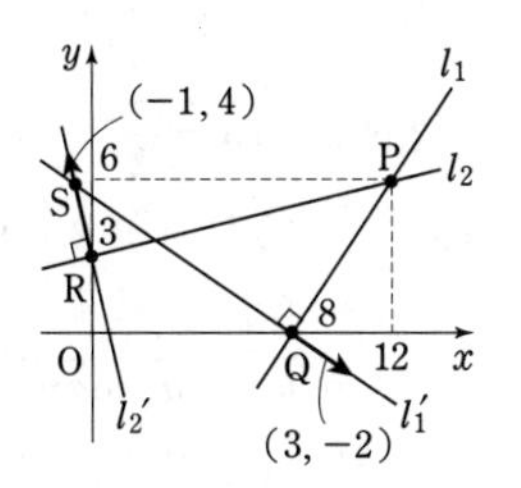

となる．同様に，l_2' の傾きは −4，方程式は $y=-4x+3$ ……② となる．

Sは①と②の交点だから，y を消去すると

$$-\frac{2}{3}(x-8)=-4x+3$$

$$\therefore\ -2x+16=-12x+9$$

これにより $x=-\dfrac{7}{10}$，$y=\dfrac{29}{5}$ で $\mathbf{S}\left(-\dfrac{\mathbf{7}}{\mathbf{10}},\ \dfrac{\mathbf{29}}{\mathbf{5}}\right)$

(3) l_1 の法線ベクトルが $\vec{a}$，l_1' の方向ベクトルが $\vec{a}$ だから，$l_1\perp l_1'$ である．同様に $l_2\perp l_2'$ となるから，

∠PQS＝∠PRS＝90°

これは，PS を直径とする円が Q, R を通ることを意味しているので，P, Q, R を通る円の中心は PS の中点，つまり

$$\left(\frac{1}{2}\left(12-\frac{7}{10}\right),\ \frac{1}{2}\left(6+\frac{29}{5}\right)\right)$$

である．計算すると，答えは $\left(\dfrac{\mathbf{113}}{\mathbf{20}},\ \dfrac{\mathbf{59}}{\mathbf{10}}\right)$

▨ (2)で S(a, b) とおいて $\overrightarrow{QS}/\!/\vec{a}$，$\overrightarrow{RS}/\!/\vec{b}$ を式で書くと，

$$(a-8,\ b)=s(3,\ -2),\ (a,\ b-3)=t(-1,\ 4)$$

$$\therefore\ a-8=3s,\ b=-2s,\ a=-t,\ b-3=4t$$

となる．ここから s, t を消去して得られる式は①，②（の x を a, y を b にしたもの）であるから，この問題では最初から直線の方程式を求めるのがよいだろう．

14 (ア)は例題と同様に法線ベクトルどうしのなす角を求める．(イ)は方向ベクトルどうしのなす角を計算する．(ウ)は，計算すると，$\theta_1=\theta_2$（つまり，3直線で囲まれる三角形は二等辺三角形）となる．既に求めてある $\cos\theta_1$ の値から3辺の長さの比がわかる．

解 (ア) $l_1: x+2y+4=0$, $l_2: 3x-4y+5=0$ とする．

l_1 の法線ベクトルとして，$\overrightarrow{n_1}=(1,\ 2)$

l_2 の法線ベクトルとして，$\overrightarrow{n_2}=(3,\ -4)$

がとれる．$\overrightarrow{n_1}$ と $\overrightarrow{n_2}$ のなす角を φ とすると，

$$\cos\varphi=\frac{\overrightarrow{n_1}\cdot\overrightarrow{n_2}}{|\overrightarrow{n_1}||\overrightarrow{n_2}|}=\frac{1\cdot3+2\cdot(-4)}{\sqrt{1^2+2^2}\sqrt{3^2+(-4)^2}}$$

$$=\frac{-5}{\sqrt{5}\cdot5}=-\frac{1}{\sqrt{5}}$$

$\cos\varphi<0$ だから $\theta=180°-\varphi$ であり，

$$\cos\theta=-\cos\varphi=\boldsymbol{\frac{1}{\sqrt{5}}}$$

(イ) $y=\dfrac{3}{2}x+4$ の方向ベクトルとして $\left(1,\ \dfrac{3}{2}\right)$ がとれる．これは，$\overrightarrow{l_1}=(2,\ 3)$ と平行．

$y=-\dfrac{12}{5}x+1$ の方向ベクトルとして $\left(1,\ -\dfrac{12}{5}\right)$ がとれる．これは，$\overrightarrow{l_2}=(5,\ -12)$ と平行．

$\overrightarrow{l_1}$ と $\overrightarrow{l_2}$ のなす角を φ とすると，

$$\cos\varphi=\frac{\overrightarrow{l_1}\cdot\overrightarrow{l_2}}{|\overrightarrow{l_1}||\overrightarrow{l_2}|}=\frac{2\cdot5+3\cdot(-12)}{\sqrt{2^2+3^2}\sqrt{5^2+(-12)^2}}$$

$$=\frac{-26}{\sqrt{13}\cdot13}=-\frac{2}{\sqrt{13}}$$

$\cos\varphi<0$ だから $\theta=180^\circ-\varphi$ であり，

$$\cos\theta=-\cos\varphi=\mathbf{\frac{2}{\sqrt{13}}}$$

（ウ）　$l_1：x-2y+3=0$，$l_2：9x-8y+6=0$

$l_3：x-12y+2=0$

l_1 の法線ベクトルとして，$\overrightarrow{n_1}=(1,\ -2)$

l_2 の法線ベクトルとして，$\overrightarrow{n_2}=(9,\ -8)$

l_3 の法線ベクトルとして，$\overrightarrow{n_3}=(1,\ -12)$

がとれる．

（1）　$\overrightarrow{n_1}$ と $\overrightarrow{n_2}$ のなす角を φ_1 とすると，

$$\cos\varphi_1=\frac{\overrightarrow{n_1}\cdot\overrightarrow{n_2}}{|\overrightarrow{n_1}||\overrightarrow{n_2}|}=\frac{1\cdot9+(-2)\cdot(-8)}{\sqrt{1^2+(-2)^2}\sqrt{9^2+(-8)^2}}$$

$$=\frac{25}{\sqrt{5}\sqrt{145}}=\frac{5}{\sqrt{29}}$$

よって，$\mathbf{\cos\theta_1=\frac{5}{\sqrt{29}}}$

（2）　$\overrightarrow{n_1}$ と $\overrightarrow{n_3}$ のなす角を φ_2 とすると，

$$\cos\varphi_2=\frac{\overrightarrow{n_1}\cdot\overrightarrow{n_3}}{|\overrightarrow{n_1}||\overrightarrow{n_3}|}=\frac{1\cdot1+(-2)\cdot(-12)}{\sqrt{1^2+(-2)^2}\sqrt{1^2+(-12)^2}}$$

$$=\frac{25}{\sqrt{5}\sqrt{145}}=\frac{5}{\sqrt{29}}$$

よって，$\mathbf{\cos\theta_2=\frac{5}{\sqrt{29}}}$

（3）　l_1，l_2，l_3 の位置関係は右のようになっていて，（1）（2）より $\theta_1=\theta_2$ である．従って，この三角形を右下のようにPQRとし，QRの中点をMとすれば，PM⊥QRで

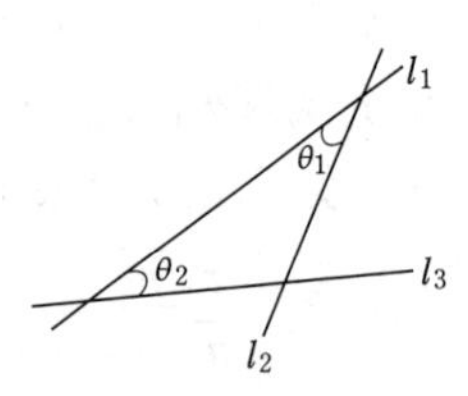

$$\cos\theta_1=\cos\theta_2=\frac{5}{\sqrt{29}}$$

となっている．つまり，

$$\mathrm{PQ}:\mathrm{QM}=\sqrt{29}:5$$

であるから，3辺の長さの比は

$$\mathrm{PQ}:\mathrm{QR}:\mathrm{RP}=\mathrm{PQ}:2\mathrm{QM}:\mathrm{PQ}=\mathbf{\sqrt{29}:10:\sqrt{29}}$$

15　（1）（2）　$|\overrightarrow{\mathrm{CP}}|=$（半径）の形にする．
（3）（4）　直径の両端タイプ．（4）は"因数分解"して（3）の形にしよう．

解　（1）　中心Cは $\overrightarrow{\mathrm{OC}}=3\vec{a}$ であって，$|\vec{p}-3\vec{a}|=2$ は $|\overrightarrow{\mathrm{OP}}-\overrightarrow{\mathrm{OC}}|=2$，つまり

$$|\overrightarrow{\mathrm{CP}}|=2$$

となるから，半径が2の円を表す．よって，

$\mathbf{OC=|3\vec{a}|=3}$，$\boldsymbol{r=2}$

（2）　$|3\vec{p}-\vec{a}|=4$ は

$\left|\vec{p}-\frac{1}{3}\vec{a}\right|=\frac{4}{3}$ となるから，中心は $\overrightarrow{\mathrm{OC}}=\frac{1}{3}\vec{a}$ であって，

$|\overrightarrow{\mathrm{CP}}|=\frac{4}{3}$

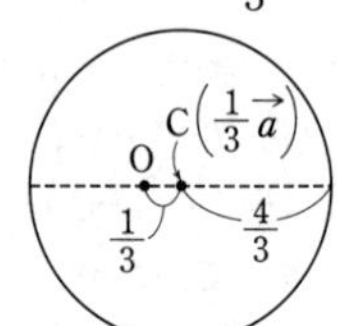

答えは，

$\mathbf{OC=\frac{1}{3}}$，$\boldsymbol{r=\frac{4}{3}}$

（3）　$\overrightarrow{\mathrm{OD}}=-\vec{a}$，$\overrightarrow{\mathrm{OE}}=5\vec{a}$ でD，Eを定めると，$(\vec{p}+\vec{a})\cdot(\vec{p}-5\vec{a})=0$ は $\overrightarrow{\mathrm{DP}}\cdot\overrightarrow{\mathrm{EP}}=0$ となる．

このようなPの全体はDEを直径とする円になるから，中心CはDEの中点で $\overrightarrow{\mathrm{OC}}=2\vec{a}$，半径はCE（$=|3\vec{a}|$）となる．答えは

$\mathbf{OC=2}$，$\boldsymbol{r=3}$

（4）　$\vec{p}\cdot\vec{p}+\vec{p}\cdot\vec{a}-6\vec{a}\cdot\vec{a}=0$ は

$$(\vec{p}+3\vec{a})\cdot(\vec{p}-2\vec{a})=0$$

だから，$\overrightarrow{\mathrm{OF}}=-3\vec{a}$，$\overrightarrow{\mathrm{OG}}=2\vec{a}$ でF，Gを定めると

$$\overrightarrow{\mathrm{FP}}\cdot\overrightarrow{\mathrm{GP}}=0$$

となる．このようなPの全体はFGを直径とする円になるから，中心CはFGの中点で $\overrightarrow{\mathrm{OC}}=-\frac{1}{2}\vec{a}$，

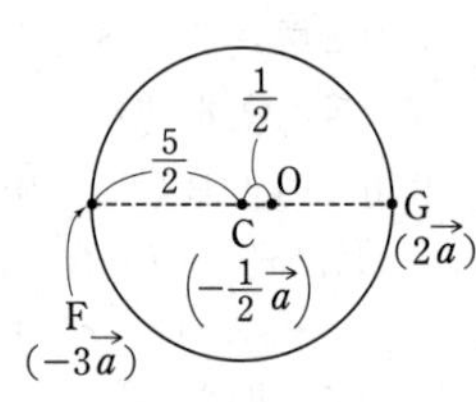

半径はCF$\left(=\left|\frac{5}{2}\vec{a}\right|\right)$となる．

答えは，$\mathbf{OC=\frac{1}{2}}$，$\boldsymbol{r=\frac{5}{2}}$

▨（3）（4）も（1）（2）の形にすることができる．ここでは（4）でやってみる．［平方完成と同じように］

$$\vec{p}\cdot\vec{p}+\vec{p}\cdot\vec{a}-6\vec{a}\cdot\vec{a}$$

$$=\left(\vec{p}+\frac{1}{2}\vec{a}\right)\cdot\left(\vec{p}+\frac{1}{2}\vec{a}\right)-\frac{1}{4}|\vec{a}|^2-6|\vec{a}|^2$$

$$=\left|\vec{p}+\frac{1}{2}\vec{a}\right|^2-\frac{25}{4}\qquad(|\vec{a}|=1\text{ を用いた})$$

これが0なので，$\left|\vec{p}+\frac{1}{2}\vec{a}\right|=\frac{5}{2}$

ベクトル

第1部 空間のベクトル

空間のベクトル 公式など

空間のベクトルについても，平面のベクトルの公式などで述べた【ベクトルの基本，点の表現】は成り立つ．

【空間における点の表現】

（1） 空間内の点の表現

$\vec{a}$，$\vec{b}$，$\vec{c}$ を空間内のベクトルとし，（始点をOにそろえて）$\overrightarrow{\mathrm{OA}}=\vec{a}$，$\overrightarrow{\mathrm{OB}}=\vec{b}$，$\overrightarrow{\mathrm{OC}}=\vec{c}$ とする．

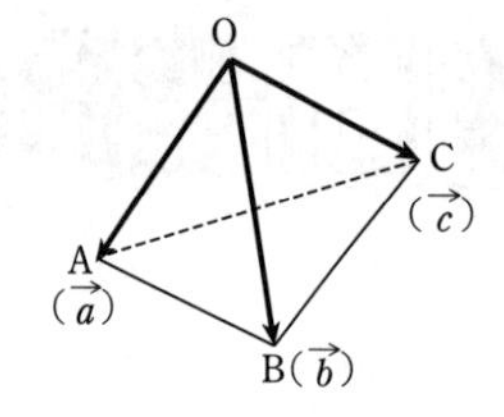

4点O，A，B，Cが四面体を作るとき，空間内の点Pは，

$$\overrightarrow{\mathrm{OP}}=s\vec{a}+t\vec{b}+u\vec{c}\quad (s,\ t,\ u\text{は実数})$$

の形に一通りに表せる．

このことから，**O，A，B，Cが四面体を作るとき，**

$$\boldsymbol{s\overrightarrow{\mathrm{OA}}+t\overrightarrow{\mathrm{OB}}+u\overrightarrow{\mathrm{OC}}=s'\overrightarrow{\mathrm{OA}}+t'\overrightarrow{\mathrm{OB}}+u'\overrightarrow{\mathrm{OC}}}$$

$$\boldsymbol{\iff s=s' \text{ かつ } t=t' \text{ かつ } u=u'}$$

（2） 平面上の点の表現

一直線にない3点A，B，Cに対して，平面ABC上の点Pは，

$$\overrightarrow{\mathrm{AP}}=s\overrightarrow{\mathrm{AB}}+t\overrightarrow{\mathrm{AC}}\quad (s,\ t\text{は実数})$$

の形に一通りに表せる．

【空間座標】

（1） 座標

空間内に定点O（原点）をとり，Oにおいて直交する3本の数直線を考え，x軸，y軸，z軸（座標軸）とする．

空間の点Xからx軸，y軸，z軸に下ろした垂線の足をそれぞれA，B，Cとし，それらの各座標軸での座標がa，b，cであるとき，実数の組$(a,\ b,\ c)$を点Xの座標という．

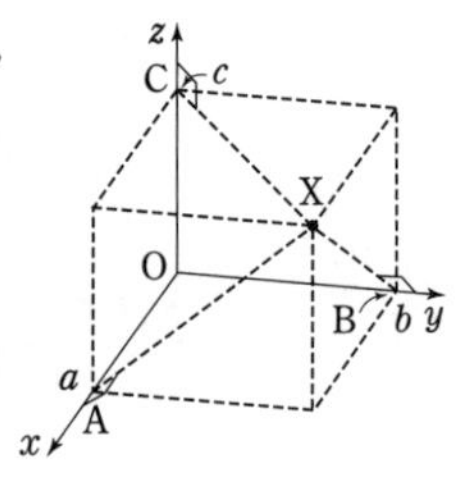

（2） 空間ベクトルの成分表示

$\mathrm{X}(a,\ b,\ c)$のとき，$\overrightarrow{\mathrm{OX}}=\begin{pmatrix}a\\b\\c\end{pmatrix}$ ［または$(a,\ b,\ c)$］と表す．演算（和と実数倍）は，平面と同様に成分ごとに行う．

（3） 2点間の距離

2点$\mathrm{A}(x_1,\ y_1,\ z_1)$，$\mathrm{B}(x_2,\ y_2,\ z_2)$間の距離は

$$\mathrm{AB}=\sqrt{(x_1-x_2)^2+(y_1-y_2)^2+(z_1-z_2)^2}$$

（4） 球面の方程式

点$\mathrm{C}(a,\ b,\ c)$を中心とする半径rの球面の方程式は

$$\boldsymbol{(x-a)^2+(y-b)^2+(z-c)^2=r^2}$$

である．球面上の点を$\mathrm{X}(x,\ y,\ z)$として$\mathrm{CX}=r$の式の両辺を2乗すると上の式になる．

【内積】

内積の定義と計算法則は平面と同じである．

成分表示されたベクトルの内積については，

$$\begin{pmatrix} a_1 \\ a_2 \\ a_3 \end{pmatrix} \cdot \begin{pmatrix} b_1 \\ b_2 \\ b_3 \end{pmatrix} = \boldsymbol{a_1 b_1} + \boldsymbol{a_2 b_2} + \boldsymbol{a_3 b_3}$$

となる．

◆1 空間ベクトルの計算

右図の立方体 ABCD-EFGH について，次の問いに答えよ．ただし，X，Y，Z は A～H のいずれかとする．

（1） $\overrightarrow{EF}=\overrightarrow{AX}$ を満たす点 X を求めよ．

（2） $\overrightarrow{AB}+\overrightarrow{AH}=\overrightarrow{AY}$ を満たす点 Y を求めよ．

（3） $\overrightarrow{AE}+\overrightarrow{HG}-\overrightarrow{DE}=\overrightarrow{AZ}$ を満たす点 Z を求めよ．

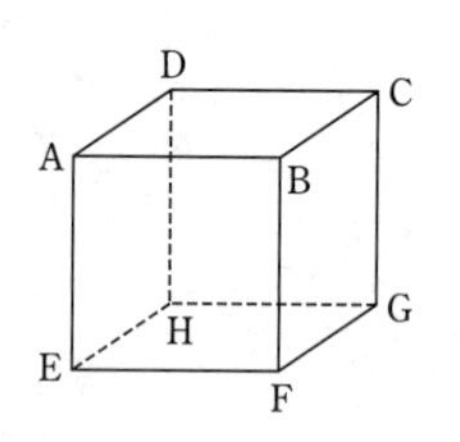

（空間ベクトルの計算） 空間ベクトルも，平面と同様，「向きと大きさをもつもの」であり，演算（実数倍や和）は平面のベクトルと同様に定められる．例えば，空間内で等しいベクトルは，向きと大きさが等しいベクトルであり，例題の立方体では $\overrightarrow{BC}=\overrightarrow{FG}$ などとなる．

（1）は，$\overrightarrow{EF}$ を平行移動して E を A にもっていったときの F が X である．

（2）は，ベクトルをつなぐ，と考えるのがよいだろう．$\overrightarrow{AH}$ を，B を始点とするベクトルに書き直す．

（3）も，（2）と同じ方針で解ける．

解 答

（1） ABFE は正方形だから，

$\overrightarrow{EF}=\overrightarrow{AB}$，つまり **X＝B**

である．

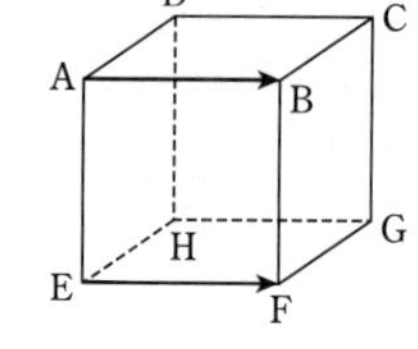

（2） AEHD と BFGC は平行で同じ大きさの正方形だから，$\overrightarrow{AH}=\overrightarrow{BG}$

よって，

$\overrightarrow{AB}+\overrightarrow{AH}=\overrightarrow{AB}+\overrightarrow{BG}=\overrightarrow{AG}$

となり，**Y＝G** である．

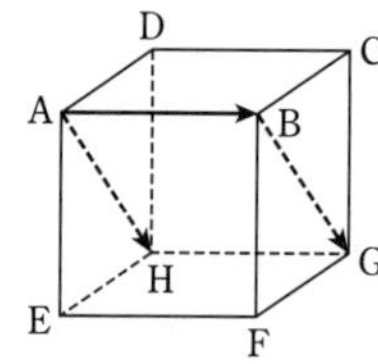

⇦AEHD を AB に沿って平行移動すると BFGC

（3） $\overrightarrow{HG}=\overrightarrow{EF}$ および

$-\overrightarrow{DE}=\overrightarrow{ED}=\overrightarrow{FC}$

より，

$\overrightarrow{AE}+\overrightarrow{HG}-\overrightarrow{DE}$

$=\overrightarrow{AE}+\overrightarrow{EF}+\overrightarrow{FC}$

$=\overrightarrow{AC}$

となり，**Z＝C** である．

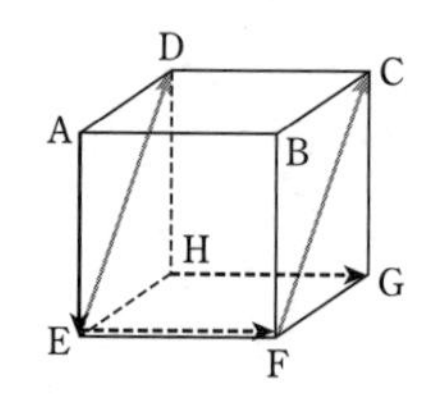

⇦EDCF は長方形だから $\overrightarrow{ED}=\overrightarrow{FC}$

▨ 本問の ABCD-EFGH は立方体だが，平行六面体としても結果は同じになる．

▶1 演習題（解答は p.116）

右図は，立方体 2 個をすき間なく並べたものである．これについて以下の問いに答えよ．ただし，X，Y，Z，W は A～L のいずれかとする．

（1） $\overrightarrow{EK}=\overrightarrow{AX}$ を満たす点 X を求めよ．

（2） $\overrightarrow{AI}+\overrightarrow{HE}=\overrightarrow{AY}$ を満たす点 Y を求めよ．

（3） $\overrightarrow{GE}-\overrightarrow{JD}=\overrightarrow{AZ}$ を満たす点 Z を求めよ．

（4） $\overrightarrow{AW}+\overrightarrow{EA}-\overrightarrow{DK}-2\overrightarrow{FE}=\vec{0}$ を満たす点 W を求めよ．

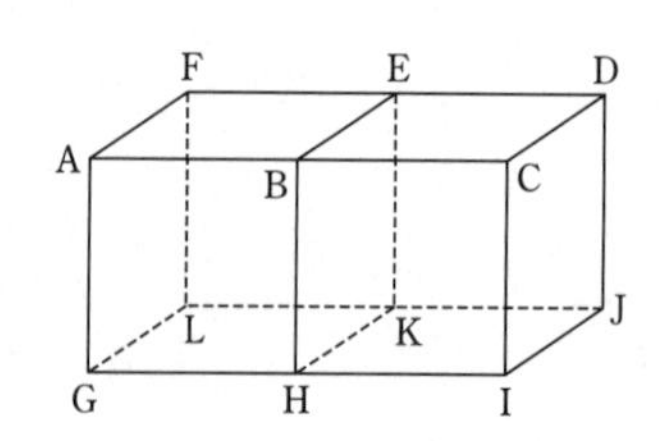

🕒5分

◆2 座標空間における距離

空間内に4点O(0, 0, 0), A(2, 3, 4), B(0, 5, 2), C(7, 2, −5)をとる.

(1) 四面体OABCの4つの面のうち，直角三角形であるもの，二等辺三角形であるものはどれか. それぞれすべて答えよ.

(2) x軸上の点Xで，AX=CXを満たすものを求めよ.

空間内の2点間の距離 座標空間内の2点A(a_1, a_2, a_3), B(b_1, b_2, b_3)について，AB間の距離は

$$AB=\sqrt{(a_1-b_1)^2+(a_2-b_2)^2+(a_3-b_3)^2}$$

である. 図のように，各辺が座標軸に平行でABを対角線とする直方体（つぶれることもある）を考え，三平方の定理を用いると導かれる.

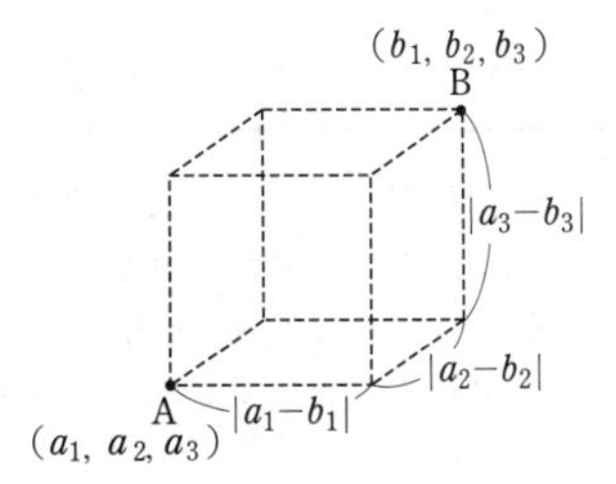

例題の(1)は，各辺の長さの2乗を計算し，面ごとに3辺の長さの2乗を書き並べて探す. ルートをつけて各辺の長さにするメリットはない. (2)は，X(x, 0, 0)とおいて$AX^2=CX^2$からxを求める.

解答

(1) 四面体の各辺の長さの2乗を計算すると

$OA^2=2^2+3^2+4^2=29$, $OB^2=5^2+2^2=29$, $OC^2=7^2+2^2+5^2=78$

$AB^2=2^2+2^2+2^2=12$, $AC^2=5^2+1^2+9^2=107$, $BC^2=7^2+3^2+7^2=107$

となるので，各面（三角形）について，辺の長さの2乗を書き並べると，

△OAB……29, 29, 12　　△OBC……29, 78, 107

△OAC……29, 78, 107　　△ABC……12, 107, 107

これより，**直角三角形は△OBCと△OAC，二等辺三角形は△OABと△ABC**

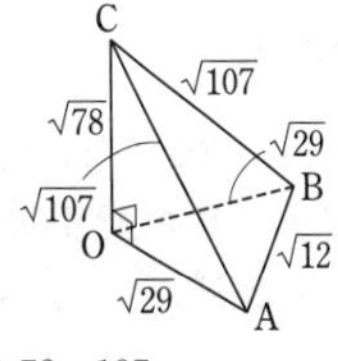

⇦29+78=107

(2) X(x, 0, 0)とおくと，$AX^2=CX^2$より

$(x-2)^2+3^2+4^2=(x-7)^2+2^2+5^2$

$\therefore\ x^2-4x+29=x^2-14x+78$

$\therefore\ 10x=49$　　$\therefore\ x=\dfrac{49}{10}$

⇦定数項は，左辺が$2^2+3^2+4^2$，右辺が$7^2+2^2+5^2$で，どちらも(1)で計算している.

よって，$\mathbf{X\left(\dfrac{49}{10},\ 0,\ 0\right)}$

▶◀2 演習題 （解答はp.116）

空間内に5点O(0, 0, 0), A(3, 1, 10), B(7, 6, 5), C(2, 11, 6), D(x, y, 0)をとる.

(1) 四面体OABCの面のうち，直角三角形，二等辺三角形であるものはどれか. それぞれすべて答えよ.

(2) OD=ADのとき，xとyが満たす関係式を求めよ.

(3) OD=BDのとき，xとyが満たす関係式を求めよ.

(4) OD=AD=BDとなるx, yを求めよ.

🕒10分

◆3 対称点

xyz 空間内に $\mathrm{P}(1,\ 3,\ 5)$ をとる．

（1） 原点に関してPと対称な点をQとする．Qの座標を求めよ．

（2） x 軸に関して(1)のQと対称な点をRとする．Rの座標を求めよ．

（3） Pと(2)のRは［　　］に関して対称である．［　　］にあてはまるものを次の①～③の中から選べ．

① xy 平面　　② yz 平面　　③ xz 平面

対称点とは 点Xに関してPと対称な点がQのとき，XはPQの中点である．特に，Xが原点Oのとき，$\mathrm{P}(a,\ b,\ c)$ と対称な点Qの座標は $\mathrm{Q}(-a,\ -b,\ -c)$ となる．

直線 l に関してPと対称な点が Q' のとき，PQ' はその中点で直線 l と垂直に交わる．つまり，Pから l に垂線 $\mathrm{PH_1}$ を下ろすと，$\mathrm{H_1}$ は PQ' の中点である．特に，l が x 軸のときは，$\mathrm{P}(a,\ b,\ c)$ に対して $\mathrm{H_1}(a,\ 0,\ 0)$ となるから，対称点 Q' の座標は $(a,\ -b,\ -c)$ である．

平面 α に関してPと対称な点が Q'' のとき，PQ'' はその中点で平面 α と垂直に交わる．つまりPから α に垂線 $\mathrm{PH_2}$ を下ろすと，$\mathrm{H_2}$ は PQ'' の中点である．特に，α が xy 平面（x 軸と y 軸を含む平面）のときは，$\mathrm{P}(a,\ b,\ c)$ に対して $\mathrm{H_2}(a,\ b,\ 0)$ となるから，対称点 Q'' の座標は $(a,\ b,\ -c)$ である．

P　X　Q

z　$\mathrm{P}(a, b, c)$　y　O　$\mathrm{H_2}$　$\mathrm{H_1}$　x　Q''　Q'

解 答

（1） PQの中点が $\mathrm{O}(0,\ 0,\ 0)$ なので，$\mathbf{Q(-1,\ -3,\ -5)}$

（2） Qから x 軸に垂線QHを下ろすと，$\mathrm{H}(-1,\ 0,\ 0)$

QRの中点がHだから，$\mathbf{R(-1,\ 3,\ 5)}$

（3） PRの中点は $(0,\ 3,\ 5)$ で，これは yz 平面にある．またPから yz 平面に垂線PIを下ろすと，$\mathrm{I}(0,\ 3,\ 5)$ となって中点と一致するので，答えは②．

⇦中点は対称面上にある．選択肢が平面だけなのでこの方法で特定できるが，演習題は下の表を用いて探す方がよいだろう．

▨ 対称点をまとめると次のようになる．このページの問題は下表を活用して解くのもよい．$(a,\ b,\ c)$ と対称な点の座標は

原点に関して対称…$(-a,\ -b,\ -c)$

x 軸に関して対称…$(a,\ -b,\ -c)$

y 軸に関して対称…$(-a,\ b,\ -c)$

z 軸に関して対称…$(-a,\ -b,\ c)$

xy 平面に関して対称…$(a,\ b,\ -c)$

yz 平面に関して対称…$(-a,\ b,\ c)$

xz 平面に関して対称…$(a,\ -b,\ c)$

▶3 演習題 （解答は p.116）

xyz 空間に $\mathrm{P}(2,\ 3,\ 4)$ をとる．(3)(4)は，空欄にあてはまるものを選択肢①～⑦の中からすべて選べ．

（1） xz 平面に関してPと対称な点をQとする．Qの座標を求めよ．

（2） y 軸に関してPと対称な点をRとする．Rの座標を求めよ．

（3） (1)のQと(2)のRは［　　］に関して対称である．

（4） P，Qから xy 平面にそれぞれ垂線PH，QIを下ろす．HとIは［　　］に関して対称である．

選択肢：① 原点　② x 軸　③ y 軸　④ z 軸
⑤ xy 平面　⑥ yz 平面　⑦ xz 平面

(4)は答えが2つある．

7分

◆ 4 直線上の点の表現

xyz 空間内で 2 点 A(1, −1, 2), B(4, −3, 4) を通る直線を l とする.

(1) 直線 l と xy 平面の交点を C とする. C の座標を求めよ.

(2) 直線 l 上で原点に最も近い点を D とする. D の座標を求めよ.

直線上の点を表すには 直線 AB 上の点を X とし, X および X の座標を, 媒介変数 t を用いて表すことを考えよう. 直線 AB が平面内にあっても空間内にあっても考え方は同じで,「$\overrightarrow{AX}$ が $\overrightarrow{AB}$ と同じ方向」をベクトルで表して $\overrightarrow{AX}=t\overrightarrow{AB}$ (X が A のときは $t=0$ だが, 便宜上, この場合も同じ方向ということにする) となる.

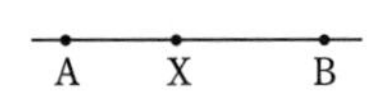

X の座標は $\overrightarrow{OX}$ の成分である. 上式を O を始点に書き直した $\overrightarrow{OX}=\overrightarrow{OA}+\overrightarrow{AX}=\overrightarrow{OA}+t\overrightarrow{AB}$ を使って求める.

(1)の C は, X の z 成分が 0 になる t に対応する点である. (2)は, OX^2 を t で表そう.

解答

直線 AB 上の点 X は, $\overrightarrow{AX}=t\overrightarrow{AB}$ (t は実数) と書けるから,

$$\overrightarrow{OX}=\overrightarrow{OA}+\overrightarrow{AX}=\overrightarrow{OA}+t\overrightarrow{AB}=(1,\ -1,\ 2)+t(3,\ -2,\ 2)$$
$$=(1+3t,\ -1-2t,\ 2+2t)$$

⇦ $\overrightarrow{AB}=(4-1,\ -3-(-1),\ 4-2)$

⇦ $X(1+3t,\ -1-2t,\ 2+2t)$

(1) X の z 座標が 0 になるとき, $2+2t=0$ であるから, $t=-1$

このときの X が C なので, **C(−2, 1, 0)**

(2) $OX^2=(1+3t)^2+(-1-2t)^2+(2+2t)^2$

$$=9t^2+6t+1+4t^2+4t+1+4t^2+8t+4$$
$$=17t^2+18t+6$$
$$=17\left(t+\frac{9}{17}\right)^2-\frac{81}{17}+6$$

⇦ $17\left(t^2+\frac{18}{17}t\right)+6$
$=17\left\{\left(t+\frac{9}{17}\right)^2-\frac{9^2}{17^2}\right\}+6$

より, OX^2 は $t=-\frac{9}{17}$ のときに最小になる. このときの X が D なので座標を計算すると $\mathbf{D\left(-\frac{10}{17},\ \frac{1}{17},\ \frac{16}{17}\right)}$

▨ OD⊥l となっている.

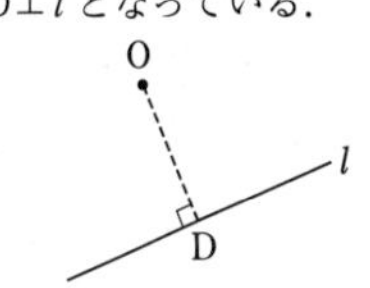

⋈4 演習題 (解答は p.117)

xyz 空間で 2 点 A(0, −4, 7), B(1, −2, 6) を通る直線を l とする. また, C(−1, −3, 4), D(u, 0, 0) (u は実数) とする.

(1) 直線 l と xy 平面の交点を E とする. E の座標を求めよ.

(2) 直線 l 上で D に最も近い点を F とする. F の座標を u で表せ.

(3) (2)の DF が最小になるときの u の値を求めよ.

(4) 直線 l と直線 CD が交わるときの u の値を求めよ.

(4) l 上の点を t, CD 上の点を s で表してみよう.

(1)~(3) 7分
(4) 5分

◆5 平面上の点の表現

xyz 空間内に A(2, −3, −2), B(−3, 2, 1), C(−7, 4, 3) をとる．A，B，C を含む平面に D(d, 8, 7) があるとき，d の値を求めよ．

同一平面上の点を表すには 平面のベクトルと同様に考えればよい．

$\overrightarrow{AB}$ と $\overrightarrow{AC}$ がともに $\vec{0}$ でなく，かつ平行でないとき，

平面 ABC 上の点 D は $\overrightarrow{AD}=s\overrightarrow{AB}+t\overrightarrow{AC}$（$s$，$t$ は実数）と書ける

のであったから，これをそのまま適用して

D が平面 ABC 上にある

$\iff$ $\overrightarrow{AD}=s\overrightarrow{AB}+t\overrightarrow{AC}$ を満たす実数 s，t が存在する

となる．

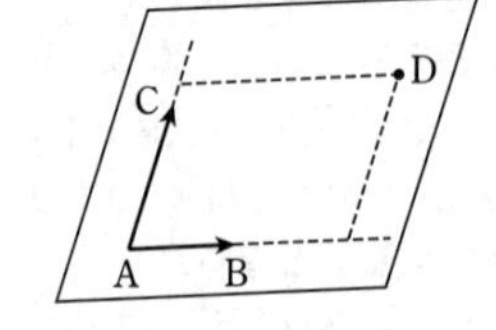

例題では，$\overrightarrow{AD}=s\overrightarrow{AB}+t\overrightarrow{AC}$ を成分で書くと s，t，d の連立方程式が得られる．それを解いて d の値を求めればよい．

解答

A(2, −3, −2), B(−3, 2, 1), C(−7, 4, 3) より

$\overrightarrow{AB}=(-5,\ 5,\ 3)$，$\overrightarrow{AC}=(-9,\ 7,\ 5)$ であり，$\overrightarrow{AB}$ と $\overrightarrow{AC}$ は平行でない．

⇦「AB∥AC $\iff$ $\overrightarrow{AC}=k\overrightarrow{AB}$ となる k が存在」であるが，このような k は明らかに存在しない．

よって，

D(d, 8, 7) が平面 ABC 上にある

$\iff$ $\overrightarrow{AD}=s\overrightarrow{AB}+t\overrightarrow{AC}$……① を満たす実数 s，t が存在する

であり，①を成分で書くと

$(d-2,\ 11,\ 9)=s(-5,\ 5,\ 3)+t(-9,\ 7,\ 5)$

つまり，

$d-2=-5s-9t$……②，$11=5s+7t$……③，$9=3s+5t$……④

となる．

③×3−④×5 より $-12=-4t$ で，$t=3$

これと③より　$s=-2$

これらを②に代入して，

$d=2-5s-9t=2-5\cdot(-2)-9\cdot3=\mathbf{-15}$

▶5 演習題（解答は p.117）

xyz 空間に A(−2, −1, −1), B(2, 0, 1), C(7, 3, 4) をとる．

(1) A，B，C を含む平面に点 D(−1, d, −2) があるとき，d の値を求めよ．

(2) A，B，C を含む平面に点 E(x, y, 0) があるとき，x と y が満たす関係式を求めよ．

7分

◆6 平面と直線の交点

四面体OABCにおいて，OBの中点をM，OCの中点をN，△ABCの重心をGとする．また，$\overrightarrow{OA}=\vec{a}$，$\overrightarrow{OB}=\vec{b}$，$\overrightarrow{OC}=\vec{c}$とする．

（1） $\overrightarrow{OG}$を$\vec{a}$，$\vec{b}$，$\vec{c}$で表せ．

（2） 平面AMNと直線OGの交点をPとするとき，線分比OP：PGを求めよ．

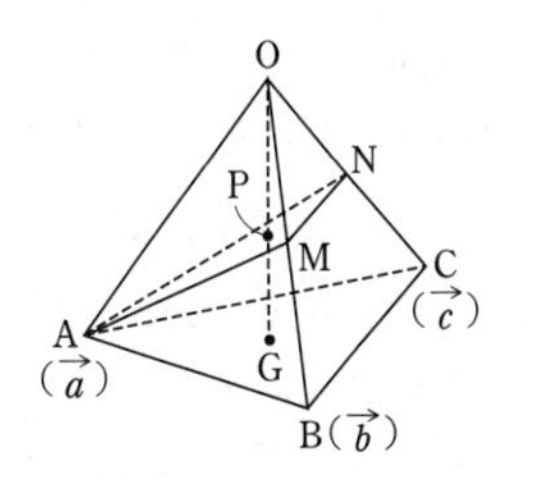

（重心を表すベクトル） 平面ABC内でA，B，Cの位置ベクトルをそれぞれ$\vec{a}$，$\vec{b}$，$\vec{c}$とすると，△ABCの重心Gの位置ベクトルは$\frac{1}{3}(\vec{a}+\vec{b}+\vec{c})$と表されるが，本問の設定でもまったく同じ形になる．位置ベクトルの始点Oが平面ABC内になくてもよい，と考えると納得しやすい．

（交点の求め方） Pが直線OG上……①，Pが平面AMN上……② をベクトルで表そう．①は，$\overrightarrow{OP}=k\overrightarrow{OG}$（$k$は実数），②は$\overrightarrow{AP}=s\overrightarrow{AM}+t\overrightarrow{AN}$となるが，両方を$\overrightarrow{OP}=p\vec{a}+q\vec{b}+r\vec{c}$の形にする（②の始点をOに変更する）のがポイント．そうすると，平面内の2直線の交点を求めたとき（p.86）と同じように係数比較ができる．

解答

（1） $\overrightarrow{\mathbf{OG}}=\frac{\mathbf{1}}{\mathbf{3}}(\vec{a}+\vec{b}+\vec{c})$

（2） PはOG上にあるので$\overrightarrow{OP}=k\overrightarrow{OG}$，すなわち$\overrightarrow{OP}=\frac{k}{3}\vec{a}+\frac{k}{3}\vec{b}+\frac{k}{3}\vec{c}$

（kは実数）と書ける．一方，Pは平面AMN上の点だから

$\overrightarrow{AP}=s\overrightarrow{AM}+t\overrightarrow{AN}$（$s$，$t$は実数）となるが，始点をOにすると

$$\overrightarrow{OP}=\overrightarrow{OA}+\overrightarrow{AP}=\overrightarrow{OA}+s(\overrightarrow{OM}-\overrightarrow{OA})+t(\overrightarrow{ON}-\overrightarrow{OA})$$

$$=(1-s-t)\vec{a}+\frac{s}{2}\vec{b}+\frac{t}{2}\vec{c}$$

⇦$\overrightarrow{OM}=\frac{1}{2}\vec{b}$，$\overrightarrow{ON}=\frac{1}{2}\vec{c}$

O，A，B，Cは四面体をなすから，$\vec{a}$，$\vec{b}$，$\vec{c}$の係数はそれぞれ等しく

⇦O，A，B，Cが同一平面上にないとき，係数比較ができる．

$$1-s-t=\frac{k}{3}\ \cdots\cdots①,\quad \frac{s}{2}=\frac{k}{3}\ \cdots\cdots②,\quad \frac{t}{2}=\frac{k}{3}\ \cdots\cdots③$$

②，③からs，tをkで表して①をkの式にすると，

$$1-\frac{2}{3}k-\frac{2}{3}k=\frac{k}{3}\qquad \therefore\ k=\frac{3}{5}$$

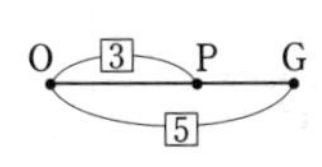

これより$\overrightarrow{OP}=\frac{3}{5}\overrightarrow{OG}$となるので，**OP：PG＝3：2**

▶6 演習題（解答はp.118）

四面体OABCにおいて，ABを2：1に内分する点をD，CDの中点をE，OEの中点をF，OBを3：1に内分する点をM，OCの中点をNとする．また，$\overrightarrow{OA}=\vec{a}$，$\overrightarrow{OB}=\vec{b}$，$\overrightarrow{OC}=\vec{c}$とする．

（1） $\overrightarrow{OE}$を$\vec{a}$，$\vec{b}$，$\vec{c}$で表せ．

（2） 平面AMNと直線OEの交点をPとするとき，線分比OP：PEを求めよ．

（3） 平面AMFと直線OCの交点をQとするとき，線分比OQ：QCを求めよ．

内分点も，平面の場合（p.84）と同様に求められる．

🕒12分

◆7 内積／計算法則

四面体OABCにおいて，OA＝OB＝1，OC＝2，∠AOB＝60°，∠AOC＝∠BOC＝90°とし，BCの中点をM，AMの中点をNとする．また，$\overrightarrow{OA}=\vec{a}$，$\overrightarrow{OB}=\vec{b}$，$\overrightarrow{OC}=\vec{c}$ とする．

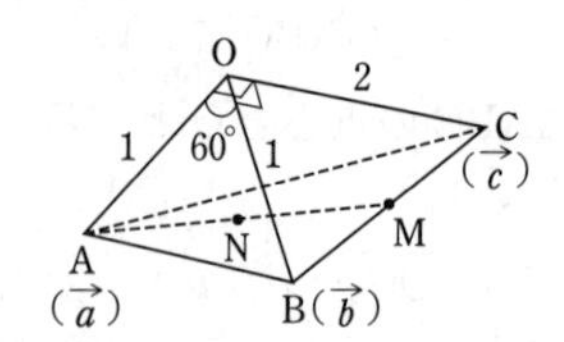

（1） 内積 $\vec{a}\cdot\vec{b}$，$\vec{a}\cdot\vec{c}$，$\vec{b}\cdot\vec{c}$ の値をそれぞれ求めよ．

（2） ONの長さを求めよ．

（3） ∠NOC＝θ とするとき，$\cos\theta$ の値を求めよ．

内積の性質 内積の定義や計算法則は平面の場合と同じである．

- **定義** $\vec{a}$ と $\vec{b}$ のなす角を θ とするとき，$\vec{a}\cdot\vec{b}=|\vec{a}||\vec{b}|\cos\theta$
- **計算法則** $\vec{a}\cdot\vec{b}=\vec{b}\cdot\vec{a}$，　$\vec{a}\cdot(\vec{b}+\vec{c})=\vec{a}\cdot\vec{b}+\vec{a}\cdot\vec{c}$，　$(k\vec{a})\cdot\vec{b}=\vec{a}\cdot(k\vec{b})=k(\vec{a}\cdot\vec{b})$
- **内積と大きさ** $|\vec{a}|^2=\vec{a}\cdot\vec{a}$

これらを使って計算しよう．なお，空間では3つのベクトルを用いるので，内積の計算には(1)で求める3つの値が必要である．

解答

（1） $\vec{a}\cdot\vec{b}=1\cdot1\cdot\cos60°=\mathbf{\frac{1}{2}}$，$\vec{a}\cdot\vec{c}=1\cdot2\cdot\cos90°=\mathbf{0}$，

$\vec{b}\cdot\vec{c}=1\cdot2\cdot\cos90°=\mathbf{0}$

（2） $\overrightarrow{OM}=\frac{1}{2}(\vec{b}+\vec{c})$，$\overrightarrow{ON}=\frac{1}{2}(\overrightarrow{OA}+\overrightarrow{OM})=\frac{1}{2}\vec{a}+\frac{1}{4}\vec{b}+\frac{1}{4}\vec{c}$ より

$$ON^2=|\overrightarrow{ON}|^2=\overrightarrow{ON}\cdot\overrightarrow{ON}=\frac{1}{4}(2\vec{a}+\vec{b}+\vec{c})\cdot\frac{1}{4}(2\vec{a}+\vec{b}+\vec{c})$$

$$=\frac{1}{16}(4|\vec{a}|^2+|\vec{b}|^2+|\vec{c}|^2+4\vec{a}\cdot\vec{b}+2\vec{b}\cdot\vec{c}+4\vec{a}\cdot\vec{c})$$

⇦ $(2a+b+c)^2$ の展開と同様になる．

$$=\frac{1}{16}(4+1+4+2)=\frac{11}{16}$$

⇦ $|\vec{a}|=1$，$|\vec{b}|=1$，$|\vec{c}|=2$

よって，$\mathbf{ON=\frac{\sqrt{11}}{4}}$

（3） $\overrightarrow{ON}\cdot\overrightarrow{OC}=\frac{1}{4}(2\vec{a}+\vec{b}+\vec{c})\cdot\vec{c}=\frac{1}{4}(2\vec{a}\cdot\vec{c}+\vec{b}\cdot\vec{c}+|\vec{c}|^2)=1$

となることから，

$$\cos\theta=\frac{\overrightarrow{ON}\cdot\overrightarrow{OC}}{|\overrightarrow{ON}||\overrightarrow{OC}|}=\frac{1}{\frac{\sqrt{11}}{4}\cdot2}=\mathbf{\frac{2}{\sqrt{11}}}$$

◀7 演習題 (解答は p.118)

1辺の長さが2の正四面体OABCにおいて，OAの中点をM，BCの中点をNとする．また，$\overrightarrow{OA}=\vec{a}$，$\overrightarrow{OB}=\vec{b}$，$\overrightarrow{OC}=\vec{c}$ とする．

（1） 内積 $\vec{a}\cdot\vec{b}$，$\vec{a}\cdot\vec{c}$，$\vec{b}\cdot\vec{c}$ の値をそれぞれ求めよ．

（2） MNの長さを求めよ．

（3） $\overrightarrow{MN}$ と $\overrightarrow{AB}$ のなす角を θ とするとき，$\cos\theta$ の値を求めよ．

10分

◆8 内積／垂直

$\vec{a}=(-1,\ 5,\ 1)$，$\vec{b}=(5,\ 7,\ 3)$ の両方に垂直なベクトルのうち，大きさが1で z 成分が正であるものを求めよ．

成分表示されたベクトルの内積　一般に，$\vec{a}=(a_1,\ a_2,\ a_3)$，$\vec{b}=(b_1,\ b_2,\ b_3)$ のとき，

$\vec{a}\cdot\vec{b}=a_1b_1+a_2b_2+a_3b_3$　［成分ごとの積の和］

となる．平面の場合と同じ形（項が増えただけ）である．

2つのベクトルに垂直なベクトルの求め方　例題では，まず垂直の条件を式にする．つまり，$\vec{n}=(x,\ y,\ z)$ が $\vec{a}$ と $\vec{b}$ の両方に垂直になる条件 $\vec{a}\cdot\vec{n}=0$，$\vec{b}\cdot\vec{n}=0$ を x，y，z で書く．図を思い浮かべればわかるように，この条件だけでは $\vec{n}$ の方向は決まるが向きと大きさは決まらず，定ベクトルの実数倍という形に表される．これが解答の $x(1,\ 1,\ -4)$ にあたる（x を中に入れたままでもよいが，定ベクトル，つまり $\vec{n}$ の方向を数値で書く方が考えやすいだろう．）このあとで大きさと向きを決める．ここでは，大きさを1にするので，$|(1,\ 1,\ -4)|$ で割る．x の符号（向き）は z 成分の条件から決める．

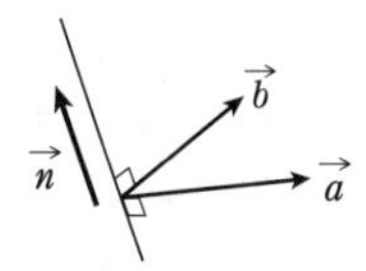

解答

$\vec{n}=(x,\ y,\ z)$ が $\vec{a}$，$\vec{b}$ の両方に垂直であるとすると，$\vec{n}\cdot\vec{a}=0$，$\vec{n}\cdot\vec{b}=0$ であるから，

$-x+5y+z=0$ ……①，　$5x+7y+3z=0$ ……②

②－①×3 より $8x-8y=0$ だから $y=x$

これを①に代入して $z=-4x$

従って，$\vec{n}=(x,\ y,\ z)=(x,\ x,\ -4x)=x(1,\ 1,\ -4)$ と書ける．

$(1,\ 1,\ -4)$ の大きさは $\sqrt{1^2+1^2+(-4)^2}=\sqrt{18}=3\sqrt{2}$ であるから，$\vec{n}$ と同じ方向の単位ベクトルは $\pm\dfrac{1}{3\sqrt{2}}(1,\ 1,\ -4)$

z 成分が正であることから，複号はマイナスの方が適し，答えは

$$-\frac{1}{3\sqrt{2}}(1,\ 1,\ -4)=\left(-\frac{1}{3\sqrt{2}},\ -\frac{1}{3\sqrt{2}},\ \frac{2\sqrt{2}}{3}\right)$$

⇦答えはどちらの形でもよい．

▶8 演習題 （解答は p.119）

xyz 空間に原点Oを頂点の一つとする立方体がある．Oと隣接する頂点をA，B，Cとし，Aの座標を $(16,\ -12,\ 15)$ とするとき，以下の問いに答えよ．

（1） Bが xy 平面の $x>0$ の部分にあるとき，Bの座標を求めよ．

（2） Bは（1）で求めた点とする．Cが $z>0$ の部分にあるとき，Cの座標を求めよ．

（3） B，Cを（1），（2）で求めた点とするとき，立方体のOから最も遠い点の座標を求めよ．

答えの座標はすべて整数になる．

10分

◆9 内積／三角形の面積

xyz 空間内に2点 A$(2,\ -1,\ 1)$，B$(4,\ 3,\ 2)$ をとり，$\angle \mathrm{AOB}=\theta$ とする．

（1） $\cos\theta$ の値を求めよ．

（2） $\sin\theta$ の値を求めよ．

（3） $\triangle \mathrm{OAB}$ の面積を求めよ．

三角形の面積の求め方 三角形の面積の求め方はいろいろあるが，ここでは

$$\triangle \mathrm{OAB}=\frac{1}{2}\mathrm{OA}\cdot\mathrm{OB}\cdot\sin\theta \quad (\theta=\angle \mathrm{AOB})$$

を利用する．OA，OB は簡単に計算できるので，欲しいものは $\sin\theta$ の値である．ただ，（A，B の座標から）直接求める公式はない．そこで，内積の計算が容易であることに着目して，［$\overrightarrow{\mathrm{OA}}=\vec{a}$，$\overrightarrow{\mathrm{OB}}=\vec{b}$ とおく］

$$\vec{a}\cdot\vec{b} \text{ を計算して，} \cos\theta=\frac{\vec{a}\cdot\vec{b}}{|\vec{a}||\vec{b}|} \text{ を求める} ⇨ \sin\theta=\sqrt{1-\cos^2\theta}$$

とする．

B($\vec{b}$)　O　θ　A($\vec{a}$)

解答

$\vec{a}=(2,\ -1,\ 1)$，$\vec{b}=(4,\ 3,\ 2)$ とおく．

（1） $|\vec{a}|=\sqrt{2^2+(-1)^2+1^2}=\sqrt{6}$，$|\vec{b}|=\sqrt{4^2+3^2+2^2}=\sqrt{29}$，

$\vec{a}\cdot\vec{b}=2\cdot4+(-1)\cdot3+1\cdot2=7$

より，$\cos\theta=\dfrac{\vec{a}\cdot\vec{b}}{|\vec{a}||\vec{b}|}=\dfrac{7}{\sqrt{6}\sqrt{29}}=\boldsymbol{\dfrac{7}{\sqrt{174}}}$

（2） $\sin\theta=\sqrt{1-\cos^2\theta}=\sqrt{1-\dfrac{49}{174}}=\sqrt{\dfrac{125}{174}}=\boldsymbol{\dfrac{5\sqrt{5}}{\sqrt{174}}}$　　⇦$0°<\theta<180°$ より $\sin\theta>0$

（3） $\triangle \mathrm{OAB}=\dfrac{1}{2}\mathrm{OA}\cdot\mathrm{OB}\cdot\sin\theta$

$=\dfrac{1}{2}\cdot\sqrt{6}\cdot\sqrt{29}\cdot\dfrac{5\sqrt{5}}{\sqrt{174}}=\boldsymbol{\dfrac{5}{2}\sqrt{5}}$

▨ 面積の公式を作ってみよう．上の記号を使うと，

$$\triangle \mathrm{OAB}=\frac{1}{2}\mathrm{OA}\cdot\mathrm{OB}\sqrt{1-\cos^2\theta}=\frac{1}{2}|\vec{a}||\vec{b}|\sqrt{1-\left(\frac{\vec{a}\cdot\vec{b}}{|\vec{a}||\vec{b}|}\right)^2}$$

$$=\frac{1}{2}\sqrt{|\vec{a}|^2|\vec{b}|^2-(\vec{a}\cdot\vec{b})^2}$$

覚えられる人は覚えるとよいだろう．演習題（4）では $\vec{a}=\overrightarrow{\mathrm{AB}}$，$\vec{b}=\overrightarrow{\mathrm{AZ}}$ として使うと途中の計算を省略することができる．

なお，この公式は平面でも空間でも用いることができる．

▶◀9 演習題（解答は p.119）

xyz 空間内に2点 A$(-4,\ -7,\ 4)$，B$(5,\ -1,\ 1)$ をとり，$\angle \mathrm{AOB}=\theta$ とする．

（1） $\cos\theta$ の値を求めよ．

（2） $\sin\theta$ の値を求めよ．

（3） $\triangle \mathrm{OAB}$ の面積を求めよ．

（4） Z は z 軸上の点で，$\triangle \mathrm{OAB}$ の面積と $\triangle \mathrm{ZAB}$ の面積が等しくなるものとする．このとき，Z の座標を求めよ．ただし，Z≠O とする．

（4）（1）～（3）の手順を踏むにしても，上の公式を適用するにしても，$\overrightarrow{\mathrm{AB}}$ を使わないと大変．

🕒（1）～（3）4分
（4）　7分

◆10 球

球 S：$(x-1)^2+(y+1)^2+(z-2)^2=49$ について，以下の問いに答えよ．

（1） 球 S の中心 A の座標と半径を求めよ．

（2） 点 $(-1,\ 2,\ t)$ が球 S 上にあるとき，t の値を求めよ．

（3） 球 S と xy 平面が交わってできる円の中心の座標と半径を求めよ．

球の方程式 定点 $\mathrm{A}(a,\ b,\ c)$ からの距離が一定値 r である点の集まりを，中心 A，半径 r の球（または球面）という．この球の上に点 $\mathrm{X}(x,\ y,\ z)$ があるとすると，$\mathrm{AX}=r$ ……① であるから，①の各辺を 2 乗した $\mathrm{AX}^2=r^2$ を式で書いた

$$(x-a)^2+(y-b)^2+(z-c)^2=r^2 \quad \cdots\cdots ②$$

がこの球の方程式となる．逆に②のとき①であるから，②は中心 $\mathrm{A}(a,\ b,\ c)$，半径 r の球を表す．

球と平面の交わりは円 球 S と平面 α が交わるとき，その交わりは円になる（S と α が接する場合は除く）．その円を C としよう．球の中心 A から α に垂線 AH を下ろすとき，H は C の中心となり，C 上に点 R をとると △AHR は直角三角形（$\angle\mathrm{H}=90°$）である．よって，C の半径を s とすれば，$\mathrm{AR}=r$ より $s=\sqrt{r^2-\mathrm{AH}^2}$ となる．

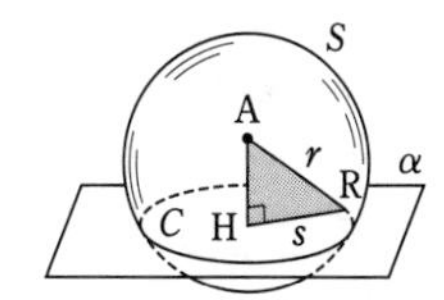

解 答

（1） S：$(x-1)^2+(y+1)^2+(z-2)^2=7^2$ より，

　　中心 A(1, −1, 2)，半径 7

（2） $(-1-1)^2+(2+1)^2+(t-2)^2=49$ より，

　　$(t-2)^2=49-4-9$　　　$\therefore\ (t-2)^2=36$

　よって，$t-2=\pm6$ であり，$\boldsymbol{t=-4,\ 8}$

⇦ $(t-2)^2$ をむやみに展開しない．

（3） A(1, −1, 2) から xy 平面に垂線 AH を下ろすと，H の座標は（A の z 座標を 0 にした）(1, −1, 0) である．また，AH=2

　よって，求める円の**中心は (1, −1, 0)** で，**半径は** $\sqrt{7^2-2^2}=\sqrt{45}=\boldsymbol{3\sqrt{5}}$

⇦

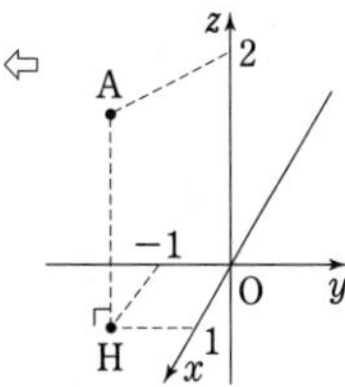

▨（3）は，円の方程式を求めることもできる．xy 平面を式で表すと $z=0$ だから，これを S に代入した $(x-1)^2+(y+1)^2+(-2)^2=49$，すなわち $(x-1)^2+(y+1)^2=45$，$z=0$ が交わりの円の方程式となる．平面の式が簡単（S の式に代入したときに円であることが容易にわかる）だからこのような解き方もできる．

⇦ xy 平面上の円 $(x-1)^2+(y+1)^2=45$ ということ．

▶◀10 演習題（解答は p.120）

球 S：$(x+1)^2+(y-3)^2+(z-4)^2=4$ について，以下の問いに答えよ．

（1） 球 S の中心 A の座標と半径を求めよ．

（2） 点 $(0,\ 4,\ t)$ が球 S 上にあるとき，t の値を求めよ．

（3） 球 S と yz 平面が交わってできる円の中心の座標と半径を求めよ．

（4） 中心 A から x 軸に垂線 AI を下ろす．I の座標を求めよ．

（5） 上の A，I に対し，$\overrightarrow{\mathrm{AI}}$ と同じ向きの単位ベクトルを求めよ．

（6） 球 S の中心 A と I を通る直線と球 S の交点（2 個ある）の座標を求めよ．

🕒（1）〜（3）3分
（4）〜（6）6分

空間のベクトル 演習題の解答

1 (1) $\overrightarrow{\mathrm{EK}}$ を平行移動してEをAにもっていったときのKがX.

(2) ベクトルをつなぐ，と考える．$\overrightarrow{\mathrm{HE}}$ の始点をIにしよう．

(3) (2)と同様．まず $-\overrightarrow{\mathrm{JD}}$ の始点をEにする．

(4) $\overrightarrow{\mathrm{AW}}=\cdots$ の形にしてもよいが，$\overrightarrow{\mathrm{AW}}+\overrightarrow{\mathrm{EA}}=\overrightarrow{\mathrm{EW}}$ となることに着目すると少し早い．

解 (1)　　　　(2)

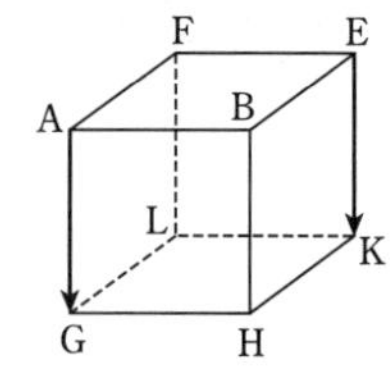

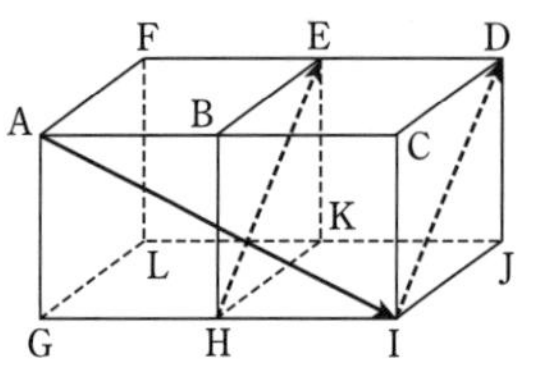

(1) AGKE は長方形だから，$\overrightarrow{\mathrm{EK}}=\overrightarrow{\mathrm{AG}}$

答えは，**X＝G**

(2) EHID は長方形だから，$\overrightarrow{\mathrm{HE}}=\overrightarrow{\mathrm{ID}}$

よって，$\overrightarrow{\mathrm{AI}}+\overrightarrow{\mathrm{HE}}=\overrightarrow{\mathrm{AI}}+\overrightarrow{\mathrm{ID}}=\overrightarrow{\mathrm{AD}}$

答えは，**Y＝D**

(3)

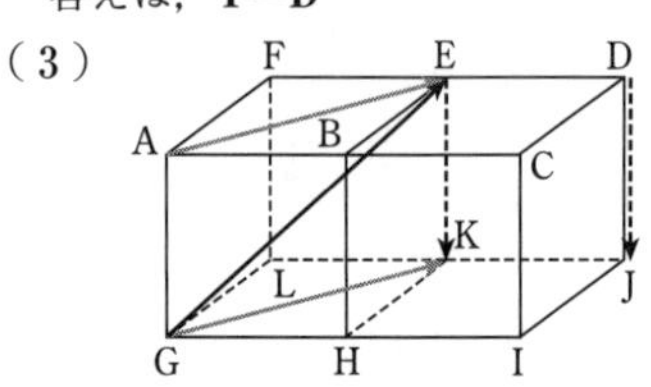

$-\overrightarrow{\mathrm{JD}}=\overrightarrow{\mathrm{DJ}}=\overrightarrow{\mathrm{EK}}$ より，

$\overrightarrow{\mathrm{GE}}-\overrightarrow{\mathrm{JD}}=\overrightarrow{\mathrm{GE}}+\overrightarrow{\mathrm{EK}}=\overrightarrow{\mathrm{GK}}$

さらに，AGKE は長方形だから，$\overrightarrow{\mathrm{GK}}=\overrightarrow{\mathrm{AE}}$

答えは，**Z＝E**

(4) 与式は，$\overrightarrow{\mathrm{AW}}+\overrightarrow{\mathrm{EA}}=2\overrightarrow{\mathrm{FE}}+\overrightarrow{\mathrm{DK}}$ ……………①

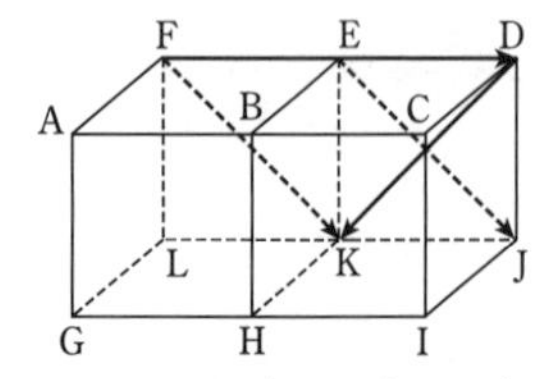

①の左辺は，$\overrightarrow{\mathrm{EA}}+\overrightarrow{\mathrm{AW}}=\overrightarrow{\mathrm{EW}}$

①の右辺は，$\overrightarrow{\mathrm{FD}}+\overrightarrow{\mathrm{DK}}=\overrightarrow{\mathrm{FK}}$

FKJE は平行四辺形なので，$\overrightarrow{\mathrm{FK}}=\overrightarrow{\mathrm{EJ}}$

答えは，**W＝J**

2 (1) 各辺の長さの2乗を計算する．

(2) $\mathrm{OD}^2=\mathrm{AD}^2$ を x，y で表す．

(3) (2)と同様．

(4) (2)かつ(3)であるから，(2)と(3)の連立方程式を解けばよい．

解 A(3, 1, 10)，B(7, 6, 5)，C(2, 11, 6)，D(x, y, 0)

(1) 四面体 OABC の各辺の長さの2乗は，

$\mathrm{OA}^2=3^2+1^2+10^2=110$，$\mathrm{OB}^2=7^2+6^2+5^2=110$，

$\mathrm{OC}^2=2^2+11^2+6^2=161$，$\mathrm{AB}^2=4^2+5^2+5^2=66$，

$\mathrm{AC}^2=1^2+10^2+4^2=117$，$\mathrm{BC}^2=5^2+5^2+1^2=51$

なので，各面（三角形）について，辺の長さの2乗を書き並べると，

△OAB…110，110，66　　△OBC…110，161，51

△OAC…110，161，117　　△ABC…66，117，51

これより，**直角三角形は△OBC と△ABC，二等辺三角形は△OAB．**

(2) $\mathrm{OD}^2=\mathrm{AD}^2$ より，

$x^2+y^2=(x-3)^2+(y-1)^2+100$

∴　$0=-6x-2y+110$

∴　$\boldsymbol{3x+y=55}$ ……………………………①

(3) $\mathrm{OD}^2=\mathrm{BD}^2$ より，

$x^2+y^2=(x-7)^2+(y-6)^2+25$

∴　$0=-14x-12y+110$

∴　$\boldsymbol{7x+6y=55}$ ……………………………②

(4) ①かつ②を満たす x，y が求めるものであり，

①×6−②より $11x=275$

よって，$\boldsymbol{x=25}$

これを①に代入し，$\boldsymbol{y=-20}$

3 (1)(2) ここでは垂線を下ろして解く．

(3)(4) どの座標が −1 倍になっている（いない）かを考えるのが早い．0は1倍しても −1 倍しても 0 であることに注意．

解 P(2, 3, 4)

(1) Pから xz 平面に垂線 PJ を下ろすと J(2, 0, 4) であり，PQ の中点が J だから

Q(2, −3, 4)

(2) Pから y 軸に垂線 PK を下ろすと K(0, 3, 0) であり，PR の中点が K だから

R(−2, 3, −4)

(3) QとRはすべての座標が -1 倍になっているので，QとRは原点に関して対称である．答えは，①

(4) H，Iの座標は

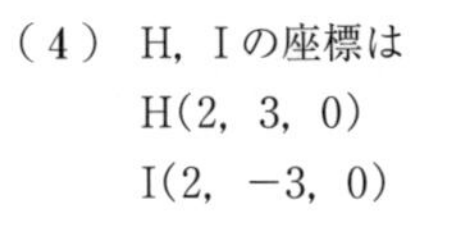

H(2, 3, 0)

I(2, −3, 0)

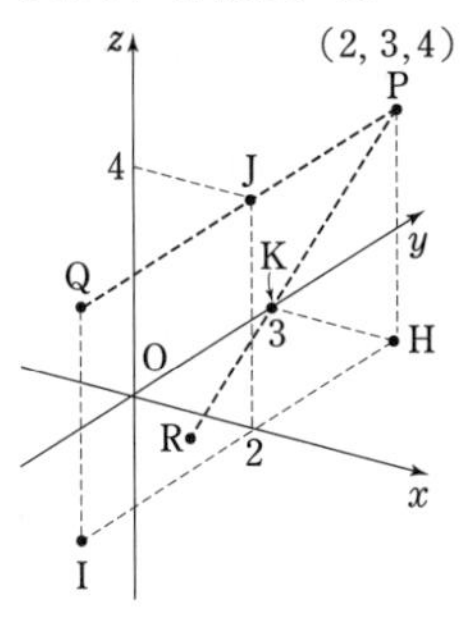

であるから，x 座標は同じで y 座標は -1 倍となっている．従って，[例題の解答のあとの表から] HとIは x 軸，xz 平面に関して対称である．

答えは，②と⑦．

4 AB上の点をXとすると $\overrightarrow{AX}=t\overrightarrow{AB}$ と書ける．この式を用いて，Xを t で表そう．

(1) Xの z 座標が0になるときの t を求める．

(2) DX^2 を計算する．u が固定されていて t が動くのであるから，t の2次式とみて平方完成する．

(3) DF^2 は u の2次式になる．今度は u で平方完成．

(4) CD上の点をYとすると，$\overrightarrow{CY}=s\overrightarrow{CD}$ と書ける．直線ABと直線CDが交わるとは，s，t をうまく決めればX=Yになるということ．

解 A(0, −4, 7)，B(1, −2, 6)，C(−1, −3, 4)，D(u, 0, 0)

(1) 直線AB上の点Xは，$\overrightarrow{AX}=t\overrightarrow{AB}$（$t$ は実数）と書けるから，

$$\overrightarrow{OX}=\overrightarrow{OA}+\overrightarrow{AX}=\overrightarrow{OA}+t\overrightarrow{AB}$$
$$=(0,\ -4,\ 7)+t(1,\ 2,\ -1)$$
$$=(t,\ -4+2t,\ 7-t)$$

Xの z 座標が0になるとき，$7-t=0$ より $t=7$

このときのXがEなので，**E(7, 10, 0)**

(2) (1)のXに対して，

$$DX^2=(t-u)^2+(-4+2t)^2+(7-t)^2$$
$$=6t^2-(2u+30)t+u^2+65$$
$$=6\left\{t-\frac{1}{6}(u+15)\right\}^2-\frac{1}{6}(u+15)^2+u^2+65$$
$$=6\left\{t-\frac{1}{6}(u+15)\right\}^2+\frac{1}{6}(5u^2-30u+165) \quad \cdots\cdots①$$

となるから，DX^2 が最小になる t は $t=\frac{1}{6}(u+15)$

よって，$\mathbf{F}\left(\dfrac{\boldsymbol{u}+15}{6},\ \dfrac{\boldsymbol{u}+3}{3},\ \dfrac{-\boldsymbol{u}+27}{6}\right)$

(3) ①より

$$DF^2=\frac{1}{6}(5u^2-30u+165)=\frac{5}{6}(u^2-6u+33)$$
$$=\frac{5}{6}\{(u-3)^2+24\}$$

となるから，DFが最小になる u の値は，$\boldsymbol{u=3}$

(4) 直線CD上の点Yは，$\overrightarrow{CY}=s\overrightarrow{CD}$（$s$ は実数）と書けるから，

$$\overrightarrow{OY}=\overrightarrow{OC}+\overrightarrow{CY}=\overrightarrow{OC}+s\overrightarrow{CD}$$
$$=(-1,\ -3,\ 4)+s(u+1,\ 3,\ -4)$$
$$=(-1+s(u+1),\ -3+3s,\ 4-4s)$$

直線ABと直線CDが交わるための条件は，X=Yとなる s，t が存在することだから，そのとき，

$$t=-1+s(u+1),\ -4+2t=-3+3s,\ 7-t=4-4s$$

うしろの2式から s と t を求めると，

$$s=-1,\ t=-1$$

これを第1式に代入して，$\boldsymbol{u=-1}$

▨(3) Dは x 軸上を動く．x 軸と直線 l の両方に垂直な方向から見るとする．右図から，DFが最小になるとき，D，Fとも図のKに重なって見える（これは感覚的にわかるだろう）．よって，このとき，DFは x 軸，l の両方に垂直となっている．内積を計算して確かめよう．

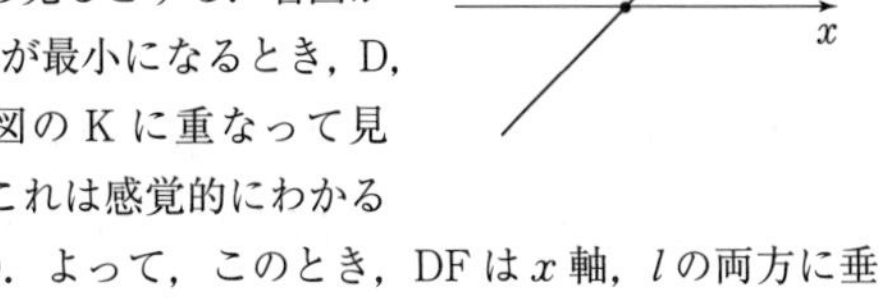

5 平面ABC上の点Xは，

$$\overrightarrow{AX}=s\overrightarrow{AB}+t\overrightarrow{AC} \quad (s,\ t\text{ は実数})$$

と書ける．(1)はX=Dとなるときの d，s，t を求める．(2)はX=E（等式3つ）から s，t を消去して x と y の関係式を求める．

解 A(−2, −1, −1)，B(2, 0, 1)，C(7, 3, 4) より，$\overrightarrow{AB}=(4,\ 1,\ 2)$，$\overrightarrow{AC}=(9,\ 4,\ 5)$

平面ABC上の点Xは，実数 s，t を用いて

$$\overrightarrow{AX}=s\overrightarrow{AB}+t\overrightarrow{AC}$$
$$=s(4,\ 1,\ 2)+t(9,\ 4,\ 5)$$
$$=(4s+9t,\ s+4t,\ 2s+5t)$$

と書ける．

(1) XがD(−1, d, −2)のとき，$\overrightarrow{AD}=(1,\ d+1,\ -1)$ であるから，

$$4s+9t=1,\ s+4t=d+1,\ 2s+5t=-1$$

第1式と第3式から s，t を求めると，

$$s=7,\ t=-3$$

これを第2式に代入して，$d=s+4t-1=\mathbf{-6}$

（２） X が E$(x,\ y,\ 0)$ のとき，$\overrightarrow{\mathrm{AE}}=(x+2,\ y+1,\ 1)$ であるから，

$$4s+9t=x+2,\ s+4t=y+1,\ 2s+5t=1$$

第２式：$s=y+1-4t$ を残り２式に代入して，

$$4(y+1-4t)+9t=x+2 \qquad \therefore\ -7t=x-4y-2$$

$$2(y+1-4t)+5t=1 \qquad \therefore\ -3t=-2y-1$$

これらから t を消去すると，

$$3(x-4y-2)-7(-2y-1)=0$$

$$\therefore\ \boldsymbol{3x+2y=-1}$$

▨（２）で求めたものは，平面 ABC と xy 平面の交わり（直線）を表す方程式である．この問題は解答のように解くところであるが，他に，平面 ABC の方程式を求めるという方法がある（第２部の◆12 参照）．

一般に，平面の方程式は $ax+by+cz+d=0$ の形である．これに A，B，C の座標を代入して $a\sim d$（の比）を求めると，平面 ABC の方程式は $3x+2y-7z+1=0$ となる．そして，$z=0$ とした $3x+2y+1=0$ が求める関係式である．

6 （２） P は OE 上，P は AMN 上，の２つをベクトルで表す．$\overrightarrow{\mathrm{OP}}$ を２通りに表して係数を比較する．

（３）（２）と同様に考える．$\overrightarrow{\mathrm{OQ}}$ を $\vec{a}$，$\vec{b}$，$\vec{c}$ で表したときの $\vec{a}$，$\vec{b}$ の係数はともに 0．

解 $\overrightarrow{\mathrm{OD}}=\dfrac{1\cdot\overrightarrow{\mathrm{OA}}+2\cdot\overrightarrow{\mathrm{OB}}}{2+1}$

$$=\frac{1}{3}\vec{a}+\frac{2}{3}\vec{b}$$

より，

$$\overrightarrow{\mathrm{OE}}=\frac{1}{2}(\overrightarrow{\mathrm{OC}}+\overrightarrow{\mathrm{OD}})$$

$$=\frac{1}{6}\vec{a}+\frac{1}{3}\vec{b}+\frac{1}{2}\vec{c}$$

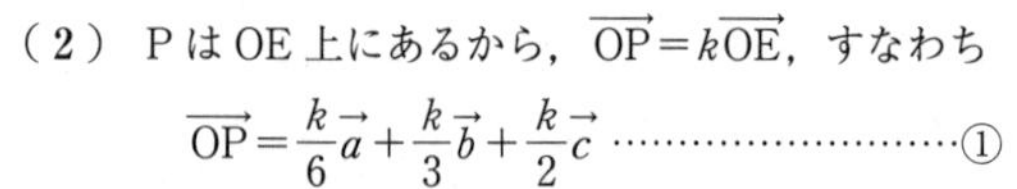

（２） P は OE 上にあるから，$\overrightarrow{\mathrm{OP}}=k\overrightarrow{\mathrm{OE}}$，すなわち

$$\overrightarrow{\mathrm{OP}}=\frac{k}{6}\vec{a}+\frac{k}{3}\vec{b}+\frac{k}{2}\vec{c} \cdots\cdots ①$$

と書ける．一方，P は平面 AMN 上の点だから，

$$\overrightarrow{\mathrm{OP}}=\overrightarrow{\mathrm{OA}}+\overrightarrow{\mathrm{AP}}=\overrightarrow{\mathrm{OA}}+s\overrightarrow{\mathrm{AM}}+t\overrightarrow{\mathrm{AN}}$$

$$=\overrightarrow{\mathrm{OA}}+s(\overrightarrow{\mathrm{OM}}-\overrightarrow{\mathrm{OA}})+t(\overrightarrow{\mathrm{ON}}-\overrightarrow{\mathrm{OA}})$$

$$=(1-s-t)\vec{a}+\frac{3}{4}s\vec{b}+\frac{t}{2}\vec{c} \cdots\cdots ②$$

と書ける．O，A，B，C は四面体をなすから，①と②の $\vec{a}$，$\vec{b}$，$\vec{c}$ の係数はそれぞれ等しく，

$$\frac{k}{6}=1-s-t \cdots\cdots ③,\ \frac{k}{3}=\frac{3}{4}s \cdots\cdots ④,\ \frac{k}{2}=\frac{t}{2} \cdots\cdots ⑤$$

④，⑤から s，t を k で表して③を k の式にすると，

$$\frac{k}{6}=1-\frac{4}{9}k-k \qquad \therefore\ k=\frac{18}{29}$$

これより $\overrightarrow{\mathrm{OP}}=\dfrac{18}{29}\overrightarrow{\mathrm{OE}}$ なので

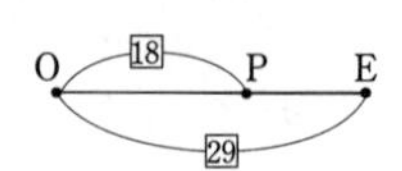

OP：PE＝18：11

（３） F は OE の中点だから，

$$\overrightarrow{\mathrm{OF}}=\frac{1}{2}\overrightarrow{\mathrm{OE}}=\frac{1}{12}\vec{a}+\frac{1}{6}\vec{b}+\frac{1}{4}\vec{c}$$

であり，Q は平面 AMF 上の点だから

$$\overrightarrow{\mathrm{OQ}}=\overrightarrow{\mathrm{OA}}+u\overrightarrow{\mathrm{AM}}+v\overrightarrow{\mathrm{AF}}$$

$$=\overrightarrow{\mathrm{OA}}+u(\overrightarrow{\mathrm{OM}}-\overrightarrow{\mathrm{OA}})+v(\overrightarrow{\mathrm{OF}}-\overrightarrow{\mathrm{OA}})$$

$$=(1-u-v)\vec{a}+$$

$$+\frac{3}{4}u\vec{b}+v\left(\frac{1}{12}\vec{a}+\frac{1}{6}\vec{b}+\frac{1}{4}\vec{c}\right)$$

と書ける．Q は辺 OC 上の点でもあるので，上式の $\vec{a}$ の係数，$\vec{b}$ の係数はともに 0 である．よって，

$$1-u-v+\frac{1}{12}v=0 \qquad \therefore\ u+\frac{11}{12}v=1$$

$$\frac{3}{4}u+\frac{1}{6}v=0 \qquad \therefore\ u+\frac{2}{9}v=0$$

これらより $v=\dfrac{36}{25}$ となるから，

$$\overrightarrow{\mathrm{OQ}}=\frac{1}{4}v\vec{c}=\frac{9}{25}\vec{c}$$

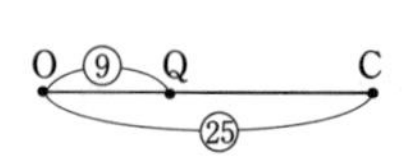

よって，**OQ：QC＝9：16**

7 $\overrightarrow{\mathrm{MN}}$ を $\vec{a}$，$\vec{b}$，$\vec{c}$ で表し，（２）は $|\overrightarrow{\mathrm{MN}}|^2$ を，（３）は $\cos\theta=\dfrac{\overrightarrow{\mathrm{MN}}\cdot\overrightarrow{\mathrm{AB}}}{|\overrightarrow{\mathrm{MN}}||\overrightarrow{\mathrm{AB}}|}$ を計算する．

解 （１） ∠AOB，∠BOC，∠COA はいずれも 60° だから

$\boldsymbol{\vec{a}\cdot\vec{b}}=2\cdot2\cdot\cos60^\circ=\boldsymbol{2}$,

$\boldsymbol{\vec{a}\cdot\vec{c}=2}$，$\boldsymbol{\vec{b}\cdot\vec{c}=2}$

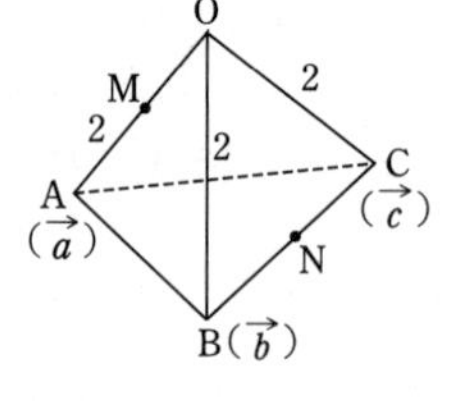

（２） $\overrightarrow{\mathrm{OM}}=\dfrac{1}{2}\vec{a}$,

$\overrightarrow{\mathrm{ON}}=\dfrac{1}{2}(\vec{b}+\vec{c})$ より，$\overrightarrow{\mathrm{MN}}=\dfrac{1}{2}(-\vec{a}+\vec{b}+\vec{c})$

$$|\overrightarrow{\mathrm{MN}}|^2=\frac{1}{4}(-\vec{a}+\vec{b}+\vec{c})\cdot(-\vec{a}+\vec{b}+\vec{c})$$

$$=\frac{1}{4}(|\vec{a}|^2+|\vec{b}|^2+|\vec{c}|^2-2\vec{a}\cdot\vec{b}+2\vec{b}\cdot\vec{c}-2\vec{a}\cdot\vec{c})$$

[$|\vec{a}|^2=|\vec{b}|^2=|\vec{c}|^2=4$ と（１）から]

$$=\frac{1}{4}(4+4+4-2\cdot2+2\cdot2-2\cdot2)=2$$

よって，$\mathbf{MN}=\sqrt{\mathbf{2}}$

（３） $\overrightarrow{\mathrm{MN}}\cdot\overrightarrow{\mathrm{AB}}=\dfrac{1}{2}(-\vec{a}+\vec{b}+\vec{c})\cdot(\vec{b}-\vec{a})$

$=\dfrac{1}{2}(-\vec{a}\cdot\vec{b}+|\vec{a}|^2+|\vec{b}|^2-\vec{b}\cdot\vec{a}+\vec{c}\cdot\vec{b}-\vec{c}\cdot\vec{a})$

$=\dfrac{1}{2}(-2+4+4-2+2-2)=2$

より，

$$\cos\theta=\frac{\overrightarrow{\mathrm{MN}}\cdot\overrightarrow{\mathrm{AB}}}{|\overrightarrow{\mathrm{MN}}||\overrightarrow{\mathrm{AB}}|}=\frac{2}{\sqrt{2}\cdot 2}=\boldsymbol{\frac{1}{\sqrt{2}}}$$

▨（３）の θ は $45°$ である．AB と OC は垂直である（$\overrightarrow{\mathrm{OC}}\cdot\overrightarrow{\mathrm{AB}}=0$ を確かめてみよう）ことを考えると，そのまん中でなす角も半分になるのが納得できる．

8 （１） $\mathrm{B}(x,\ y,\ 0)$ とおける．OA と OB が垂直（$\overrightarrow{\mathrm{OA}}\cdot\overrightarrow{\mathrm{OB}}=0$），かつ OA＝OB であることから求める．

（２） OC は OA，OB の両方と垂直．これと大きさの条件（および $z>0$）から決まる．

（３） 立方体の，O を端点とする対角線のもう一方の端点が求める点となる．

解 （１） $\mathrm{B}(x,\ y,\ 0)$ （$x>0$）とおく．$\mathrm{OB}^2=\mathrm{OA}^2$ だから，

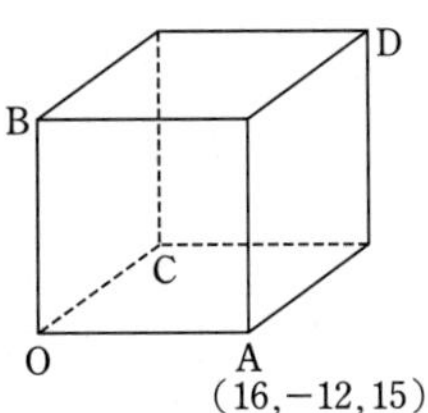

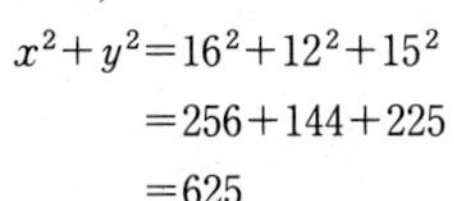

$$x^2+y^2=16^2+12^2+15^2$$
$$=256+144+225$$
$$=625$$

また，OA と OB は垂直だから

$$16x-12y=0 \qquad \therefore\ y=\frac{4}{3}x$$

これらより，

$$x^2+\left(\frac{4}{3}x\right)^2=625 \qquad \therefore\ \frac{25}{9}x^2=25^2$$

$$\therefore\ \frac{5}{3}x=25\quad(x>0) \qquad \therefore\ x=15$$

答えは，$\mathbf{B(15,\ 20,\ 0)}$

（２） $\mathrm{C}(c,\ d,\ e)$ $(e>0)$ とおくと，$\mathrm{OC}^2=\mathrm{OA}^2$ より

$$c^2+d^2+e^2=625 \cdots\cdots①$$

また，OC は OA，OB の両方と垂直だから，

$$16c-12d+15e=0\cdots\cdots②,\ 15c+20d=0\cdots\cdots③$$

③より $d=-\dfrac{3}{4}c$ だから，②に代入して

$$16c+9c+15e=0 \qquad \therefore\ e=-\frac{5}{3}c$$

これらを①に代入して，

$$c^2+\frac{9}{16}c^2+\frac{25}{9}c^2=625$$

$$\therefore\ \frac{144+81+400}{144}c^2=625 \qquad \therefore\ c^2=144$$

$e>0$ より $c<0$ となるので $c=-12$

答えは，$\mathbf{C(-12,\ 9,\ 20)}$

（３） 立方体の O から最も遠い点は図の D であり，

$\overrightarrow{\mathrm{OD}}=\overrightarrow{\mathrm{OA}}+\overrightarrow{\mathrm{OB}}+\overrightarrow{\mathrm{OC}}$

$=(16,\ -12,\ 15)+(15,\ 20,\ 0)+(-12,\ 9,\ 20)$

$=\mathbf{(19,\ 17,\ 35)}$

9 （１）〜（３）は例題と同じ手順で求める．（４）は例題の解答のあとの公式を使ってみる．

解 $\mathrm{A}(-4,\ -7,\ 4)$，$\mathrm{B}(5,\ -1,\ 1)$

（１） $|\overrightarrow{\mathrm{OA}}|=\sqrt{(-4)^2+(-7)^2+4^2}=\sqrt{81}=9$，

$|\overrightarrow{\mathrm{OB}}|=\sqrt{5^2+(-1)^2+1^2}=\sqrt{27}=3\sqrt{3}$，

$\overrightarrow{\mathrm{OA}}\cdot\overrightarrow{\mathrm{OB}}=(-4)\cdot 5+(-7)\cdot(-1)+4\cdot 1$

$=-20+7+4=-9$

より，

$$\cos\theta=\frac{\overrightarrow{\mathrm{OA}}\cdot\overrightarrow{\mathrm{OB}}}{|\overrightarrow{\mathrm{OA}}||\overrightarrow{\mathrm{OB}}|}=\frac{-9}{9\cdot 3\sqrt{3}}=\boldsymbol{-\frac{1}{3\sqrt{3}}}$$

（２） $\sin\theta=\sqrt{1-\cos^2\theta}=\sqrt{1-\dfrac{1}{27}}=\sqrt{\dfrac{26}{27}}=\boldsymbol{\dfrac{\sqrt{26}}{3\sqrt{3}}}$

（３） $\triangle\mathrm{OAB}=\dfrac{1}{2}\mathrm{OA}\cdot\mathrm{OB}\cdot\sin\theta$

$=\dfrac{1}{2}\cdot 9\cdot 3\sqrt{3}\cdot\dfrac{\sqrt{26}}{3\sqrt{3}}=\boldsymbol{\dfrac{9}{2}\sqrt{26}}$

（４） $\mathrm{Z}(0,\ 0,\ z)$ とすると，

$\overrightarrow{\mathrm{AB}}=(9,\ 6,\ -3)$，$\overrightarrow{\mathrm{AZ}}=(4,\ 7,\ z-4)$

より

$|\overrightarrow{\mathrm{AB}}|^2=9^2+6^2+(-3)^2=126$

$|\overrightarrow{\mathrm{AZ}}|^2=4^2+7^2+(z-4)^2=z^2-8z+81$

$\overrightarrow{\mathrm{AB}}\cdot\overrightarrow{\mathrm{AZ}}=9\cdot 4+6\cdot 7+(-3)\cdot(z-4)=-3z+90$

となるから，

$$\triangle\mathrm{ZAB}=\frac{1}{2}\sqrt{|\overrightarrow{\mathrm{AB}}|^2|\overrightarrow{\mathrm{AZ}}|^2-(\overrightarrow{\mathrm{AB}}\cdot\overrightarrow{\mathrm{AZ}})^2}$$

$$=\frac{1}{2}\sqrt{126(z^2-8z+81)-(-3z+90)^2}$$

$$=\frac{3}{2}\sqrt{14(z^2-8z+81)-(z-30)^2}$$

$$=\frac{3}{2}\sqrt{13z^2-52z+234}$$

$\triangle\mathrm{OAB}=\triangle\mathrm{ZAB}$ のとき，

$$\frac{9}{2}\sqrt{26}=\frac{3}{2}\sqrt{13(z^2-4z+18)}$$

$\therefore\ 3\sqrt{2}=\sqrt{z^2-4z+18}$

$\therefore\ 18=z^2-4z+18$

$\therefore\ z^2-4z=0$

$z=0$ のとき Z=O となって不適だから $z=4$

答えは，**Z(0, 0, 4)**

▨(4)で $\overrightarrow{ZA}$ と $\overrightarrow{ZB}$ を用いて計算することもできるが，文字 z が多くなって大変．文字を含まない $\overrightarrow{AB}$ を使うのが計算を減らすポイント．

10 (3) 例題と同様に球の中心から yz 平面に垂線を下ろす．

(5) $\overrightarrow{AI}$ を $|\overrightarrow{AI}|$ で割る．

(6) 交点をPとすると，$\overrightarrow{AP}$ は $\overrightarrow{AI}$ と同じ方向で大きさは球の半径と同じ．

解 $S:(x+1)^2+(y-3)^2+(z-4)^2=2^2$

(1) 球 S の中心は **A(−1, 3, 4)**，**半径は 2.**

(2) $(0+1)^2+(4-3)^2+(t-4)^2=4$ より

$(t-4)^2=4-1-1 \qquad \therefore\ (t-4)^2=2$

よって，$\boldsymbol{t=4\pm\sqrt{2}}$

(3) A(−1, 3, 4)から yz 平面に垂線AHを下ろすと，

H(0, 3, 4)

であり，AH=1

よって，S と yz 平面が交わってできる円の**中心は**

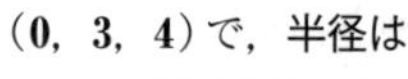

(0, 3, 4)で，半径は

$\sqrt{2^2-1^2}=\boldsymbol{\sqrt{3}}$

(4) Aから x 軸に垂線AIを下ろすと，**I(−1, 0, 0)**

(5) $\overrightarrow{AI}=(0,\ -3,\ -4)$ より

$|\overrightarrow{AI}|=\sqrt{(-3)^2+(-4)^2}=5$

よって，求める単位ベクトルは，

$\boldsymbol{\frac{1}{5}(0,\ -3,\ -4)}$

(6) 交点をPとすると，$\overrightarrow{AP}$ は $\overrightarrow{AI}$ と同じ方向で大きさが2であるから，

$\overrightarrow{AP}=\pm 2\cdot\frac{1}{5}(0,\ -3,\ -4)$

$\overrightarrow{OP}=\overrightarrow{OA}+\overrightarrow{AP}$

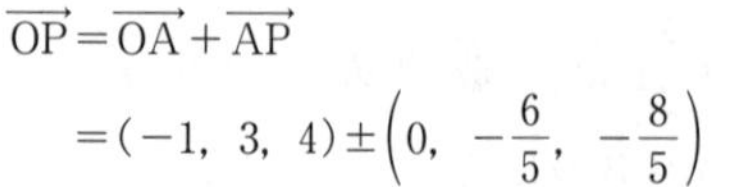

$=(-1,\ 3,\ 4)\pm\left(0,\ -\frac{6}{5},\ -\frac{8}{5}\right)$

より，交点の座標は

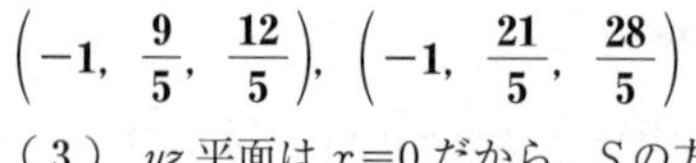

$\boldsymbol{\left(-1,\ \frac{9}{5},\ \frac{12}{5}\right),\ \left(-1,\ \frac{21}{5},\ \frac{28}{5}\right)}$

別解 (3) yz 平面は $x=0$ だから，S の方程式に $x=0$ を代入して，$(y-3)^2+(z-4)^2=3$

これは，平面 $x=0$ 上で**中心 (0, 3, 4)**，**半径 $\sqrt{3}$** の円を表す．

▨(5)は，(4)がなければ次の解法もよい．

直線AI上の点Pは，$\overrightarrow{AP}=t\overrightarrow{AI}$ と表せるから，

$\overrightarrow{OP}=\overrightarrow{OA}+t\overrightarrow{AI}=(-1,\ 3-3t,\ 4-4t)$

これを S の方程式に代入すると，

$(-3t)^2+(-4t)^2=2^2 \qquad \therefore\ t=\pm\frac{2}{5}$ (以下略)

ベクトル

第2部

◐1 正六角形

正六角形ABCDEFにおいて，辺CDの中点をM，辺DEの中点をNとし，AMとBNの交点をPとする．$\overrightarrow{AB}=\vec{a}$，$\overrightarrow{AF}=\vec{b}$ とするとき，

（１） $\overrightarrow{AC}$，$\overrightarrow{AD}$，$\overrightarrow{AE}$，$\overrightarrow{AM}$，$\overrightarrow{AN}$ を $\vec{a}$，$\vec{b}$ で表せ．

（２） 線分比 AP：PM および BP：PN を求めよ．

（正六角形の対角線を引き中心も考える） 正六角形について，３本の対角線を引くと右図のように１点（Oとする）で交わり，正三角形６個に分割できる．AD∥BC∥FE などが成り立ち，四角形ABOFはひし形（平行四辺形）である．（Oを正六角形の中心という．）

$\overrightarrow{AC}$，$\overrightarrow{AD}$，$\overrightarrow{AE}$ は，Oで分割し，Oを中継点としてつなぐ形にして，$\vec{a}$，$\vec{b}$ で表そう．

（２）は，まず $\overrightarrow{AP}$ を $\vec{a}$，$\vec{b}$ で表し，あとは p.86 と同様に処理する．

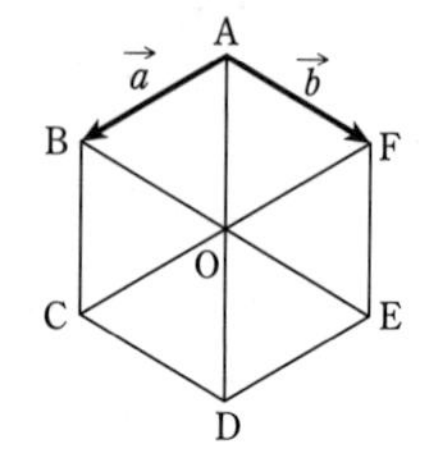

≣解 答≣

（１） 正六角形ABCDEFの中心をOとすると，$\overrightarrow{AO}=\overrightarrow{AB}+\overrightarrow{AF}=\vec{a}+\vec{b}$

$\overrightarrow{\mathbf{AC}}=\overrightarrow{AO}+\overrightarrow{OC}=(\vec{a}+\vec{b})+\vec{a}=\mathbf{2\vec{a}+\vec{b}}$，$\overrightarrow{\mathbf{AD}}=2\overrightarrow{AO}=\mathbf{2\vec{a}+2\vec{b}}$

$\overrightarrow{\mathbf{AE}}=\overrightarrow{AO}+\overrightarrow{OE}=(\vec{a}+\vec{b})+\vec{b}=\mathbf{\vec{a}+2\vec{b}}$

$\overrightarrow{\mathbf{AM}}=\dfrac{1}{2}(\overrightarrow{AC}+\overrightarrow{AD})=\mathbf{2\vec{a}+\dfrac{3}{2}\vec{b}}$，$\overrightarrow{\mathbf{AN}}=\dfrac{1}{2}(\overrightarrow{AD}+\overrightarrow{AE})=\mathbf{\dfrac{3}{2}\vec{a}+2\vec{b}}$

⇦
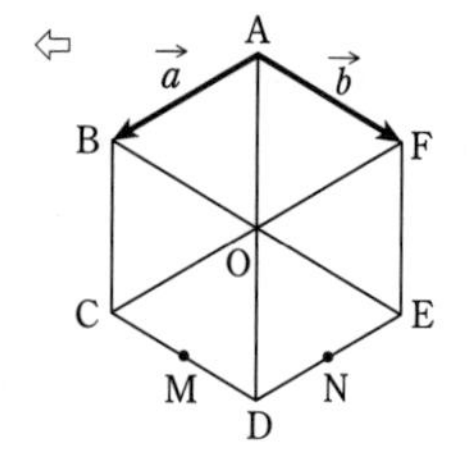

（２） $\overrightarrow{AP}=s\overrightarrow{AM}=2s\vec{a}+\dfrac{3}{2}s\vec{b}$ ……………………①

（s は実数）と書け，PはBN上にあるから，

$\overrightarrow{AP}=(1-t)\overrightarrow{AB}+t\overrightarrow{AN}$

$=(1-t)\vec{a}+t\left(\dfrac{3}{2}\vec{a}+2\vec{b}\right)$

$=\left(1+\dfrac{1}{2}t\right)\vec{a}+2t\vec{b}$ ……………………②

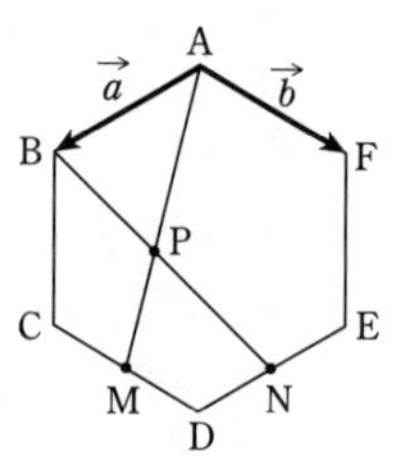

⇦PはBNを $t:(1-t)$ に内分する点として設定したことになる．

（t は実数）と書ける．①と②が一致することと，$\vec{a}\neq\vec{0}$，$\vec{b}\neq\vec{0}$ かつ $\vec{a}$ と $\vec{b}$ が平行でないことから，　$2s=1+\dfrac{1}{2}t$，$\dfrac{3}{2}s=2t$

後者から $s=\dfrac{4}{3}t$ で前者に代入し，$\dfrac{8}{3}t=1+\dfrac{1}{2}t$　　∴　$t=\dfrac{6}{13}$，$s=\dfrac{8}{13}$

⇦これから，$\overrightarrow{AP}=\dfrac{16}{13}\vec{a}+\dfrac{12}{13}\vec{b}$ が分かる．

$\overrightarrow{AP}=\dfrac{8}{13}\overrightarrow{AM}$ より，**AP：PM**$=8:(13-8)=$**8：5**

⇦
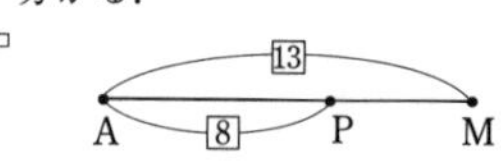

$\overrightarrow{AP}=\dfrac{7}{13}\overrightarrow{AB}+\dfrac{6}{13}\overrightarrow{AN}$ より，（内分点の公式から）**BP：PN＝6：7**

▶◀1 演習題（解答は p.137）

正六角形ABCDEFにおいて，辺BCの中点をM，辺DEを $t:(1-t)$ に内分する点をNとし（ただし $0<t<1$），MFとANの交点をPとする．$\overrightarrow{AB}=\vec{a}$，$\overrightarrow{AF}=\vec{b}$ とするとき，

（１） $\overrightarrow{AM}$，$\overrightarrow{AN}$ を t，$\vec{a}$，$\vec{b}$ で表せ．

（２） PがMFを２：１に内分する点であるとき，t の値と線分比 AP：PN を求めよ．

🕒 15分

◆2 $a\overrightarrow{\mathrm{PA}}+b\overrightarrow{\mathrm{PB}}+c\overrightarrow{\mathrm{PC}}=\vec{0}$

△ABC と点 P があり，$3\overrightarrow{\mathrm{PA}}+4\overrightarrow{\mathrm{PB}}+5\overrightarrow{\mathrm{PC}}=\vec{0}$ を満たすとき，以下の問いに答えよ．

（1） $\overrightarrow{\mathrm{AP}}$ を $\overrightarrow{\mathrm{AB}}$，$\overrightarrow{\mathrm{AC}}$ で表せ．

（2） 2 直線 AP，BC の交点を Q とする．線分比 BQ：QC と，AP：PQ を求めよ．

（3） 面積比 △PBC：△ABC を求めよ．

$a\overrightarrow{\mathrm{PA}}+b\overrightarrow{\mathrm{PB}}+c\overrightarrow{\mathrm{PC}}=\vec{0}$ を満たす点 P のとらえ方　まず，A を始点にして条件式を書き直すのがよい（そうすると 3 か所にあった P が 1 か所になる）．すると $\overrightarrow{\mathrm{AP}}=\alpha\overrightarrow{\mathrm{AB}}+\beta\overrightarrow{\mathrm{AC}}$ の形になる．

$\overrightarrow{\mathrm{AP}}=\alpha\overrightarrow{\mathrm{AB}}+\beta\overrightarrow{\mathrm{AC}}$ を満たす点 P のとらえ方　$\overrightarrow{\mathrm{AP}}=\alpha\overrightarrow{\mathrm{AB}}+\beta\overrightarrow{\mathrm{AC}}$（$\alpha>0$，$\beta>0$）のとき，

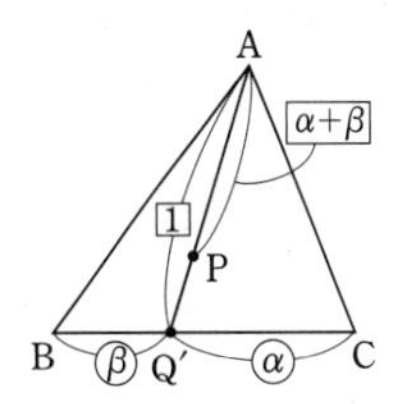

$\overrightarrow{\mathrm{AP}}=(\alpha+\beta)\cdot\underset{\sim\sim\sim}{\dfrac{\alpha\overrightarrow{\mathrm{AB}}+\beta\overrightarrow{\mathrm{AC}}}{\beta+\alpha}}$ と変形して，〰〰 $=\overrightarrow{\mathrm{AQ'}}$ とおくと，内分点の公式から，Q′ は線分 BC を $\beta:\alpha$ に内分する点であり，直線 AP 上にもある（Q′ は AP と BC の交点）．また，AP：AQ′$=(\alpha+\beta):1$ であることも分かる．この Q′ を使って，点 P の位置をとらえることができる．答案では以下の解答程度でよいだろう．

■解 答■

（1） $3(-\overrightarrow{\mathrm{AP}})+4(\overrightarrow{\mathrm{AB}}-\overrightarrow{\mathrm{AP}})+5(\overrightarrow{\mathrm{AC}}-\overrightarrow{\mathrm{AP}})=\vec{0}$ より，

$$12\overrightarrow{\mathrm{AP}}=4\overrightarrow{\mathrm{AB}}+5\overrightarrow{\mathrm{AC}}\qquad\therefore\quad \overrightarrow{\mathrm{AP}}=\frac{4\overrightarrow{\mathrm{AB}}+5\overrightarrow{\mathrm{AC}}}{12}=\boldsymbol{\frac{1}{3}\overrightarrow{\mathrm{AB}}+\frac{5}{12}\overrightarrow{\mathrm{AC}}}$$

（2） $\overrightarrow{\mathrm{AP}}=\dfrac{1}{12}\cdot(4+5)\cdot\dfrac{4\overrightarrow{\mathrm{AB}}+5\overrightarrow{\mathrm{AC}}}{5+4}=\dfrac{3}{4}\cdot\dfrac{4\overrightarrow{\mathrm{AB}}+5\overrightarrow{\mathrm{AC}}}{5+4}$

⇦ $\overrightarrow{\mathrm{AP}}=\dfrac{4\overrightarrow{\mathrm{AB}}+5\overrightarrow{\mathrm{AC}}}{12}$
$=\dfrac{1}{12}(4\overrightarrow{\mathrm{AB}}+5\overrightarrow{\mathrm{AC}})$
において，
$4\overrightarrow{\mathrm{AB}}+5\overrightarrow{\mathrm{AC}}$
$=(4+5)\cdot\dfrac{4\overrightarrow{\mathrm{AB}}+5\overrightarrow{\mathrm{AC}}}{5+4}$
と変形した．

よって，$\overrightarrow{\mathrm{AQ}}=\dfrac{4\overrightarrow{\mathrm{AB}}+5\overrightarrow{\mathrm{AC}}}{5+4}$，$\overrightarrow{\mathrm{AP}}=\dfrac{3}{4}\overrightarrow{\mathrm{AQ}}$

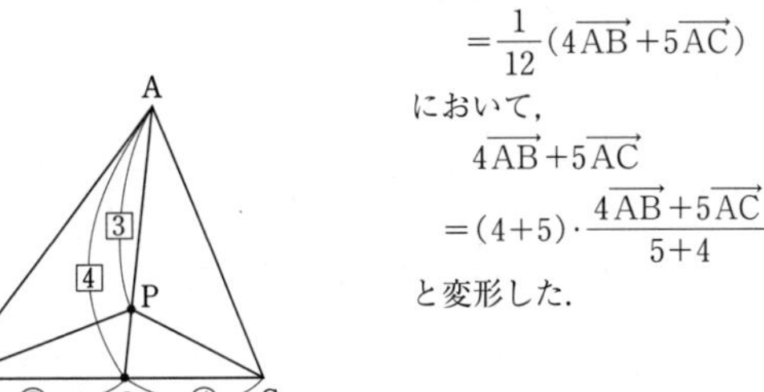

であるから，Q は線分 BC を 5：4 に内分する点であり，P は線分 AQ を 3：1 に内分する点である．

よって，**BQ：QC＝5：4**，**AP：PQ＝3：1**

（3） △PBC と △ABC で BC を共通の底辺と見ると，高さの比は，PQ：AQ に等しいから，

△PBC：△ABC＝PQ：AQ＝**1：4**

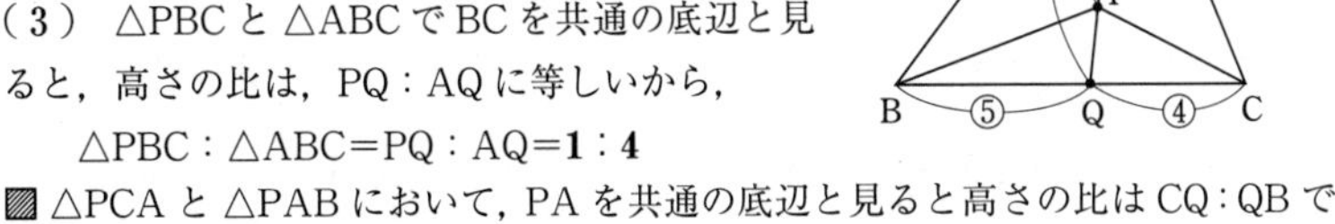

▨ △PCA と △PAB において，PA を共通の底辺と見ると高さの比は CQ：QB であるから，△PCA：△PAB＝CQ：QB＝4：5

（$3\overrightarrow{\mathrm{PA}}+4\overrightarrow{\mathrm{PB}}+5\overrightarrow{\mathrm{PC}}=\vec{0}$ ……①　の $\overrightarrow{\mathrm{PB}}$ と $\overrightarrow{\mathrm{PC}}$ の係数の比に等しい）

直線 BP と AC の交点を R とすると，CR：RA は，①を B を始点にして書き直すことにより，①の $\overrightarrow{\mathrm{PA}}$ と $\overrightarrow{\mathrm{PC}}$ の係数の比に等しいことが分かり，△PBC：△PAB＝CR：RA＝3：5 となる．

よって，△PBC：△PCA：△PAB＝3：4：5

一般に $a\overrightarrow{\mathrm{PA}}+b\overrightarrow{\mathrm{PB}}+c\overrightarrow{\mathrm{PC}}=\vec{0}$（$a>0$，$b>0$，$c>0$）の係数比 $a:b:c$ は，面積比
△PBC：△PCA：△PAB
⇦に一致する．

▶◀2 演習題 （解答は p.137）

△ABC の内部に点 P があり，$3\overrightarrow{\mathrm{PA}}+\overrightarrow{\mathrm{PB}}+2\overrightarrow{\mathrm{PC}}=\vec{0}$ が成り立っている．このとき，

（1） 辺 BC を 2：1 に内分する点を D とするとき，$\overrightarrow{\mathrm{AD}}$ を $\overrightarrow{\mathrm{AB}}$ と $\overrightarrow{\mathrm{AC}}$ を用いて表せ．

（2） 点 P はどのような位置にあるか．

（3） 面積の比 △ABC：△ABP：△BCP を求めよ．

（徳島文理大・香川薬）

（3） △PDC の面積を s として，他の三角形の面積を s で表すのが分かりやすいだろう．

🕒 15 分

◆3 角の二等分線

（ア）△OAB において，OA=3，OB=2 であるとする．∠AOB の二等分線と辺 AB の交点を C とするとき，$\overrightarrow{OC}=\square\,\overrightarrow{OA}+\square\,\overrightarrow{OB}$ である．

（イ）ベクトル $\overrightarrow{OA}=(4,\ 3)$ と $\overrightarrow{OB}=(5,\ 12)$ とのなす角を 2 等分する方向に平行な，大きさは 5 であるようなベクトル $\overrightarrow{OC}$（向きを考えると 2 つある）を求めよ．（中央大・商）

角の二等分線の定理　図 1 で，$x:y=a:b$ が成り立つ．ベクトルの問題でも，角の二等分線をとらえるにはこの定理を使うことが多い．

単位ベクトル　大きさが 1 のベクトルを単位ベクトルという．$\vec{l}$ と同じ向きの単位ベクトルは，$\vec{l}$ を $\vec{l}$ の大きさ $|\vec{l}|$ で割って得られ，$\dfrac{\vec{l}}{|\vec{l}|}$ である．

図 1

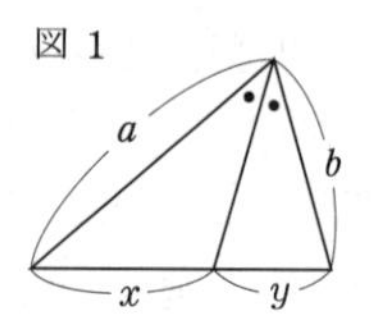

図 2

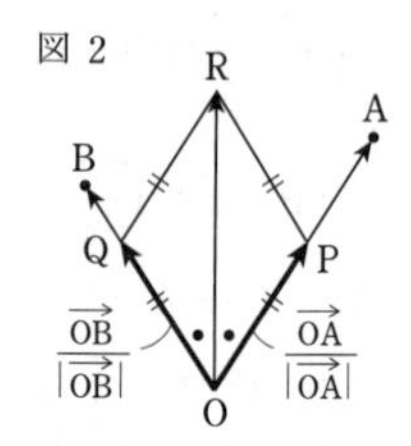

角の二等分線を単位ベクトルでとらえる　$\overrightarrow{OA}$，$\overrightarrow{OB}$ に対して，図 2 のひし形 OPRQ を作ると，$\overrightarrow{OA}$ と $\overrightarrow{OB}$ のなす角を二等分する方向は $\overrightarrow{OR}$ に平行であり，$\overrightarrow{OR}=\dfrac{\overrightarrow{OA}}{|\overrightarrow{OA}|}+\dfrac{\overrightarrow{OB}}{|\overrightarrow{OB}|}$

解答

（ア）角の二等分線の定理より，

AC : CB = OA : OB = 3 : 2

$$\therefore\quad \overrightarrow{OC}=\frac{2\overrightarrow{OA}+3\overrightarrow{OB}}{3+2}=\boldsymbol{\frac{2}{5}\overrightarrow{OA}+\frac{3}{5}\overrightarrow{OB}}$$

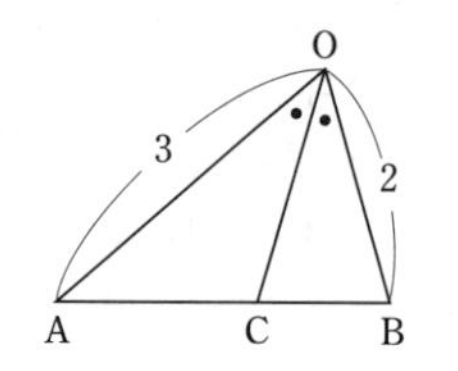

⇦C は AB を 3 : 2 に内分する点であり，内分点の公式を使った．

（イ）$|\overrightarrow{OA}|=\sqrt{4^2+3^2}=5$，$|\overrightarrow{OB}|=\sqrt{5^2+12^2}=13$

である．$|\overrightarrow{OC}|$ に平行なベクトルの 1 つは，

$$\frac{\overrightarrow{OA}}{|\overrightarrow{OA}|}+\frac{\overrightarrow{OB}}{|\overrightarrow{OB}|}=\frac{1}{5}(4,\ 3)+\frac{1}{13}(5,\ 12)=\frac{13}{65}(4,\ 3)+\frac{5}{65}(5,\ 12)$$

$$=\frac{1}{65}(77,\ 99)=\frac{11}{65}(7,\ 9)$$

$\vec{l}=(7,\ 9)$ とおくと，$\overrightarrow{OC}$ は $\vec{l}$ に平行で，$|\overrightarrow{OC}|=5$ であるから，

$$\overrightarrow{OC}=\pm5\cdot\frac{\vec{l}}{|\vec{l}|}=\pm5\cdot\frac{1}{\sqrt{7^2+9^2}}\vec{l}=\pm\frac{5}{\sqrt{130}}\vec{l}=\boldsymbol{\pm\frac{5}{\sqrt{130}}(7,\ 9)}$$

一般に，$\vec{l}$ と同じ向きの大きさ a のベクトルは，単位ベクトル $\dfrac{\vec{l}}{|\vec{l}|}$

⇦を用いて，$a\cdot\dfrac{\vec{l}}{|\vec{l}|}$ と表せる．

▶3 演習題（解答は p.137）

（ア）三角形 ABC において，AB=5，BC=9，CA=8 とし，内心を I とする．

（1）直線 AI と辺 BC の交点を D とするとき，$\overrightarrow{AD}$ を $\overrightarrow{AB}$，$\overrightarrow{AC}$ で表せ．

（2）BD の長さと，AI : ID を求めよ．

（3）$\overrightarrow{AI}$ を $\overrightarrow{AB}$，$\overrightarrow{AC}$ で表せ．

（イ）O を原点とする座標平面上に，A(5, 0)，B(3, 4) と O と異なる点 P がある．$\overrightarrow{OA}=\vec{a}$，$\overrightarrow{OB}=\vec{b}$，$\overrightarrow{OP}=\vec{p}$ とする．

（1）$\overrightarrow{OA}$ と $\overrightarrow{OB}$ のなす角を二等分し，大きさが $2\sqrt{5}$ であり，x 成分が正であるベクトルを $\vec{l}$ とする．$\vec{l}$ を求めよ．

（2）P が ∠AOB の二等分線上にあって，$\vec{p}\cdot(\vec{p}-k\vec{a})=0$（$k$ は 0 でない定数）を満たすとき，P の座標を k で表せ．

（ア）内心は，内角の二等分線の交点である．AI は ∠BAC の二等分線，BI は ∠ABC の二等分線である．

（ア）7分
（イ）7分

◆4 ベクトルの大きさの最小値

(ア) 2つのベクトル $\vec{a}$，$\vec{b}$ が，$|\vec{a}|=6$，$|\vec{b}|=5$，$|\vec{a}-2\vec{b}|=8$ を満たすとする．

（1） 内積 $\vec{a}\cdot\vec{b}=$ □ である．

（2） $|\vec{a}+t\vec{b}|$ は $t=$ □ のとき，最小値 □ をとる．

(イ) 平面上に2つのベクトル $\vec{a}=(1,\ -9)$，$\vec{b}=(1,\ 1)$ があり，ベクトル $\vec{c}=\vec{a}+t\vec{b}$（ただし，t は実数）とする．$|\vec{c}|$ が最小になる t の値は □ で，そのとき内積 $\vec{b}\cdot\vec{c}=$ □ である．

（星薬大）

ベクトルの大きさは2乗を考える $|\vec{x}|^2=\vec{x}\cdot\vec{x}$ であり，$|\vec{x}|$ よりも $|\vec{x}|^2$ の方が扱いやすい．p.91，◆12 でやったように，内積の“展開”は，普通の文字式と同じようにできる．

(ア)は，$|\vec{a}-2\vec{b}|^2$ を展開すると $|\vec{a}|^2$，$|\vec{b}|^2$，$\vec{a}\cdot\vec{b}$ が現れることを使って $\vec{a}\cdot\vec{b}$ を求める．

(イ)は，$\vec{c}=\vec{a}+t\vec{b}$ の右辺をまとめて，$\vec{c}=(1+t,\ -9+t)$ とし，$|\vec{c}|^2=(1+t)^2+(-9+t)^2$ としたくなるが，この後 t でまとめ直すことになるので，やや回り道である．成分計算は後回しにしよう．

解 答

(ア)（1） $|\vec{a}-2\vec{b}|^2=8^2$ より，$(\vec{a}-2\vec{b})\cdot(\vec{a}-2\vec{b})=64$

よって，$|\vec{a}|^2-4\vec{a}\cdot\vec{b}+4|\vec{b}|^2=64$

$|\vec{a}|=6$，$|\vec{b}|=5$ を代入して，$36-4\vec{a}\cdot\vec{b}+4\cdot25=64$

$\therefore\ 4\vec{a}\cdot\vec{b}=72 \qquad \therefore\ \boldsymbol{\vec{a}\cdot\vec{b}=18}$

（2） $|\vec{a}+t\vec{b}|^2=(\vec{a}+t\vec{b})\cdot(\vec{a}+t\vec{b})=|\vec{a}|^2+2t\vec{a}\cdot\vec{b}+t^2|\vec{b}|^2=36+36t+25t^2$

$$=25\left(t^2+\frac{36}{25}t\right)+36=25\left\{\left(t+\frac{18}{25}\right)^2-\frac{18^2}{25^2}\right\}+36$$

$$=25\left(t+\frac{18}{25}\right)^2+\left(\frac{24}{5}\right)^2$$

$|\vec{a}+t\vec{b}|$ は，$\boldsymbol{t=-\frac{18}{25}}$ のとき，最小値 $\sqrt{\left(\frac{24}{5}\right)^2}=\boldsymbol{\frac{24}{5}}$ をとる．

⇦ $|\vec{a}+t\vec{b}|^2$ は，t の2次式である．それを平方完成して最小値を求めればよい．

⇦ $-\frac{18^2}{25}+36=\frac{18(-18+50)}{25}$
$=\frac{18\cdot32}{25}=\frac{9\cdot64}{25}=\left(\frac{3\cdot8}{5}\right)^2$

(イ) $|\vec{c}|^2=|\vec{a}+t\vec{b}|^2=|\vec{a}|^2+2t\vec{a}\cdot\vec{b}+t^2|\vec{b}|^2$

ここで，$|\vec{a}|^2=1^2+(-9)^2=82$，$|\vec{b}|^2=1^2+1^2=2$，$\vec{a}\cdot\vec{b}=1\cdot1+(-9)\cdot1=-8$ であるから，

$$|\vec{c}|^2=82-16t+2t^2=2(t^2-8t)+82=2\{(t-4)^2-4^2\}+82$$

よって，$|\vec{c}|$ が最小になる t の値は $\boldsymbol{t=4}$ であり，このとき，

$$\boldsymbol{\vec{b}\cdot\vec{c}}=\vec{b}\cdot(\vec{a}+4\vec{b})=\vec{a}\cdot\vec{b}+4|\vec{b}|^2=-8+4\cdot2=\boldsymbol{0}$$

▨(イ)で，$\vec{b}\perp\vec{c}$ となったが，これは偶然ではない．実は図形的に解釈できる．

$\overrightarrow{OA}=\vec{a}$，$\overrightarrow{OC}=\vec{c}$ とおくと，$\vec{c}=\vec{a}+t\vec{b}$ により，点Cは，点Aを通り，$\vec{b}$ に平行な直線 l 上の点である．よって，$|\vec{c}|=|\overrightarrow{OC}|$ が最小になるのは，CがOから l に下ろした垂線と l との交点に一致するとき，つまり $\vec{b}\perp\vec{c}$ のときである．

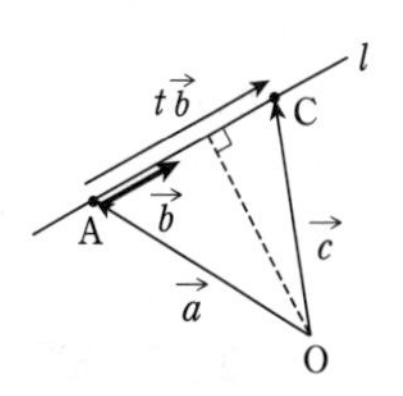

◆4 演習題（解答は p.138）

ベクトル $\vec{a}$，$\vec{b}$ は，$|\vec{a}|=\sqrt{5}$，$|\vec{b}|=2$ を満たし，$\vec{c}=\vec{a}+t\vec{b}$ とする．

（1） $|\vec{c}|$ が $t=1$ のとき最小になるとき，$\vec{a}\cdot\vec{b}$ の値を求めよ．

（2） (1)が成り立ち，$\vec{a}=(1,\ 2)$ のとき，$\vec{c}$ を求めよ．

🕒8分

◆5 垂心

OA=4, OB=5, AB=6 である△OAB があり，△OAB の垂心を H とする．
$\overrightarrow{OA}=\vec{a}$，$\overrightarrow{OB}=\vec{b}$ とするとき，以下の問いに答えよ．
（1） $\overrightarrow{AB}=\vec{b}-\vec{a}$ により，$|\overrightarrow{AB}|^2=|\vec{b}-\vec{a}|^2$ が成り立つことに着目して，内積 $\vec{a}\cdot\vec{b}$ を求めよ．
（2） $\overrightarrow{OH}=x\vec{a}+y\vec{b}$ とする．AH⊥OB，BH⊥OA に着目して，x，y を求めよ．

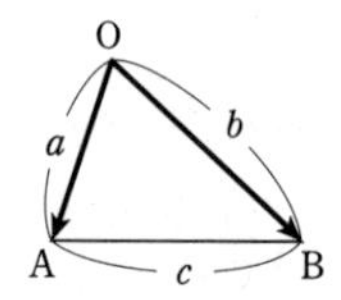

3辺の長さが分かっている三角形についての内積　右図の三角形について，$\overrightarrow{OA}\cdot\overrightarrow{OB}$ を求めるには $\overrightarrow{AB}=\overrightarrow{OB}-\overrightarrow{OA}$ に着目し，$|\overrightarrow{AB}|^2=|\overrightarrow{OB}-\overrightarrow{OA}|^2$ を作る．
この右辺を展開すると，$|\overrightarrow{AB}|^2=|\overrightarrow{OB}|^2-2\overrightarrow{OB}\cdot\overrightarrow{OA}+|\overrightarrow{OA}|^2$
よって，$\overrightarrow{OA}\cdot\overrightarrow{OB}=\dfrac{|\overrightarrow{OA}|^2+|\overrightarrow{OB}|^2-|\overrightarrow{AB}|^2}{2}=\dfrac{a^2+b^2-c^2}{2}$ となる．

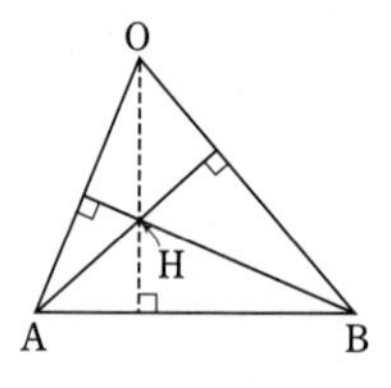

垂心の求め方　三角形の各頂点から対辺またはその延長上に下ろした垂線は1点で交わる．その交点を垂心という．垂心は2本の垂線の交点として決まる．そこで垂心を求めるには，本問の（2）のように，「2つの垂直」に着目する．
△OAB の垂心を H とするとき，AH⊥OB, BH⊥OA が成り立つので，$\overrightarrow{AH}\cdot\overrightarrow{OB}=0$，$\overrightarrow{BH}\cdot\overrightarrow{OA}=0$ が成り立ち，これらに $\overrightarrow{OH}=x\overrightarrow{OA}+y\overrightarrow{OB}$ を代入すると，x，y の関係式が2つ得られる．これから x，y を求めればよい．

解答

（1） $|\overrightarrow{AB}|^2=|\vec{b}-\vec{a}|^2$ により，

$|\overrightarrow{AB}|^2=|\vec{b}|^2-2\vec{b}\cdot\vec{a}+|\vec{a}|^2$

$|\vec{a}|=4$，$|\vec{b}|=5$，$|\overrightarrow{AB}|=6$ であるから，

$36=25-2\vec{a}\cdot\vec{b}+16$

$\therefore\ \boldsymbol{\vec{a}\cdot\vec{b}=\dfrac{5}{2}}$

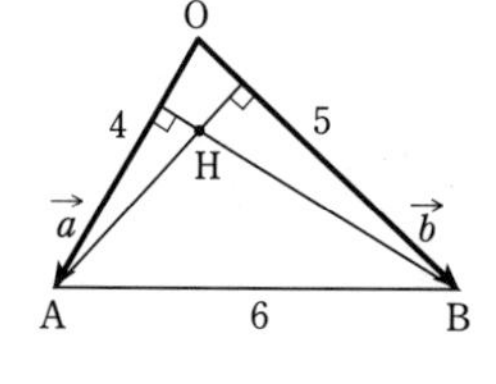

▨ 前文の
$\overrightarrow{OA}\cdot\overrightarrow{OB}=\dfrac{a^2+b^2-c^2}{2}$
は，∠AOB=θ とおくと，余弦定理
$\cos\theta=\dfrac{a^2+b^2-c^2}{2ab}$
に対応している．

（2） $\overrightarrow{AH}=\overrightarrow{OH}-\overrightarrow{OA}=x\vec{a}+y\vec{b}-\vec{a}$，$\overrightarrow{BH}=\overrightarrow{OH}-\overrightarrow{OB}=x\vec{a}+y\vec{b}-\vec{b}$

$\overrightarrow{AH}\cdot\overrightarrow{OB}=0$，$\overrightarrow{BH}\cdot\overrightarrow{OA}=0$ であるから，

$$\begin{cases}(x\vec{a}+y\vec{b}-\vec{a})\cdot\vec{b}=0\\(x\vec{a}+y\vec{b}-\vec{b})\cdot\vec{a}=0\end{cases}\quad\therefore\ \begin{cases}x\vec{a}\cdot\vec{b}+y|\vec{b}|^2-\vec{a}\cdot\vec{b}=0\\x|\vec{a}|^2+y\vec{a}\cdot\vec{b}-\vec{a}\cdot\vec{b}=0\end{cases}$$

⇦ x，y を求めるので，$\vec{a}$，$\vec{b}$ について整理しない方がよい．

$$\therefore\ \begin{cases}\dfrac{5}{2}x+25y-\dfrac{5}{2}=0\\16x+\dfrac{5}{2}y-\dfrac{5}{2}=0\end{cases}\quad\therefore\ \begin{cases}x+10y=1\ \cdots\cdots①\\32x+5y=5\ \cdots\cdots②\end{cases}$$

②×2−① により，$63x=9$

$\therefore\ \boldsymbol{x=\dfrac{1}{7}}\qquad\therefore\ \boldsymbol{y}=\dfrac{1}{10}(1-x)=\dfrac{1}{10}\cdot\dfrac{6}{7}=\boldsymbol{\dfrac{3}{35}}$

▶◀5 演習題 （解答は p.139）

OA=5, OB=6, AB=7 である△OAB がある．A から OB に下ろした垂線と B から OA に下ろした垂線の交点を H とする．$\overrightarrow{OA}=\vec{a}$，$\overrightarrow{OB}=\vec{b}$ とするとき，
（1） 内積 $\vec{a}\cdot\vec{b}$ を求めよ．
（2） $\overrightarrow{OH}=x\vec{a}+y\vec{b}$ とするとき，x，y を求めよ．
（3） 内積 $\overrightarrow{OH}\cdot\overrightarrow{AB}$ を求めよ．

🕛 12分

◆6 外心

AB=6, AC=8, $\angle$BAC=60° である △ABC があり，△ABC の外心を O とする．

（1） $|\overrightarrow{AO}|=|\overrightarrow{BO}|$, $\overrightarrow{BO}=\overrightarrow{AO}-\overrightarrow{AB}$ により，$|\overrightarrow{AO}|^2=|\overrightarrow{AO}-\overrightarrow{AB}|^2$ が成り立つことに着目して，内積 $\overrightarrow{AO}\cdot\overrightarrow{AB}$ を求めよ．

（2） 内積 $\overrightarrow{AO}\cdot\overrightarrow{AC}$ を求めよ．

（3） $\overrightarrow{AO}=x\overrightarrow{AB}+y\overrightarrow{AC}$ となる x, y の値を求めよ．

（外心の求め方） △ABC の外心 O（外接円の中心）は，OA=OB=OC を満たす．これを使って，外心を求めることができる．本問の(1)のように

$$(|\overrightarrow{AO}|^2=)|\overrightarrow{AO}-\overrightarrow{AB}|^2=|\overrightarrow{AO}|^2-2\overrightarrow{AO}\cdot\overrightarrow{AB}+|\overrightarrow{AB}|^2$$

に着目することがポイントで，$2\overrightarrow{AO}\cdot\overrightarrow{AB}=|\overrightarrow{AB}|^2$ となる．これから $\overrightarrow{AO}\cdot\overrightarrow{AB}$ の値が分かる．これに $\overrightarrow{AO}=x\overrightarrow{AB}+y\overrightarrow{AC}$ を代入すると x, y の関係式が得られる．

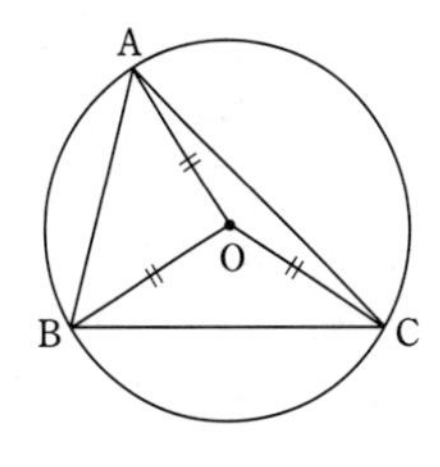

同様に，$|\overrightarrow{AO}|=|\overrightarrow{CO}|$ により，$|\overrightarrow{AO}|^2=|\overrightarrow{AO}-\overrightarrow{AC}|^2$ が成り立つ．これから，$\overrightarrow{AO}\cdot\overrightarrow{AC}$ の値が分かり，x, y の関係式が得られる．これらの2つの関係式から，x, y を求めればよい．

解答

（1） $|\overrightarrow{AO}|=|\overrightarrow{BO}|$ から，$|\overrightarrow{AO}|^2=|\overrightarrow{AO}-\overrightarrow{AB}|^2$

∴ $|\overrightarrow{AO}|^2=|\overrightarrow{AO}|^2-2\overrightarrow{AO}\cdot\overrightarrow{AB}+|\overrightarrow{AB}|^2$

∴ $2\overrightarrow{AO}\cdot\overrightarrow{AB}=|\overrightarrow{AB}|^2$

$|\overrightarrow{AB}|=6$ により，$2\overrightarrow{AO}\cdot\overrightarrow{AB}=36$

∴ $\boldsymbol{\overrightarrow{AO}\cdot\overrightarrow{AB}=18}$

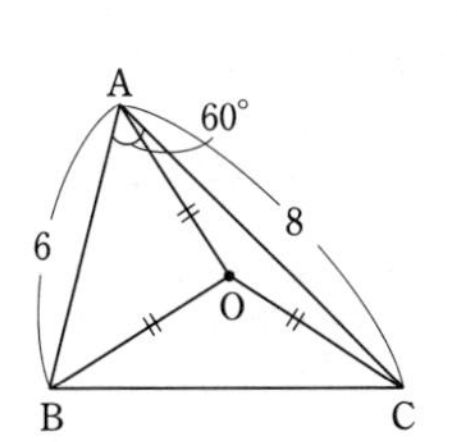

（2） $|\overrightarrow{AO}|=|\overrightarrow{CO}|$ から，$|\overrightarrow{AO}|^2=|\overrightarrow{AO}-\overrightarrow{AC}|^2$

∴ $|\overrightarrow{AO}|^2=|\overrightarrow{AO}|^2-2\overrightarrow{AO}\cdot\overrightarrow{AC}+|\overrightarrow{AC}|^2$

∴ $2\overrightarrow{AO}\cdot\overrightarrow{AC}=|\overrightarrow{AC}|^2$

$|\overrightarrow{AC}|=8$ により，$2\overrightarrow{AO}\cdot\overrightarrow{AC}=64$　∴ $\boldsymbol{\overrightarrow{AO}\cdot\overrightarrow{AC}=32}$

（3） (1), (2)の結果に，$\overrightarrow{AO}=x\overrightarrow{AB}+y\overrightarrow{AC}$ を代入すると，

$$\begin{cases}(x\overrightarrow{AB}+y\overrightarrow{AC})\cdot\overrightarrow{AB}=18\\(x\overrightarrow{AB}+y\overrightarrow{AC})\cdot\overrightarrow{AC}=32\end{cases}\quad\therefore\quad\begin{cases}x|\overrightarrow{AB}|^2+y\overrightarrow{AB}\cdot\overrightarrow{AC}=18\\x\overrightarrow{AB}\cdot\overrightarrow{AC}+y|\overrightarrow{AC}|^2=32\end{cases}$$

$|\overrightarrow{AB}|=6$, $|\overrightarrow{AC}|=8$, $\overrightarrow{AB}\cdot\overrightarrow{AC}=6\cdot8\cdot\cos60°=24$ であるから，

$$\begin{cases}36x+24y=18\\24x+64y=32\end{cases}\quad\therefore\quad\begin{cases}6x+4y=3\\6x+16y=8\end{cases}$$

これを解くと，$\boldsymbol{y=\frac{5}{12}}$, $\boldsymbol{x}=\frac{1}{6}\left(3-4\cdot\frac{5}{12}\right)=\frac{1}{6}\cdot\frac{4}{3}=\boldsymbol{\frac{2}{9}}$

▨ $\overrightarrow{AO}\cdot\overrightarrow{AB}$ は次のようにして求めることもできる．AB の中点を M とすると，$\angle$OMA=90° である．$\angle$OAB=θ とおくと，

$$\begin{aligned}\overrightarrow{AO}\cdot\overrightarrow{AB}&=AO\cdot AB\cos\theta\\&=AB\times AO\cos\theta\\&=AB\times AM\\&=AB\times\frac{1}{2}AB\\&=\frac{1}{2}AB^2=18\end{aligned}$$

$\overrightarrow{AO}\cdot\overrightarrow{AC}$ も同様である．

⋈6 演習題 （解答は p.139）

AB=2, BC=4, CA=$2\sqrt{2}$ である △ABC があり，△ABC の外心を O とする．

（1） 内積 $\overrightarrow{AO}\cdot\overrightarrow{AB}$ と $\overrightarrow{AO}\cdot\overrightarrow{AC}$ を求めよ．

（2） 内積 $\overrightarrow{AB}\cdot\overrightarrow{AC}$ を求めよ．

（3） $\overrightarrow{AO}=x\overrightarrow{AB}+y\overrightarrow{AC}$ となる x, y の値を求めよ．

（4） △ABC の外接円の半径を求めよ．

(1)は例題と同様に，(2)は前問の例題と同様に BC=4 に着目して解く．

15分

◆7 平面上の点の存在範囲／その1

△OAB に対して，点 P が，$\overrightarrow{OP}=s\overrightarrow{OA}+t\overrightarrow{OB}$ を満たすとする．

実数 s，t が次の条件を満たしながら動くとき，P の存在範囲を求めよ．((3)は図示もせよ．)

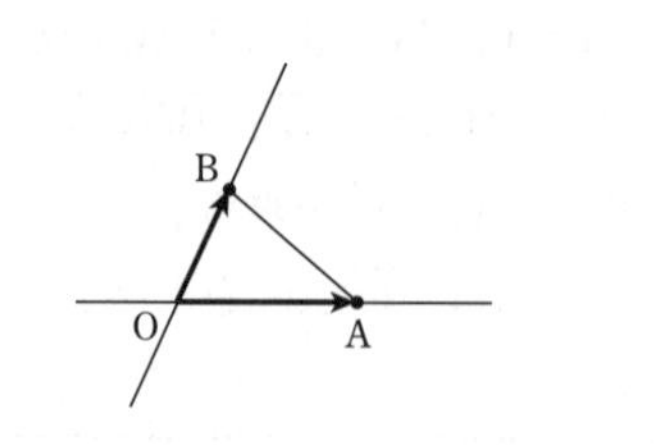

(1) $s \geqq 0$ (t は何でもよい)

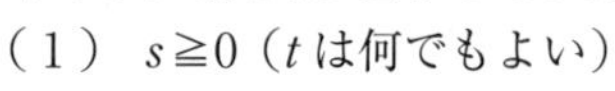

(2) $t \geqq 0$ (s は何でもよい)

(3) $s+t=2$

(4) $s \geqq 0$，$t \geqq 0$，$s+t=2$

$s \geqq 0$ が表す領域　$\overrightarrow{OP}=s\overrightarrow{OA}+t\overrightarrow{OB}$ のとき，点 P は図 1 のようになるから，「$s \geqq 0$，t は全実数」のとき，P の動く領域は，図 2 の直線 OB の右側である．「$t \geqq 0$，s は全実数」なら，直線 OA の上側である．

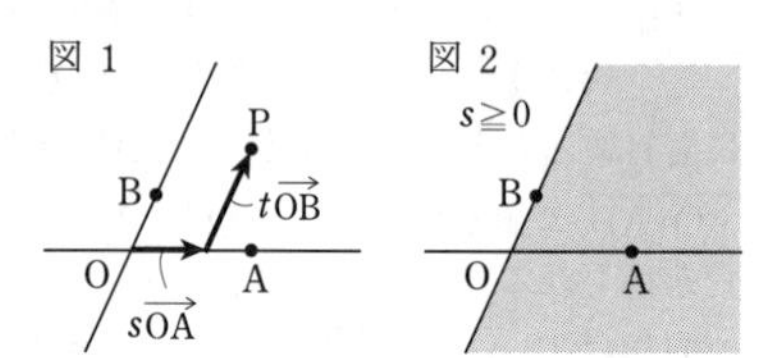

$s+t=1$ のときは直線 AB を表す

$\overrightarrow{OP}=s\overrightarrow{OA}+t\overrightarrow{OB}$，$s+t=1$ のとき，係数の和が 1 であるから，p.85，◆6 により，P が描く図形は直線 AB である．

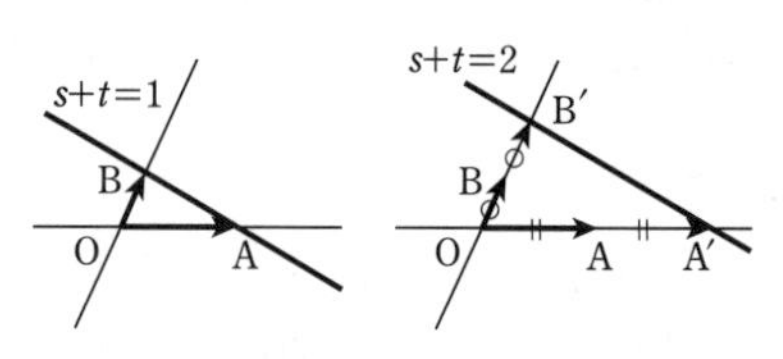

$s+t=2$ のときは，両辺を 2 で割り $\dfrac{s}{2}+\dfrac{t}{2}=1$ とし，$\dfrac{s}{2}$，$\dfrac{t}{2}$ が係数になるように，$\overrightarrow{OP}=\dfrac{s}{2}\cdot 2\overrightarrow{OA}+\dfrac{t}{2}\cdot 2\overrightarrow{OB}$

と変形する．A′，B′ を $\overrightarrow{OA'}=2\overrightarrow{OA}$，$\overrightarrow{OB'}=2\overrightarrow{OB}$ で定めると，$\overrightarrow{OA'}$，$\overrightarrow{OB'}$ の係数の和が 1 であるから，P が描く図形は直線 A′B′ である．なお，OA′：OA＝OB′：OB により，A′B′∥AB である．

解 答

(1) **直線 OB に関して，A と同じ側の半平面（直線 OB を含む）**である．

(2) **直線 OA に関して，B と同じ側の半平面（直線 OA を含む）**である．

(3) $s+t=2$ のとき，$\dfrac{s}{2}+\dfrac{t}{2}=1$

$$\overrightarrow{OP}=s\overrightarrow{OA}+t\overrightarrow{OB}=\frac{s}{2}\cdot 2\overrightarrow{OA}+\frac{t}{2}\cdot 2\overrightarrow{OB}$$

ここで，$\dfrac{s}{2}=s'$，$\dfrac{t}{2}=t'$ とおき，A′，B′ を $\overrightarrow{OA'}=2\overrightarrow{OA}$，$\overrightarrow{OB'}=2\overrightarrow{OB}$ を満たす点とすると，

$$\overrightarrow{OP}=s'\overrightarrow{OA'}+t'\overrightarrow{OB'},\quad s'+t'=1$$

であるから，点 P の存在範囲は**直線 A′B′** であり，上図の太線である．

(4) (1)，(2)，(3)の共通部分であるから，(3)のように A′，B′ を定めると，点 P の存在範囲は，**線分 A′B′（端点を含む）**である．

⇦平面は，平面上の直線によって 2 つの部分に分かれる．そのそれぞれの部分を半平面という．

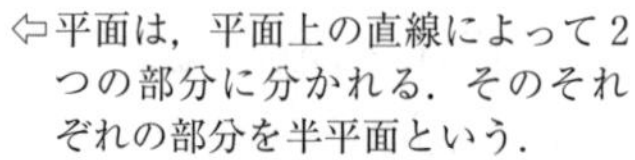

▨(1)(2)により，$s \geqq 0$，$t \geqq 0$ のときの点 P の範囲は，下図の網目部（境界を含む）になる．

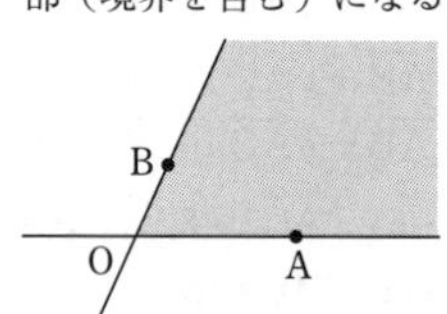

これから，$\overrightarrow{OP}=s\overrightarrow{OA}+t\overrightarrow{OB}$，$s \geqq 0$，$t \geqq 0$，$s+t=1$ を満たす点 P は線分 AB（端点を含む）を描くことが分かる．

▶7 演習題（解答は p.139）

△OAB に対して，点 P が，

$$\overrightarrow{OP}=s\overrightarrow{OA}+t\overrightarrow{OB},\quad s \geqq 0,\quad t \geqq 0,\quad s+2t=3$$

を満たしながら動くとき，点 P の存在範囲を図示せよ．

$\dfrac{s}{3}=s'$，$\dfrac{2}{3}t=t'$ とおこう．

🕒7 分

◆8 平面上の点の存在範囲／その2

△OAB に対して，点 P が，$\overrightarrow{OP}=s\overrightarrow{OA}+t\overrightarrow{OB}$ を満たすとする．
実数 s，t が次の条件を満たしながら動くとき，P の存在範囲を求めよ．(2)，(3)は図示をして答えよ．

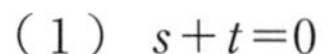

(1) $s+t=0$
(2) $s+t\leqq 2$
(3) $s\geqq 0$，$t\geqq 0$，$s+t\leqq 2$

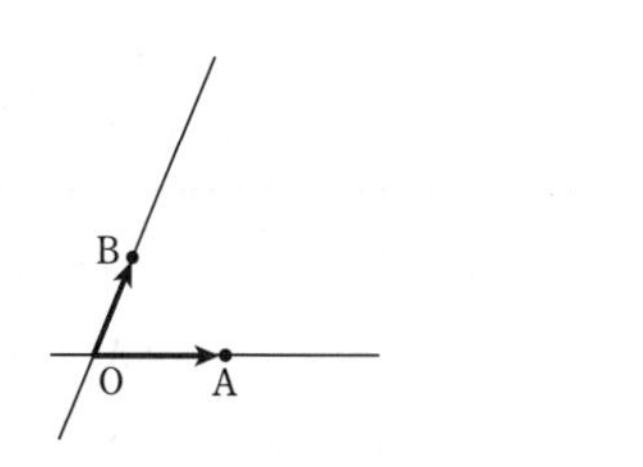

$s+t=k$ が表す図形　$\overrightarrow{OP}=s\overrightarrow{OA}+t\overrightarrow{OB}$，$s+t=k$ とする．$k\neq 0$ のときは前問と同様，$\dfrac{s}{k}+\dfrac{t}{k}=1$ とし，$\overrightarrow{OP}=\dfrac{s}{k}\cdot k\overrightarrow{OA}+\dfrac{t}{k}\cdot k\overrightarrow{OB}$ と変形する．

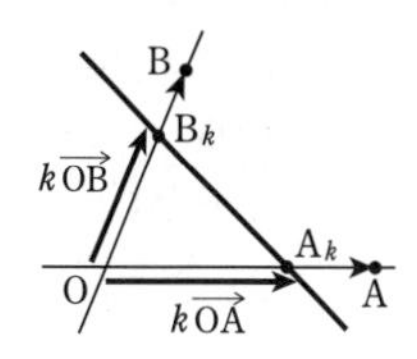

点 A_k，B_k を $\overrightarrow{OA_k}=k\overrightarrow{OA}$，$\overrightarrow{OB_k}=k\overrightarrow{OB}$ を満たす点とすると，P が描く図形は右図の直線 A_kB_k（$OA_k:OA=OB_k:OB$ により，AB に平行）である．

$k=0$ のときは，$\overrightarrow{OP}=s\overrightarrow{OA}+(-s)\overrightarrow{OB}=s(\overrightarrow{OA}-\overrightarrow{OB})=s\overrightarrow{BA}$ であるから，O を通り AB に平行な直線である．

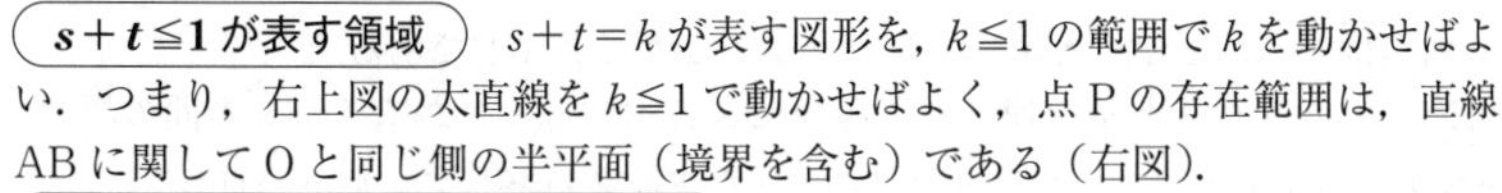

$s+t\leqq 1$ が表す領域　$s+t=k$ が表す図形を，$k\leqq 1$ の範囲で k を動かせばよい．つまり，右上図の太直線を $k\leqq 1$ で動かせばよく，点 P の存在範囲は，直線 AB に関して O と同じ側の半平面（境界を含む）である（右図）．

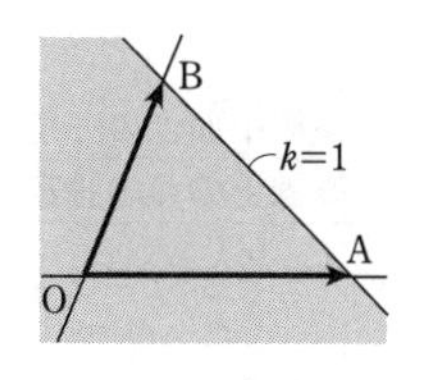

$s\geqq 0$，$t\geqq 0$，$s+t\leqq 1$ が表す領域　前問と上の事実を合わせることで，点 P の存在範囲は，△OAB の周および内部である．

解答

(1) $t=-s$ により，$\overrightarrow{OP}=s\overrightarrow{OA}+(-s)\overrightarrow{OB}=s(\overrightarrow{OA}-\overrightarrow{OB})=s\overrightarrow{BA}$
よって，P の存在範囲は **O を通り AB に平行な直線**である．

(2) $s+t=k$，$k\neq 0$ とする．$\dfrac{s}{k}+\dfrac{t}{k}=1$

⇦ k はある決まった値（例えば $\dfrac{3}{2}$ など）とする．

$$\overrightarrow{OP}=s\overrightarrow{OA}+t\overrightarrow{OB}=\frac{s}{k}\cdot k\overrightarrow{OA}+\frac{t}{k}\cdot k\overrightarrow{OB}$$

ここで，$\dfrac{s}{k}=s'$，$\dfrac{t}{k}=t'$ とおき，A_k，B_k を
$\overrightarrow{OA_k}=k\overrightarrow{OA}$，$\overrightarrow{OB_k}=k\overrightarrow{OB}$ を満たす点とすると，

$$\overrightarrow{OP}=s'\overrightarrow{OA_k}+t'\overrightarrow{OB_k},\ s'+t'=1$$

であるから，P の存在範囲は，AB に平行な直線 A_kB_k である．k を $k\leqq 2$ で動かすとき，(1)も考慮して，P の存在範囲は図1の網目部（境界を含む）である．

⇦ $A_kB_k /\!/ A_1B_1(=AB)$

図 1

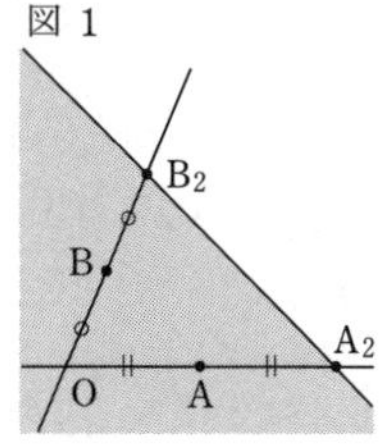
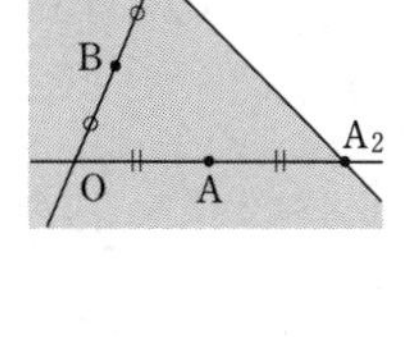

(3) $s\geqq 0$ は，直線 OB に関して A と同じ側の半平面，$t\geqq 0$ は，直線 OA に関して B と同じ側の半平面であるから，(2)も考慮して，P の存在範囲は，図2の網目部（境界を含む）．

図 2

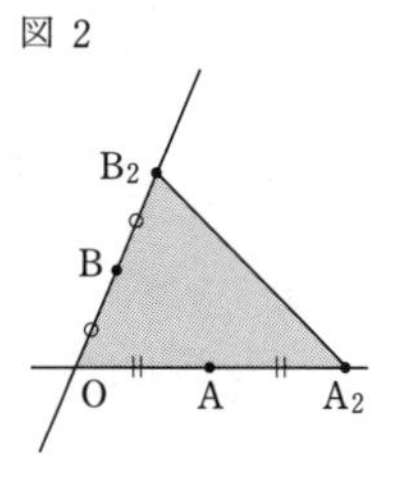

▶8 演習題（解答は p.140）

△OAB に対して，点 P が

$$\overrightarrow{OP}=s\overrightarrow{OA}+t\overrightarrow{OB},\ s\geqq 0,\ t\geqq 0,\ 2s+3t\leqq 3$$

を満たしながら動くとき，点 P の存在範囲を図示せよ．

🕒 10分

◆9 座標平面上の三角形の面積

座標平面上に，A(3, 1)，B(−1, 6)と，C(1, 2)を通り方向ベクトルが$\vec{l}=(3,\ -4)$である直線Lがある．いま，L上に点Pを，△ABPの面積が2となるように定めるとき，Pの座標を求めよ．

座標平面上の三角形の面積公式　p.114の例題の解答の下のコメントから，

$$\triangle \mathbf{ABC}=\frac{1}{2}\sqrt{|\overrightarrow{\mathbf{AB}}|^2|\overrightarrow{\mathbf{AC}}|^2-(\overrightarrow{\mathbf{AB}}\cdot\overrightarrow{\mathbf{AC}})^2}$$

が成り立つ（平面のベクトルでも，空間のベクトルでも成り立つ）．

ここで$\overrightarrow{\mathbf{AB}}=(\boldsymbol{a},\ \boldsymbol{b})$，$\overrightarrow{\mathbf{AC}}=(\boldsymbol{c},\ \boldsymbol{d})$のとき，

$$|\overrightarrow{\mathrm{AB}}|^2=a^2+b^2,\quad |\overrightarrow{\mathrm{AC}}|^2=c^2+d^2,\quad \overrightarrow{\mathrm{AB}}\cdot\overrightarrow{\mathrm{AC}}=ac+bd$$

であるから，

$$\begin{aligned}|\overrightarrow{\mathrm{AB}}|^2|\overrightarrow{\mathrm{AC}}|^2-(\overrightarrow{\mathrm{AB}}\cdot\overrightarrow{\mathrm{AC}})^2&=(a^2+b^2)(c^2+d^2)-(ac+bd)^2\\&=a^2d^2+b^2c^2-2acbd\\&=(ad-bc)^2\end{aligned}$$

$$\therefore\quad \triangle\mathbf{ABC}=\frac{1}{2}|\boldsymbol{ad}-\boldsymbol{bc}|$$

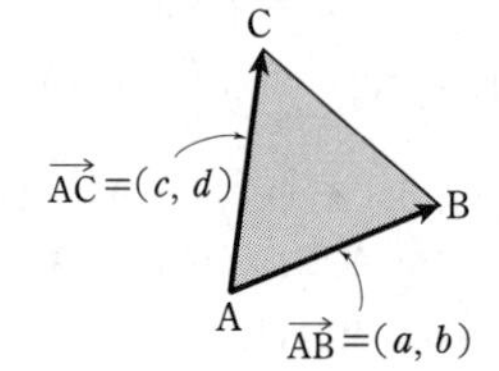

座標平面上の三角形の面積は，これを使うと楽に処理できることがほとんどである．

直線上の点の設定の仕方　方向ベクトルを使って，媒介変数表示することができる．本問の場合，点(1, 2)を通り，方向ベクトルが$\vec{l}=(3,\ -4)$であるから，tを媒介変数として，L上の点は，

$$(x,\ y)=(1,\ 2)+t(3,\ -4)\qquad\therefore\quad (x,\ y)=(3t+1,\ -4t+2)$$

と表せる．

解答

点(1, 2)を通り，方向ベクトルが$\vec{l}=(3,\ -4)$である直線L上の点P(x, y)は，tを実数として，

$$\begin{aligned}(x,\ y)&=(1,\ 2)+t(3,\ -4)\\&=(3t+1,\ -4t+2)\end{aligned}$$

と表せる．A(3, 1)，B(−1, 6)のとき，

$$\overrightarrow{\mathrm{AB}}=(-4,\ 5),\quad \overrightarrow{\mathrm{AP}}=(3t-2,\ -4t+1)$$

であるから，

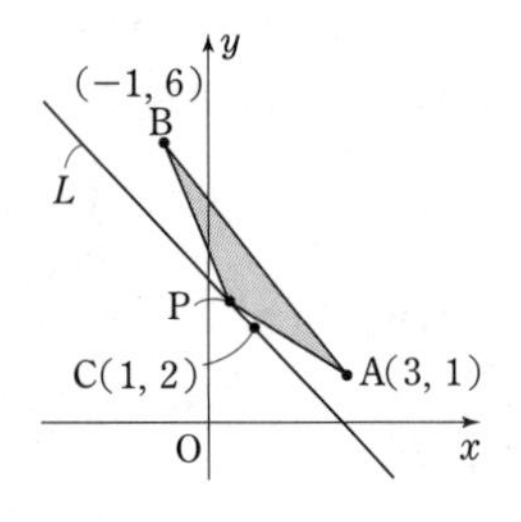

$$\triangle\mathrm{ABP}=\frac{1}{2}|(-4)\cdot(-4t+1)-5\cdot(3t-2)|=\frac{1}{2}|t+6|$$

$$\triangle\mathrm{ABP}=2\text{のとき，}\ \frac{1}{2}|t+6|=2\qquad\therefore\quad |t+6|=4$$

$$\therefore\quad t+6=\pm4\qquad\therefore\quad t=-2,\ -10$$

したがって，求めるPの座標は，**(−5, 10)**または**(−29, 42)**

⇦題意を満たすPは，直線ABの両側にある．図は正確ではなく，傾きを考慮すると実は直線Lと直線ABは第2象限で交わる．

▶9 演習題（解答はp.140）

座標平面上に，A(3, −8)と，点B(0, 1)を通り方向ベクトルが$\vec{l}=(1,\ 2)$の直線Lがあり，L上に動点Pがある．いま，点Qをx軸上に，Qのx座標とPのy座標が等しくなるようにとる．△APQの面積をSとするとき，Sの最小値を求めよ

🕒7分

10 ベクトルを用いた証明

△ABC の外心を O とし，$\overrightarrow{OH}=\overrightarrow{OA}+\overrightarrow{OB}+\overrightarrow{OC}$ で点 H を定める．

（1） AH と BC は垂直であることを示せ．

（2） H は △ABC の垂心であることを示せ．

（3） △ABC の重心を G とする．$\overrightarrow{OG}$ を $\overrightarrow{OA}$，$\overrightarrow{OB}$，$\overrightarrow{OC}$ で表せ．

（4） O，G，H は一直線上にあることを示せ．また，O，G，H が異なるとき，線分比 OG : GH を求めよ．

条件をベクトルで表そう 例題では，「O は △ABC の外心」が条件である．△ABC の形状についての条件はないから，例えば $\overrightarrow{AO}=s\overrightarrow{AB}+t\overrightarrow{AC}$ のように表そうとしても簡単な形にならない．(1)は，証明したい式（$\overrightarrow{AH}\cdot\overrightarrow{BC}=0$）から逆算すると考えやすい．OA=OB=OC を使うと証明できることがわかるだろう．(2)は(1)に加えて BH⊥AC，CH⊥AB を示す．(1)と同じ計算をしてもよいし，解答のように文字の対等性を言ってもよい．(3)は重心の式を書く．(4)は，$\overrightarrow{OH}$ と $\overrightarrow{OG}$ を見くらべよう．

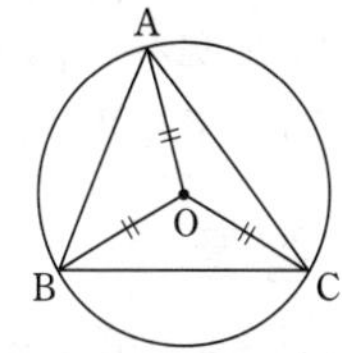

解 答

（1） $\overrightarrow{OH}=\overrightarrow{OA}+\overrightarrow{OB}+\overrightarrow{OC}$ より $\overrightarrow{AH}=\overrightarrow{OH}-\overrightarrow{OA}=\overrightarrow{OB}+\overrightarrow{OC}$

よって，

$$\overrightarrow{AH}\cdot\overrightarrow{BC}=(\overrightarrow{OB}+\overrightarrow{OC})\cdot(\overrightarrow{OC}-\overrightarrow{OB})=|\overrightarrow{OC}|^2-|\overrightarrow{OB}|^2 \quad \cdots\cdots ①$$

⇦ $\overrightarrow{BC}=\overrightarrow{OC}-\overrightarrow{OB}$ 和と差の積と同じ．

ここで，O は △ABC の外心だから，$|\overrightarrow{OB}|=|\overrightarrow{OC}|$

これより ①=0 となるので，AH と BC は垂直である．

（2） (1)と同様に（文字が対等だから）

BH⊥AC，CH⊥AB

である．これらは A，B，C からそれぞれ対辺に下ろした垂線がいずれも H を通ることを示しているので，H は △ABC の垂心である．

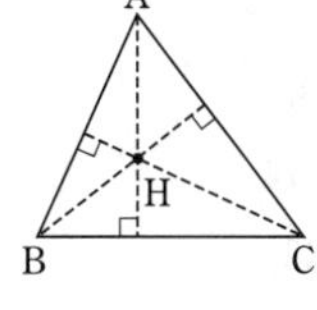

（3） $\overrightarrow{\mathbf{OG}}=\dfrac{\mathbf{1}}{\mathbf{3}}(\overrightarrow{\mathbf{OA}}+\overrightarrow{\mathbf{OB}}+\overrightarrow{\mathbf{OC}})$

⇦この式は O がどこにあっても成り立つ．

（4） $\overrightarrow{OH}=3\overrightarrow{OG}$ だから，O，G，H はこの順に一直線上にあり，**OG : GH=1 : 2** である．

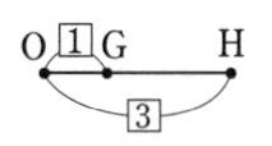

▨ 直線 OGH はオイラー線と呼ばれている．

10 演習題 （解答は p.141）

（ア） 正四面体 ABCD において，

（1） AB⊥CD であることを示せ．

（2） AB の中点を P，CD の中点を Q とするとき，PQ⊥AB かつ PQ⊥CD であることを示せ．

（イ） 四面体 ABCD において，AD⊥BC かつ BD⊥AC であるとする．このとき，CD⊥AB であることを示せ．

（ア）8分
（イ）6分

◆11 点から平面に垂線を下ろす

xyz 空間内に3点 A$(2,\ 1,\ -1)$, B$(-1,\ 2,\ 3)$, C$(5,\ 4,\ 11)$ をとる．Hは平面OAB上の点で平面OABと直線CHが垂直であるとき，$\overrightarrow{OH}=$ ☐ $\overrightarrow{OA}+$ ☐ $\overrightarrow{OB}$ である．また，Hの座標を求めると ☐ となる．

垂直のとらえ方　平面 α と直線 l が垂直であることの定義は，

　　α に含まれるすべての直線と直線 l が垂直である

だが，問題を解くときは次の事実を用いる．

　　α に含まれる，平行でない2つの直線（ベクトル）と垂直である

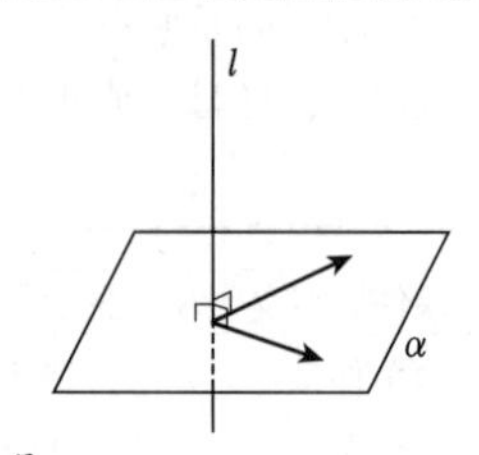

例題では，平面OAB内のベクトルとして $\overrightarrow{OA}$ と $\overrightarrow{OB}$ を選ぶ（他のベクトルを選んでもよいが計算が減るわけではない）．そして，空欄を文字でおいて（$\overrightarrow{OH}=s\overrightarrow{OA}+t\overrightarrow{OB}$），$\overrightarrow{CH}$ と $\overrightarrow{OA}$，$\overrightarrow{OB}$ が垂直であることから求める．

解 答

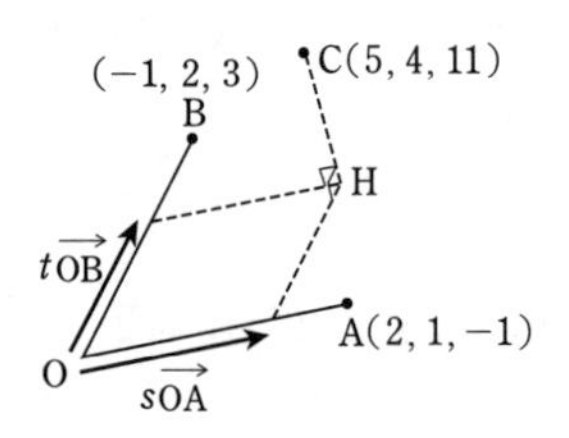

$\overrightarrow{OH}=s\overrightarrow{OA}+t\overrightarrow{OB}$ とおく．$\overrightarrow{CH}$ が $\overrightarrow{OA}$，$\overrightarrow{OB}$ と垂直であるから，$\overrightarrow{CH}\cdot\overrightarrow{OA}=0$，$\overrightarrow{CH}\cdot\overrightarrow{OB}=0$

$\overrightarrow{CH}=\overrightarrow{OH}-\overrightarrow{OC}=s\overrightarrow{OA}+t\overrightarrow{OB}-\overrightarrow{OC}$ より

$(s\overrightarrow{OA}+t\overrightarrow{OB}-\overrightarrow{OC})\cdot\overrightarrow{OA}=0$ ……………… ①

$(s\overrightarrow{OA}+t\overrightarrow{OB}-\overrightarrow{OC})\cdot\overrightarrow{OB}=0$ ……………… ②

ここで，

$\overrightarrow{OA}\cdot\overrightarrow{OA}=(2,\ 1,\ -1)\cdot(2,\ 1,\ -1)=6$,

$\overrightarrow{OA}\cdot\overrightarrow{OB}=(2,\ 1,\ -1)\cdot(-1,\ 2,\ 3)=-3$,

$\overrightarrow{OA}\cdot\overrightarrow{OC}=(2,\ 1,\ -1)\cdot(5,\ 4,\ 11)=3$,

$\overrightarrow{OB}\cdot\overrightarrow{OB}=(-1,\ 2,\ 3)\cdot(-1,\ 2,\ 3)=14$,

$\overrightarrow{OB}\cdot\overrightarrow{OC}=(-1,\ 2,\ 3)\cdot(5,\ 4,\ 11)=36$

となることから，①，②は

$6s-3t-3=0$ ……③，$-3s+14t-36=0$ ……④

⇦①は $(\overrightarrow{OA}\cdot\overrightarrow{OA})s+(\overrightarrow{OA}\cdot\overrightarrow{OB})t-(\overrightarrow{OA}\cdot\overrightarrow{OC})=0$ となる．これの係数を計算する．①のカッコ内を $(2s-t-5,\ s+2t-4,\ -s+3t-11)$ のようにしてしまうと，再び s, t をまとめ直さなければならないので遠回り．

③＋④×2 より　$25t-75=0$

よって，$t=3$，$s=2$

以上より，

$\mathbf{\overrightarrow{OH}=2\overrightarrow{OA}+3\overrightarrow{OB}}=2(2,\ 1,\ -1)+3(-1,\ 2,\ 3)$,

H(1, 8, 7)

▶◀11 演習題 （解答は p.141）

空間において，原点をOとし，3点 A$(1,\ 1,\ 2)$, B$(0,\ 2,\ 1)$, C$(2,\ 1,\ 3)$ を通る平面上の点をHとする．直線OHがこの平面に垂直であるとき，$\overrightarrow{OH}$ は

$\overrightarrow{OH}=\overrightarrow{OA}+$ ☐ $\overrightarrow{AB}+$ ☐ $\overrightarrow{AC}$ であり，点Hの座標は ☐ である．

（愛知工大）　　🕒8分

◆12 平面の方程式

xyz 空間に3点 A$(-2,\ -2,\ -1)$，B$(2,\ 5,\ 1)$，C$(-1,\ 6,\ 2)$をとる．

（1） 2つのベクトル $\overrightarrow{\mathrm{AB}}$，$\overrightarrow{\mathrm{AC}}$ にともに垂直なベクトルを1つ求めよ．

（2） A，B，Cを含む平面にD$(x,\ y,\ z)$があるとき，x，y，z が満たす関係式をを求めよ．

平面の方程式の求め方 （2）で求める関係式が平面 ABC の方程式である．求め方はいろいろ考えられるが，例題の方法が標準的である．空間における平面には，それに垂直な方向がただ1つ存在し，それを法線ベクトルという．もし，法線ベクトル $\vec{n}$ が求められたなら，平面 ABC 上の点 D に対して $\vec{n}\perp\overrightarrow{\mathrm{AD}}$ つまり $\vec{n}\cdot\overrightarrow{\mathrm{AD}}=0$ となるから（この式を成分で書けば）x，y，z の関係式が得られる．そして，法線ベクトル $\vec{n}$ は $\overrightarrow{\mathrm{AB}}$ と $\overrightarrow{\mathrm{AC}}$ に垂直であるから，第1部◆8（p.113）でやったように求められる．

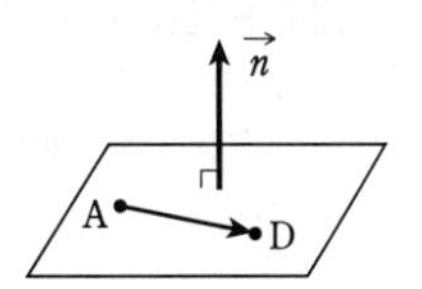

解 答

（1） $\overrightarrow{\mathrm{AB}}=(4,\ 7,\ 2)$，$\overrightarrow{\mathrm{AC}}=(1,\ 8,\ 3)$ の両方に垂直なベクトルを $\vec{n}=(a,\ b,\ c)$ とすると，$\overrightarrow{\mathrm{AB}}\cdot\vec{n}=0$，$\overrightarrow{\mathrm{AC}}\cdot\vec{n}=0$ より

$4a+7b+2c=0$……①，　$a+8b+3c=0$……②

①×3−②×2 より　$10a+5b=0$

よって $b=-2a$ であり，これを①に代入して $-10a+2c=0$

これより $c=5a$ となり，$\vec{n}=(a,\ -2a,\ 5a)=a(1,\ -2,\ 5)$

求めるものは，$\boldsymbol{(1,\ -2,\ 5)}$

⇦このベクトルの実数（≠0）倍でも間違いではない．

（2） $\vec{n}\perp\overrightarrow{\mathrm{AD}}$ より $\vec{n}\cdot\overrightarrow{\mathrm{AD}}=0$ であるから，

$(1,\ -2,\ 5)\cdot(x+2,\ y+2,\ z+1)=0$

$\therefore\ (x+2)+(-2)(y+2)+5(z+1)=0$

求める関係式は，$\boldsymbol{x-2y+5z+3=0}$

▨ 第1部◆5（p.110）と同様に考えるなら，$\overrightarrow{\mathrm{AD}}=s\overrightarrow{\mathrm{AB}}+t\overrightarrow{\mathrm{AC}}$ とおいて

$(x+2,\ y+2,\ z+1)=s(4,\ 7,\ 2)+t(1,\ 8,\ 3)$

とし，ここから s，t を消す．

⇦この方法も，①②を解くのと実質的に同じ．

例題の解答からわかるように，平面の方程式は $ax+by+cz+d=0$ の形になる．このことは既知としてよく，通る点を代入して a〜d（の比）を求める，という手もある．

⇦通る点の座標に0が多いときはこれも有力．なお，a〜d の比を求めるときに d を消去すると①②が得られる．

▶◀12 演習題（解答は p.142）

空間内の3点 A$(-3,\ 2,\ 2)$，B$(5,\ -1,\ 5)$，C$(7,\ 1,\ 14)$を通る平面を α とする．

（1） 平面 α の法線ベクトルを1つ求めよ．

（2） 平面 α の方程式を求めよ．

（3） 平面 α と x 軸の交点 K の座標を求めよ．

🕒12分

◆13 平面の方程式／切片形

xyz 空間内に A(1, 0, 0), B(0, 3, 0), C(0, 0, 4), D(2, 0, 0), E(0, 5, 0) をとる.
(1) 平面 ABC の方程式を求めよ.
(2) 平面 DEC の方程式を求めよ.
(3) 平面 ABC, 平面 DEC, 平面 $x=6$ のすべての上にある点の座標を求めよ.

(平面の方程式（切片形）) 前問と同じ方法で求められるが, 座標軸との交点がわかっている場合は, 平面の方程式は簡単に書くことができる.

平面の方程式が一般に $ax+by+cz+d=0$……※ になることを利用する. ※が $(p, 0, 0)$, $(0, q, 0)$, $(0, 0, r)$ (p, q, r は定数で, ここではどれも 0 でないとする) を通るとすると, ※に代入して

$$ap+d=0, \ bq+d=0, \ cr+d=0$$

となる. a, b, c を d で表せば $a=-\dfrac{d}{p}$, $b=-\dfrac{d}{q}$, $c=-\dfrac{d}{r}$ なので, ※は

$$-\frac{d}{p}x-\frac{d}{q}y-\frac{d}{r}z+d=0, \text{ すなわち } \frac{x}{p}+\frac{y}{q}+\frac{z}{r}=1 \cdots\cdots ※※$$

※※は, 分母を払えば※の形になり, 3 点 $(p, 0, 0)$, $(0, q, 0)$, $(0, 0, r)$ を通ることは (代入すると成り立つので) 容易に確かめられる. ※※式の形を頭に入れよう.

解 答

(1) A(1, 0, 0), B(0, 3, 0), C(0, 0, 4) を通る平面の方程式は

$$\frac{x}{1}+\frac{y}{3}+\frac{z}{4}=1 \qquad \therefore \ \mathbf{12x+4y+3z-12=0}$$

⇦結論はどちらの形でも間違いではないが, 一般形 (※の形) にしておく方がよいだろう. ※※を切片形 (の方程式) と呼ぶことがある.

(2) D(2, 0, 0), E(0, 5, 0), C(0, 0, 4) を通る平面の方程式は

$$\frac{x}{2}+\frac{y}{5}+\frac{z}{4}=1 \qquad \therefore \ \mathbf{10x+4y+5z-20=0}$$

(3) 連立方程式

$$12x+4y+3z-12=0 \cdots\cdots ①, \ 10x+4y+5z-20=0 \cdots\cdots ②, \ x=6 \cdots\cdots ③$$

を解く. ③を①, ②に代入すると,

$$4y+3z=-60 \cdots\cdots ④, \quad 4y+5z=-40 \cdots\cdots ⑤$$

(⑤−④)÷2 より $z=10$ で, 再び④を用いて, $y=-\dfrac{45}{2}$

求める点の座標は, $\left(\mathbf{6, \ -\dfrac{45}{2}, \ 10}\right)$

▨ 前問から, 法線ベクトルが (a, b, c) の平面は $ax+by+cz+d=0$ の形で表せることがわかる. 逆に, $ax+by+cz+d=0$ で表される平面の法線ベクトル (の一つ) は (a, b, c) である.

▶◀13 演習題 (解答は p.142)

xyz 空間で 3 点 (8, 0, 0), (0, 32, 0), (0, 0, 4) を通る平面を α とする.
(1) 平面 α の方程式を求めよ.
(2) T(t, 8, 1) が平面 α 上にあるとき, t の値を求めよ.
(3) 半径 3 の球 S が (2) の点 T で平面 α と接するとき, S の中心の座標を求めよ.

🕒10分

◆ 14 点と平面の距離

xyz 空間の平面 α：$2x+2y-z=0$ 上に点 A(1, 1, 4) をとる．

（1） 平面 α 上の点Bは，OA⊥OB かつ OA＝OB を満たす．Bの x 座標が正のとき，Bの座標を求めよ．

（2） C(5, 4, 3) と平面 α の距離 h を求めよ．

（3） 四面体OABCの体積を求めよ．

点と平面の距離の公式　一般に，点 $(x_0,\ y_0,\ z_0)$ と平面 $ax+by+cz+d=0$ の距離は

$$\frac{|ax_0+by_0+cz_0+d|}{\sqrt{a^2+b^2+c^2}}$$

である（証明は解答のあと）．（2）は，この公式を導くのと同じ方法で求めてもよいが，公式にあてはめて答えよう．なお，座標平面における点と直線の距離の公式

$(x_0,\ y_0)$ と $ax+by+c=0$ の距離は $\dfrac{|ax_0+by_0+c|}{\sqrt{a^2+b^2}}$

とよく似た形なので覚えやすい．

解 答

（1） B$(p,\ q,\ r)$ とすると，Bが α 上，かつ OA⊥OB であることから，

$2p+2q-r=0$……①，　$p+q+4r=0$……②　　⇦②は $\overrightarrow{\mathrm{OA}}\cdot\overrightarrow{\mathrm{OB}}=0$

①×4＋② より $9(p+q)=0$ だから $q=-p$ で，これと①より $r=0$

さらに $\mathrm{OA}^2=\mathrm{OB}^2$ より $1^2+1^2+4^2=p^2+(-p)^2$ で $p^2=9$

$p>0$ だから $p=3$ となり，**B(3, −3, 0)**

（2） 点と平面の距離の公式を用いて，$h=\dfrac{|2\cdot5+2\cdot4-3|}{\sqrt{2^2+2^2+(-1)^2}}=\dfrac{15}{3}=\mathbf{5}$

（3） 体積は，$\dfrac{1}{3}\triangle\mathrm{OAB}\cdot h=\dfrac{1}{3}\cdot\dfrac{1}{2}\mathrm{OA}^2\cdot h=\dfrac{1}{3}\cdot\dfrac{1}{2}\cdot18\cdot5=\mathbf{15}$

▨ 一般に，平面 α：$ax+by+cz+d=0$ の法線ベクトルの一つは $(a,\ b,\ c)$ なので，P$(x_0,\ y_0,\ z_0)$ から平面 α に垂線PHを下ろすと，$\overrightarrow{\mathrm{PH}}=k(a,\ b,\ c)$ と書ける．よって，$\overrightarrow{\mathrm{OH}}=\overrightarrow{\mathrm{OP}}+\overrightarrow{\mathrm{PH}}=(x_0+ak,\ y_0+bk,\ z_0+ck)$ を満たすHが α 上にあることから，$a(x_0+ak)+b(y_0+bk)+c(z_0+ck)+d=0$

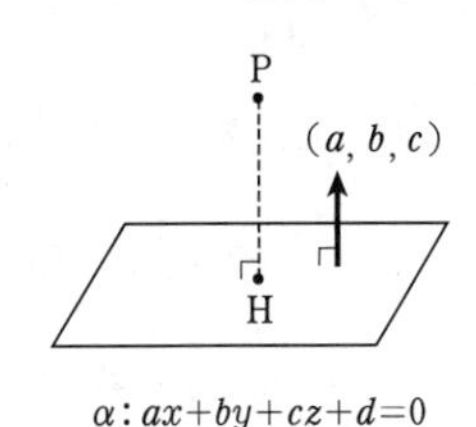

α: $ax+by+cz+d=0$

これより $k=-\dfrac{ax_0+by_0+cz_0+d}{a^2+b^2+c^2}$ で，Pと α の距離は

$$|\overrightarrow{\mathrm{PH}}|=|k||(a,\ b,\ c)|=\frac{|ax_0+by_0+cz_0+d|}{a^2+b^2+c^2}\cdot\sqrt{a^2+b^2+c^2}=\frac{|ax_0+by_0+cz_0+d|}{\sqrt{a^2+b^2+c^2}}$$

▶◀ 14 演習題 （解答は p.142）

xyz 空間内の3点 $\mathrm{A}\left(\dfrac{1}{3},\ 0,\ 0\right)$，$\mathrm{B}\left(0,\ \dfrac{1}{4},\ 0\right)$，$\mathrm{C}\left(0,\ 0,\ \dfrac{1}{5}\right)$ を通る平面を α とする．

（1） α の方程式を求めよ．

（2） 原点Oと α の距離を求めよ．

（3） 四面体OABCの体積を求めよ．また，△ABCの面積を求めよ．

（4） α の法線ベクトルであって z 成分が正であるものを $\vec{n}$ とする．$\vec{n}$ とベクトル $(0,\ 0,\ 1)$ のなす角を θ とするとき，$\cos\theta$ の値を求めよ．

（5） 面積比の値 $\dfrac{\triangle\mathrm{OAB}}{\triangle\mathrm{ABC}}$ を求めよ．

🕒 12分

◆15 係数の和が1

四面体OABCにおいて，辺OAの中点をP，辺OBを2：1に内分する点をQ，辺OCを3：1に内分する点をRとする．また辺ABを2：1に内分する点をD，線分CDを3：4に内分する点をEとする．$\overrightarrow{\mathrm{OA}}=\vec{a}$，$\overrightarrow{\mathrm{OB}}=\vec{b}$，$\overrightarrow{\mathrm{OC}}=\vec{c}$ とするとき，

（1） $\overrightarrow{\mathrm{OE}}$ を $\vec{a}$，$\vec{b}$，$\vec{c}$ で表せ．

（2） 線分OEと平面PQRの交点をFとするとき，線分比OF：FEを求めよ．

（平面PQR上の点の表現） 点Xが平面PQR上にあるとき，$\overrightarrow{\mathrm{RX}}=s\overrightarrow{\mathrm{RP}}+t\overrightarrow{\mathrm{RQ}}$（$s$，$t$は実数）と表すことができるが，始点がOの形だと便利なことが少なくない．そこで，上式を始点がOの形に書き直してみよう．

$$\overrightarrow{\mathrm{OX}}-\overrightarrow{\mathrm{OR}}=s(\overrightarrow{\mathrm{OP}}-\overrightarrow{\mathrm{OR}})+t(\overrightarrow{\mathrm{OQ}}-\overrightarrow{\mathrm{OR}})$$

$$\therefore\quad \overrightarrow{\mathrm{OX}}=s\overrightarrow{\mathrm{OP}}+t\overrightarrow{\mathrm{OQ}}+(1-s-t)\overrightarrow{\mathrm{OR}}$$

$1-s-t=u$ とおくと，$\overrightarrow{\mathrm{OX}}=s\overrightarrow{\mathrm{OP}}+t\overrightarrow{\mathrm{OQ}}+u\overrightarrow{\mathrm{OR}}$，$s+t+u=1$

したがって，点Xが平面PQR上にあるとき，

$$\overrightarrow{\mathrm{OX}}=s\overrightarrow{\mathrm{OP}}+t\overrightarrow{\mathrm{OQ}}+u\overrightarrow{\mathrm{OR}},\ s+t+u=1\quad（係数の和が1）$$

の形で表される．

本問の（2）は，Fが直線OE上にあることから，$\overrightarrow{\mathrm{OF}}=k\overrightarrow{\mathrm{OE}}$ と表される．これを，$\overrightarrow{\mathrm{OF}}=\square\overrightarrow{\mathrm{OP}}+\square\overrightarrow{\mathrm{OQ}}+\square\overrightarrow{\mathrm{OR}}$ の形に直して（$\vec{a}$，$\vec{b}$，$\vec{c}$ を $\overrightarrow{\mathrm{OP}}$，$\overrightarrow{\mathrm{OQ}}$，$\overrightarrow{\mathrm{OR}}$ で表せばこの形に直せる），係数の和が1を使ってkを求めればよい．

解答

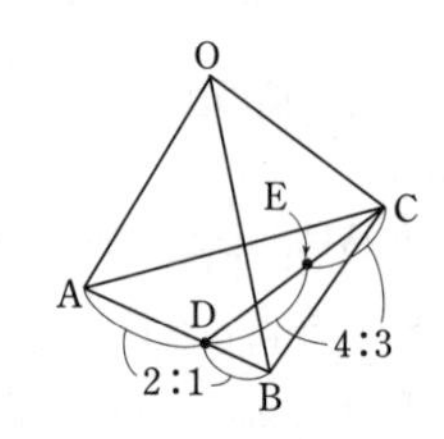

（1） $\overrightarrow{\mathrm{OD}}=\dfrac{1\cdot\overrightarrow{\mathrm{OA}}+2\overrightarrow{\mathrm{OB}}}{2+1}=\dfrac{1}{3}\vec{a}+\dfrac{2}{3}\vec{b}$ により，

$$\overrightarrow{\mathrm{OE}}=\frac{4\overrightarrow{\mathrm{OC}}+3\overrightarrow{\mathrm{OD}}}{3+4}=\frac{3}{7}\overrightarrow{\mathrm{OD}}+\frac{4}{7}\overrightarrow{\mathrm{OC}}=\boldsymbol{\frac{1}{7}\vec{a}+\frac{2}{7}\vec{b}+\frac{4}{7}\vec{c}}$$

（2） FはOE上にあるから，$\overrightarrow{\mathrm{OF}}=k\overrightarrow{\mathrm{OE}}=\dfrac{1}{7}k\vec{a}+\dfrac{2}{7}k\vec{b}+\dfrac{4}{7}k\vec{c}$ ……………①

と書ける．また，$\overrightarrow{\mathrm{OP}}=\dfrac{1}{2}\vec{a}$，$\overrightarrow{\mathrm{OQ}}=\dfrac{2}{3}\vec{b}$，$\overrightarrow{\mathrm{OR}}=\dfrac{3}{4}\vec{c}$ であるから，

$\vec{a}=2\overrightarrow{\mathrm{OP}}$，$\vec{b}=\dfrac{3}{2}\overrightarrow{\mathrm{OQ}}$，$\vec{c}=\dfrac{4}{3}\overrightarrow{\mathrm{OR}}$ である．①に代入して整理すると，

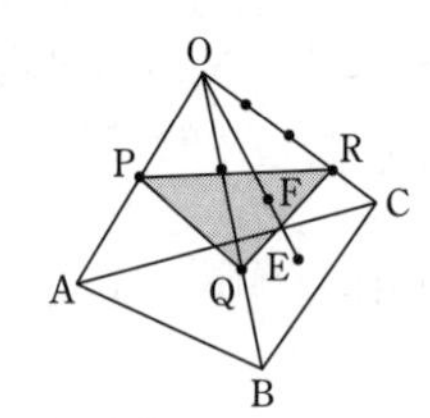

$$\overrightarrow{\mathrm{OF}}=\frac{2}{7}k\overrightarrow{\mathrm{OP}}+\frac{3}{7}k\overrightarrow{\mathrm{OQ}}+\frac{16}{21}k\overrightarrow{\mathrm{OR}}\ \cdots\cdots②$$

Fは平面PQR上にあるから，②の係数の和は1である．よって，

$$\frac{2}{7}k+\frac{3}{7}k+\frac{16}{21}k=1\qquad\therefore\quad\frac{31}{21}k=1\qquad\therefore\quad k=\frac{21}{31}$$

$\overrightarrow{\mathrm{OF}}=k\overrightarrow{\mathrm{OE}}=\dfrac{21}{31}\overrightarrow{\mathrm{OE}}$ により，OF：FE＝21：(31−21)＝**21：10** ⇦

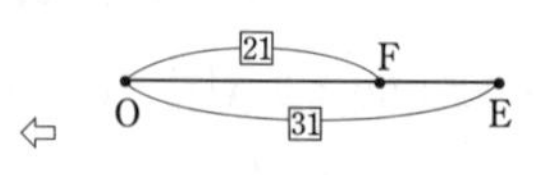

▶15 演習題（解答はp.143）

四面体OABCにおいて，辺OAを3：1に内分する点をP，辺OBを3：2に内分する点をQ，辺OCを1：($t-1$)に内分する点をRとする（$t>1$）．△ABCの重心をG，直線OGと平面PQRの交点をD，直線ADと平面OBCの交点をEとする．

（1） $\overrightarrow{\mathrm{OD}}$ をt，$\overrightarrow{\mathrm{OA}}$，$\overrightarrow{\mathrm{OB}}$，$\overrightarrow{\mathrm{OC}}$ を用いて表せ．

（2） AD：AE＝5：6のとき，tの値を求めよ．

（2） Eが平面OBC上にあるとき，$\overrightarrow{\mathrm{OE}}$ を $\overrightarrow{\mathrm{OA}}$，$\overrightarrow{\mathrm{OB}}$，$\overrightarrow{\mathrm{OC}}$ で表すと $\overrightarrow{\mathrm{OA}}$ の係数は0である．

15分

第2部 演習題の解答

1 （1） 例題と同様に，正六角形の中心を使おう．
（2） 「PがMFを2：1に内分する」ことから，まず$\overrightarrow{AP}$を$\vec{a}$，$\vec{b}$で表そう．

解 （1） 正六角形の中心をOとすると，

$\overrightarrow{AO}=\overrightarrow{AB}+\overrightarrow{AF}=\vec{a}+\vec{b}$

よって，

$\overrightarrow{AC}=\overrightarrow{AO}+\overrightarrow{OC}$
$=(\vec{a}+\vec{b})+\vec{a}=2\vec{a}+\vec{b}$

$\overrightarrow{AD}=2\overrightarrow{AO}=2\vec{a}+2\vec{b}$

$\overrightarrow{AE}=\overrightarrow{AO}+\overrightarrow{OE}=(\vec{a}+\vec{b})+\vec{b}=\vec{a}+2\vec{b}$

したがって，

$\overrightarrow{\mathbf{AM}}=\frac{1}{2}(\overrightarrow{AB}+\overrightarrow{AC})=\boldsymbol{\frac{3}{2}\vec{a}+\frac{1}{2}\vec{b}}$

$\overrightarrow{\mathbf{AN}}=(1-t)\overrightarrow{AD}+t\overrightarrow{AE}$
$=(1-t)(2\vec{a}+2\vec{b})+t(\vec{a}+2\vec{b})$
$=\boldsymbol{(2-t)\vec{a}+2\vec{b}}$ ……①

（2） PはMFを2：1に内分するから，

$$\overrightarrow{AP}=\frac{1\cdot\overrightarrow{AM}+2\overrightarrow{AF}}{2+1}=\frac{1}{3}\left(\frac{3}{2}\vec{a}+\frac{1}{2}\vec{b}\right)+\frac{2}{3}\vec{b}$$
$$=\frac{1}{2}\vec{a}+\frac{5}{6}\vec{b}$$

Nは直線AP上にあるから，

$\overrightarrow{AN}=k\overrightarrow{AP}=\frac{1}{2}k\vec{a}+\frac{5}{6}k\vec{b}$ ……②

（kは実数）と書ける．①と②が一致することと，$\vec{a}\neq\vec{0}$，$\vec{b}\neq\vec{0}$かつ$\vec{a}$と$\vec{b}$が平行でないことから，

$2-t=\frac{1}{2}k$，$2=\frac{5}{6}k$

$\therefore$ $k=\frac{12}{5}$，$\boldsymbol{t}=2-\frac{1}{2}k=2-\frac{6}{5}=\boldsymbol{\frac{4}{5}}$

$\overrightarrow{AN}=\frac{12}{5}\overrightarrow{AP}$より，

AP：PN＝5：7

2 （2） （1）のDを使って答えよ，ということ．始点をAにして条件式を書き直す．

解 （1） DはBCを2：1に内分する点であるから，

$$\overrightarrow{AD}=\frac{1\cdot\overrightarrow{AB}+2\overrightarrow{AC}}{2+1}=\boldsymbol{\frac{1}{3}\overrightarrow{AB}+\frac{2}{3}\overrightarrow{AC}}$$

（2） $3\overrightarrow{PA}+\overrightarrow{PB}+2\overrightarrow{PC}=\vec{0}$の始点をAに直すと，

$3(-\overrightarrow{AP})+(\overrightarrow{AB}-\overrightarrow{AP})+2(\overrightarrow{AC}-\overrightarrow{AP})=\vec{0}$

$\therefore$ $6\overrightarrow{AP}=\overrightarrow{AB}+2\overrightarrow{AC}$

$\therefore$ $\overrightarrow{AP}=\frac{1}{6}\overrightarrow{AB}+\frac{2}{6}\overrightarrow{AC}$

$\therefore$ $\overrightarrow{AP}=\frac{1}{2}\overrightarrow{AD}$

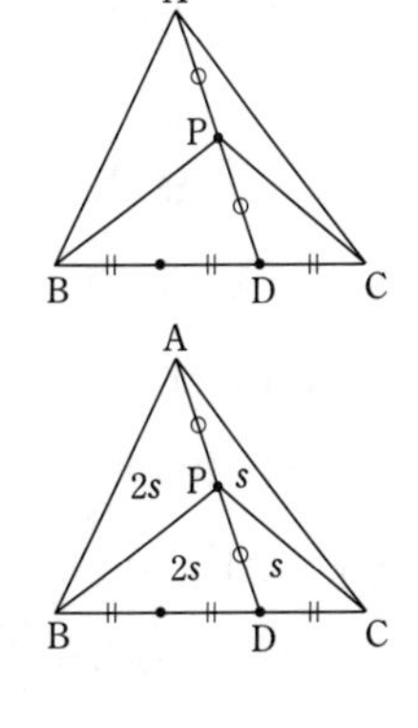

よって，（1）のDに対して，点Pは**ADの中点**である．

（3） △PDCの面積をsとし，線分比から他の三角形の面積をsで表すと，

△PCA＝s
△PBD＝$2s$
△ABP＝$2s$

であり，図のようになるから

△ABC＝$6s$，△ABP＝$2s$，△BCP＝$3s$

よって，△ABC：△ABP：△BCP＝**6：2：3**

▨（3）について，本問はDを使って解くところだが，誘導がなければ，$\overrightarrow{AP}=\frac{1}{6}\overrightarrow{AB}+\frac{1}{3}\overrightarrow{AC}$ ……①

から，次のように解くと，①の係数から答えが出せる．

E，Fを

$\overrightarrow{AE}=\frac{1}{6}\overrightarrow{AB}$，$\overrightarrow{AF}=\frac{1}{3}\overrightarrow{AC}$

で定めると，

EP∥AC，FP∥AB

である．

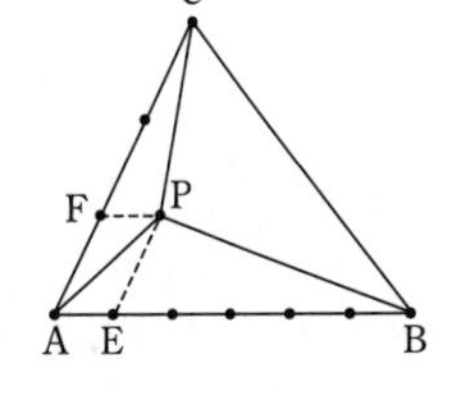

△ABPと△ABCでABを底辺と見ると高さの比は，AF：AC＝1：3であり，△CAPと△ABCでACを底辺と見ると高さの比は，AE：AB＝1：6である．

よって，△ABP：△ABC＝1：3
△CAP：△ABC＝1：6

△ABC＝$6s$とおくと，△ABP＝$2s$，△CAP＝sであり，

△BCP＝△ABC－(△ABP＋△CAP)＝$3s$

よって，△ABC：△ABP：△BCP＝6：2：3

3 （ア） 三角形の内心は，角の二等分線の定理を2回使って解くのが定石で，本問の誘導もその流れになっている．

（イ）（１） 単位ベクトルを使う．

（２） Pが二等分線上にあることから，（１)を使ってPを媒介変数表示し，条件式に代入する．

解 （ア）（１） ADは$\angle$BACの二等分線だから，

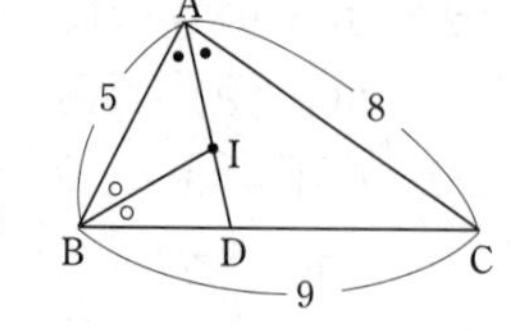

$\mathrm{BD}:\mathrm{DC}=\mathrm{AB}:\mathrm{AC}$

$=5:8$ ……………①

$\therefore\ \ \overrightarrow{\mathrm{AD}}=\dfrac{8\overrightarrow{\mathrm{AB}}+5\overrightarrow{\mathrm{AC}}}{5+8}$

$=\boldsymbol{\dfrac{8}{13}\overrightarrow{\mathrm{AB}}+\dfrac{5}{13}\overrightarrow{\mathrm{AC}}}$

（２） BC=9と①より，$\mathbf{BD}=9\times\dfrac{5}{5+8}=\boldsymbol{\dfrac{45}{13}}$

BIは$\angle$ABDの二等分線であるから，

$\mathbf{AI}:\mathbf{ID}=\mathrm{BA}:\mathrm{BD}=5:\dfrac{45}{13}=\mathbf{13:9}$

（３） $\mathrm{AI}:\mathrm{AD}=13:22$であるから，

$\overrightarrow{\mathrm{AI}}=\dfrac{13}{22}\overrightarrow{\mathrm{AD}}=\dfrac{13}{22}\left(\dfrac{8}{13}\overrightarrow{\mathrm{AB}}+\dfrac{5}{13}\overrightarrow{\mathrm{AC}}\right)$

$=\boldsymbol{\dfrac{4}{11}\overrightarrow{\mathrm{AB}}+\dfrac{5}{22}\overrightarrow{\mathrm{AC}}}$

（イ）（１） $\vec{a}=\overrightarrow{\mathrm{OA}}=(5,\ 0)$，$\vec{b}=\overrightarrow{\mathrm{OB}}=(3,\ 4)$，

$|\vec{a}|=5$，$|\vec{b}|=\sqrt{3^2+4^2}=5$

である．$\overrightarrow{\mathrm{OA}}$と$\overrightarrow{\mathrm{OB}}$のなす角を二等分するベクトルで$x$成分が正であるものの１つは，

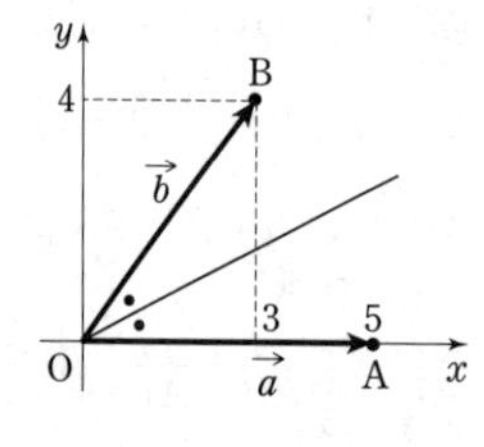

$\dfrac{\vec{a}}{|\vec{a}|}+\dfrac{\vec{b}}{|\vec{b}|}$

$=\dfrac{1}{5}(5,\ 0)+\dfrac{1}{5}(3,\ 4)=\dfrac{1}{5}(8,\ 4)=\dfrac{4}{5}(2,\ 1)$

$\vec{m}=(2,\ 1)$とおくと，$\vec{l}$は$\vec{m}$と同じ向きで，大きさが$2\sqrt{5}$であるから，

$\vec{l}=2\sqrt{5}\cdot\dfrac{\vec{m}}{|\vec{m}|}=2\sqrt{5}\cdot\dfrac{\vec{m}}{\sqrt{5}}=2\vec{m}=\mathbf{(4,\ 2)}$

（２） Pが$\angle$AOBの二等分線上にあるから，$\overrightarrow{\mathrm{OP}}\,/\!/\,\vec{m}$であり，$\overrightarrow{\mathrm{OP}}=t\vec{m}$（$t$は実数）と表すことができる．

P$\neq$Oにより，$t\neq0$

$\vec{p}=\overrightarrow{\mathrm{OP}}=t\vec{m}=t(2,\ 1)\ (=(2t,\ t))$ ………………①

$k\vec{a}=k(5,\ 0)=(5k,\ 0)$

を$\vec{p}\cdot(\vec{p}-k\vec{a})=0$に代入すると，

$t(2,\ 1)\cdot(2t-5k,\ t)=0$

$\therefore\ \ t(4t-10k+t)=0$

$t\neq0$であるから，$5t-10k=0\qquad\therefore\ \ t=2k$

よって①により，$\mathbf{P}(\boldsymbol{4k,\ 2k})$

▨ $\angle\mathrm{AOB}=2\theta$，$\mathrm{C}(k\vec{a})$とする．$\vec{p}\cdot(\vec{p}-k\vec{a})=0$

つまり，$\overrightarrow{\mathrm{OP}}\cdot\overrightarrow{\mathrm{CP}}=0$のとき，PはOCを直径とする円$D$を描く．P（$\neq$O）が，$\angle$AOBの二等分線上にもあるとき，点Pは右図の点である．

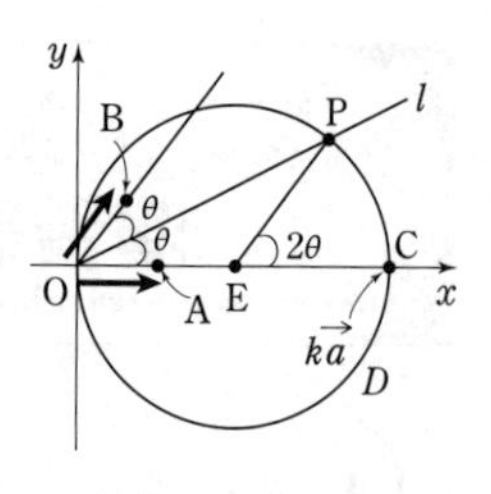

円Dの中心，つまりOCの中点をEとすると，円周角の定理により，$\angle\mathrm{CEP}=2\theta$であり，$\mathrm{EP}\,/\!/\,\mathrm{OB}$

また，$\overrightarrow{\mathrm{OE}}=\dfrac{1}{2}k\vec{a}$，OE=EP，$|\vec{a}|=|\vec{b}|$なので，

$\overrightarrow{\mathrm{EP}}=\dfrac{1}{2}k\vec{b}$となる．よって，

$\overrightarrow{\mathrm{OP}}=\overrightarrow{\mathrm{OE}}+\overrightarrow{\mathrm{EP}}=\dfrac{k}{2}(\vec{a}+\vec{b})=\dfrac{k}{2}(8,\ 4)=(4k,\ 2k)$

4 （２） まず，（１)の値と$|\vec{b}|=2$から，$\vec{b}$を求める．

解 （１） $|\vec{a}|=\sqrt{5}$，$|\vec{b}|=2$のとき，

$|\vec{c}|^2=|\vec{a}+t\vec{b}|^2=(\vec{a}+t\vec{b})\cdot(\vec{a}+t\vec{b})$

$=|\vec{a}|^2+2t\vec{a}\cdot\vec{b}+t^2|\vec{b}|^2$

$=5+2(\vec{a}\cdot\vec{b})t+4t^2$

$=4\left(t^2+2\cdot\dfrac{\vec{a}\cdot\vec{b}}{4}t\right)+5$

$=4\left\{\left(t+\dfrac{\vec{a}\cdot\vec{b}}{4}\right)^2-\dfrac{(\vec{a}\cdot\vec{b})^2}{4^2}\right\}+5$

これは，$t=-\dfrac{\vec{a}\cdot\vec{b}}{4}$のとき最小になる．よって，

$|\vec{c}|$が$t=1$のとき最小となるとき，

$-\dfrac{\vec{a}\cdot\vec{b}}{4}=1\qquad\therefore\ \ \boldsymbol{\vec{a}\cdot\vec{b}=-4}$ ……………………①

（２） $\vec{a}=(1,\ 2)$である．$\vec{b}=(p,\ q)$とおくと，①により，$1\cdot p+2\cdot q=-4\qquad\therefore\ \ p=-2q-4$ …………②

$|\vec{b}|^2=4$であるから，$p^2+q^2=4$．ここに②を代入し，

$(-2q-4)^2+q^2=4$

$\therefore\ \ 5q^2+16q+12=0$

$\therefore\ \ (q+2)(5q+6)=0\qquad\therefore\ \ q=-2,\ -\dfrac{6}{5}$

②からpを求め，$\vec{b}=(0,\ -2)$，$\left(-\dfrac{8}{5},\ -\dfrac{6}{5}\right)$

$\vec{c}=\vec{a}+\vec{b}$であるから，

$\boldsymbol{\vec{c}=(1,\ 0),\ \left(-\dfrac{3}{5},\ \dfrac{4}{5}\right)}$

5 （3） Hは垂心であるから，$\overrightarrow{\mathrm{OH}}\cdot\overrightarrow{\mathrm{AB}}=0$ のはずである．（2）の結果を使ってそれを確認しよう．

解 （1） $|\overrightarrow{\mathrm{AB}}|^2=|\vec{b}-\vec{a}|^2$

により，

$|\overrightarrow{\mathrm{AB}}|^2=|\vec{b}|^2-2\vec{b}\cdot\vec{a}+|\vec{a}|^2$

$|\vec{a}|=5$，$|\vec{b}|=6$，$|\overrightarrow{\mathrm{AB}}|=7$

であるから，

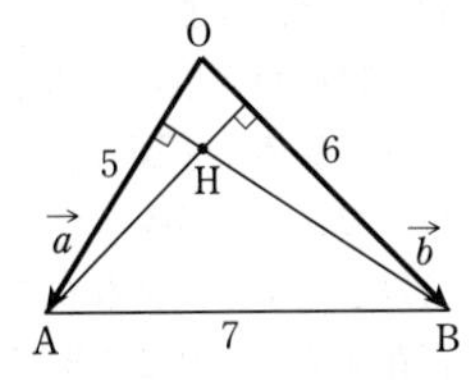

$49=36-2\vec{a}\cdot\vec{b}+25$

$\therefore\ \boldsymbol{\vec{a}\cdot\vec{b}=6}$

（2） $\overrightarrow{\mathrm{OH}}=x\vec{a}+y\vec{b}$ のとき，

$\overrightarrow{\mathrm{AH}}=\overrightarrow{\mathrm{OH}}-\overrightarrow{\mathrm{OA}}=x\vec{a}+y\vec{b}-\vec{a}$

$\overrightarrow{\mathrm{BH}}=\overrightarrow{\mathrm{OH}}-\overrightarrow{\mathrm{OB}}=x\vec{a}+y\vec{b}-\vec{b}$

$\overrightarrow{\mathrm{AH}}\cdot\overrightarrow{\mathrm{OB}}=0$，$\overrightarrow{\mathrm{BH}}\cdot\overrightarrow{\mathrm{OA}}=0$ であるから，

$$\begin{cases}(x\vec{a}+y\vec{b}-\vec{a})\cdot\vec{b}=0\\(x\vec{a}+y\vec{b}-\vec{b})\cdot\vec{a}=0\end{cases}$$

$$\therefore\ \begin{cases}6x+36y-6=0\\25x+6y-6=0\end{cases}\qquad\therefore\ \begin{cases}x+6y=1\\25x+6y=6\end{cases}$$

$$\therefore\ \boldsymbol{x=\frac{5}{24}},\ \boldsymbol{y}=\frac{1}{6}(1-x)=\boldsymbol{\frac{19}{144}}$$

（3） $\overrightarrow{\mathrm{OH}}=\dfrac{5}{24}\vec{a}+\dfrac{19}{144}\vec{b}=\dfrac{1}{144}(30\vec{a}+19\vec{b})$

であるから，

$$\overrightarrow{\mathrm{OH}}\cdot\overrightarrow{\mathrm{AB}}=\frac{1}{144}\underset{\sim\sim\sim\sim\sim\sim\sim\sim\sim\sim\sim\sim}{(30\vec{a}+19\vec{b})\cdot(\vec{b}-\vec{a})}$$

ここで，

$$\begin{aligned}\sim\sim\sim&=-(30\vec{a}+19\vec{b})\cdot(\vec{a}-\vec{b})\\&=-(30|\vec{a}|^2-11\vec{a}\cdot\vec{b}-19|\vec{b}|^2)\\&=-(30\cdot25-11\cdot6-19\cdot36)\\&=-6(5\cdot25-11-19\cdot6)\\&=-6(125-11-114)=0\end{aligned}$$

したがって，$\boldsymbol{\overrightarrow{\mathrm{OH}}\cdot\overrightarrow{\mathrm{AB}}=0}$

▨ $\overrightarrow{\mathrm{OH}}\cdot\overrightarrow{\mathrm{AB}}=0$ は，次のようにして導くこともできる．

$\overrightarrow{\mathrm{OH}}=\vec{h}$ とする．$\overrightarrow{\mathrm{AH}}\cdot\overrightarrow{\mathrm{OB}}=0$, $\overrightarrow{\mathrm{BH}}\cdot\overrightarrow{\mathrm{OA}}=0$ であるから，

$$\begin{cases}(\vec{h}-\vec{a})\cdot\vec{b}=0\\(\vec{h}-\vec{b})\cdot\vec{a}=0\end{cases}\qquad\therefore\ \begin{cases}\vec{h}\cdot\vec{b}=\vec{a}\cdot\vec{b}\\\vec{h}\cdot\vec{a}=\vec{a}\cdot\vec{b}\end{cases}$$

したがって，

$$\begin{aligned}\overrightarrow{\mathrm{OH}}\cdot\overrightarrow{\mathrm{AB}}&=\vec{h}\cdot(\vec{b}-\vec{a})=\vec{h}\cdot\vec{b}-\vec{h}\cdot\vec{a}\\&=\vec{a}\cdot\vec{b}-\vec{a}\cdot\vec{b}=0\end{aligned}$$

6 （4） $|\overrightarrow{\mathrm{AO}}|$ を計算すればよい．

解 （1） $|\overrightarrow{\mathrm{AO}}|=|\overrightarrow{\mathrm{BO}}|$

により，

$|\overrightarrow{\mathrm{AO}}|^2=|\overrightarrow{\mathrm{AO}}-\overrightarrow{\mathrm{AB}}|^2$

$\therefore\ |\overrightarrow{\mathrm{AO}}|^2$

$=|\overrightarrow{\mathrm{AO}}|^2-2\overrightarrow{\mathrm{AO}}\cdot\overrightarrow{\mathrm{AB}}+|\overrightarrow{\mathrm{AB}}|^2$

$\therefore\ 2\overrightarrow{\mathrm{AO}}\cdot\overrightarrow{\mathrm{AB}}=|\overrightarrow{\mathrm{AB}}|^2$

$|\overrightarrow{\mathrm{AB}}|=2$ であるから，$\boldsymbol{\overrightarrow{\mathrm{AO}}\cdot\overrightarrow{\mathrm{AB}}=2}$ ……………………①

同様に，$2\overrightarrow{\mathrm{AO}}\cdot\overrightarrow{\mathrm{AC}}=|\overrightarrow{\mathrm{AC}}|^2$

$|\overrightarrow{\mathrm{AC}}|=2\sqrt{2}$ であるから，$\boldsymbol{\overrightarrow{\mathrm{AO}}\cdot\overrightarrow{\mathrm{AC}}=4}$ ……………②

（2） $|\overrightarrow{\mathrm{BC}}|^2=|\overrightarrow{\mathrm{AC}}-\overrightarrow{\mathrm{AB}}|^2$ であるから，

$|\overrightarrow{\mathrm{BC}}|^2=|\overrightarrow{\mathrm{AC}}|^2-2\overrightarrow{\mathrm{AC}}\cdot\overrightarrow{\mathrm{AB}}+|\overrightarrow{\mathrm{AB}}|^2$

$|\overrightarrow{\mathrm{BC}}|=4$，$|\overrightarrow{\mathrm{AC}}|=2\sqrt{2}$，$|\overrightarrow{\mathrm{AB}}|=2$ であるから，

$16=8-2\overrightarrow{\mathrm{AB}}\cdot\overrightarrow{\mathrm{AC}}+4$

$\therefore\ \boldsymbol{\overrightarrow{\mathrm{AB}}\cdot\overrightarrow{\mathrm{AC}}=-2}$

（3） $\overrightarrow{\mathrm{AO}}=x\overrightarrow{\mathrm{AB}}+y\overrightarrow{\mathrm{AC}}$ を①，②に代入すると，

$$\begin{cases}x|\overrightarrow{\mathrm{AB}}|^2+y\overrightarrow{\mathrm{AB}}\cdot\overrightarrow{\mathrm{AC}}=2 &\cdots\cdots③\\x\overrightarrow{\mathrm{AB}}\cdot\overrightarrow{\mathrm{AC}}+y|\overrightarrow{\mathrm{AC}}|^2=4 &\cdots\cdots④\end{cases}$$

$|\overrightarrow{\mathrm{AB}}|=2$，$|\overrightarrow{\mathrm{AC}}|=2\sqrt{2}$，$\overrightarrow{\mathrm{AB}}\cdot\overrightarrow{\mathrm{AC}}=-2$ であるから，

$$\begin{cases}4x-2y=2\\-2x+8y=4\end{cases}\qquad\therefore\ \begin{cases}2x-y=1\\-2x+8y=4\end{cases}$$

$$\therefore\ \boldsymbol{y=\frac{5}{7}}\qquad\therefore\ \boldsymbol{x}=\frac{1}{2}(y+1)=\boldsymbol{\frac{6}{7}}$$

（4） $\overrightarrow{\mathrm{AO}}=\dfrac{6}{7}\overrightarrow{\mathrm{AB}}+\dfrac{5}{7}\overrightarrow{\mathrm{AC}}=\dfrac{1}{7}(6\overrightarrow{\mathrm{AB}}+5\overrightarrow{\mathrm{AC}})$

△ABCの外接円の半径 R は $|\overrightarrow{\mathrm{AO}}|$ に等しい．ここで，

$$\begin{aligned}&|6\overrightarrow{\mathrm{AB}}+5\overrightarrow{\mathrm{AC}}|^2\\&=36|\overrightarrow{\mathrm{AB}}|^2+60\overrightarrow{\mathrm{AB}}\cdot\overrightarrow{\mathrm{AC}}+25|\overrightarrow{\mathrm{AC}}|^2\\&=36\cdot4+60\cdot(-2)+25\cdot8\\&=8(18-15+25)=8\cdot28=16\cdot14\end{aligned}$$

$\therefore\ |6\overrightarrow{\mathrm{AB}}+5\overrightarrow{\mathrm{AC}}|=\sqrt{16\cdot14}=4\sqrt{14}$

$\therefore\ R=|\overrightarrow{\mathrm{AO}}|=\dfrac{1}{7}\cdot4\sqrt{14}=\boldsymbol{\dfrac{4\sqrt{14}}{7}}$

7 例題と同様に，Pの存在範囲は線分であるから，端点の位置が分かるように解答する．

解 $\overrightarrow{\mathrm{OP}}=s\overrightarrow{\mathrm{OA}}+t\overrightarrow{\mathrm{OB}}$ ……………………………………①

このPが $s\geqq0$，$t\geqq0$ を満たしながら動くとき，Pの存在範囲は右図の網目部である（境界を含む）．

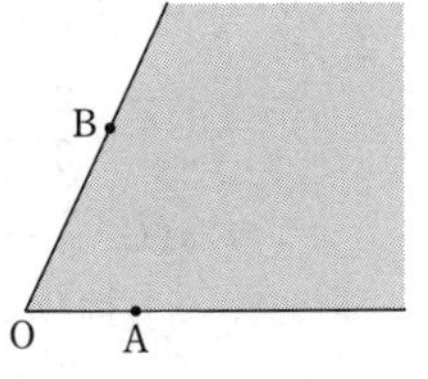

次に，①のPが

$s+2t=3$ ……………②

を満たして動くときのPの存在範囲を求める．

②のとき，$\frac{s}{3}+\frac{2}{3}t=1$

$\overrightarrow{OP}=s\overrightarrow{OA}+t\overrightarrow{OB}=\frac{s}{3}\cdot 3\overrightarrow{OA}+\frac{2}{3}t\cdot\frac{3}{2}\overrightarrow{OB}$

ここで，$\frac{s}{3}=s'$，$\frac{2}{3}t=t'$ とおき，A′，B′ を

$\overrightarrow{OA'}=3\overrightarrow{OA}$，$\overrightarrow{OB'}=\frac{3}{2}\overrightarrow{OB}$ を満たす点とすると，

$$\overrightarrow{OP}=s'\overrightarrow{OA'}+t'\overrightarrow{OB'},\ s'+t'=1$$

であるから，点Pの存在範囲は直線A′B′である．

求める点Pの存在範囲は，直線A′B′のうち，左下図の網目部を満たす部分，すなわち，線分A′B′（端点を含む）である．これを図示すると，右図の太線部である．

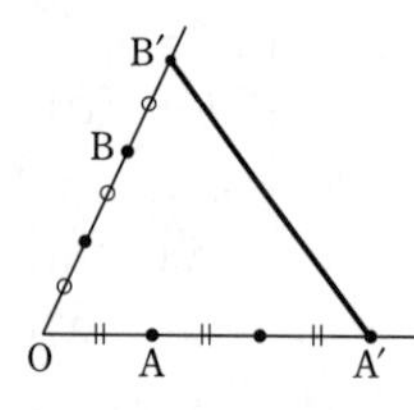

8 点Pの存在範囲は，三角形の周および内部である．三角形の頂点の位置が分かるように解答する．

解 $\overrightarrow{OP}=s\overrightarrow{OA}+t\overrightarrow{OB}$ ……………………………①

このPが $s\geqq 0$，$t\geqq 0$ を満たしながら動くとき，Pの存在範囲は図1の網目部である（境界を含む）．

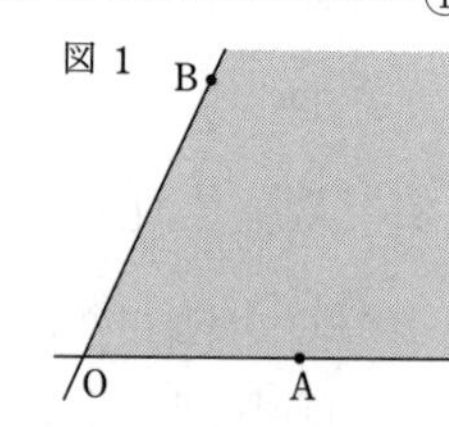

次に，①のPが

$2s+3t\leqq 3$

を満たして動くときのPの存在範囲を求める．

まず，$2s+3t=k$，$k\neq 0$ とする．$\frac{2}{k}s+\frac{3}{k}t=1$

$\overrightarrow{OP}=s\overrightarrow{OA}+t\overrightarrow{OB}=\frac{2}{k}s\cdot\frac{k}{2}\overrightarrow{OA}+\frac{3}{k}t\cdot\frac{k}{3}\overrightarrow{OB}$

ここで，$\frac{2}{k}s=s'$，$\frac{3}{k}t=t'$ とおき，A_k，B_k を

$\overrightarrow{OA_k}=\frac{k}{2}\overrightarrow{OA}$，$\overrightarrow{OB_k}=\frac{k}{3}\overrightarrow{OB}$ を満たす点とすると，

$$\overrightarrow{OP}=s'\overrightarrow{OA_k}+t'\overrightarrow{OB_k},\ s'+t'=1$$

であるから，点Pは直線 A_kB_k（A_1B_1 に平行）を描く．

$k=0$ のとき，$t=-\frac{2}{3}s$ であり，

$$\overrightarrow{OP}=s\overrightarrow{OA}-\frac{2}{3}s\overrightarrow{OB}=2s\left(\frac{1}{2}\overrightarrow{OA}-\frac{1}{3}\overrightarrow{OB}\right)$$

$$=2s(\overrightarrow{OA_1}-\overrightarrow{OB_1})=2s\overrightarrow{B_1A_1}$$

よって，点PはOを通り，A_1B_1 に平行な直線を描く．

したがって，k を $k\leqq 3$ で動かすとき，点Pが描く直線の動く範囲，つまり点Pの存在範囲は直線 A_3B_3 に関してOと同じ側の半平面（境界を含む）である．

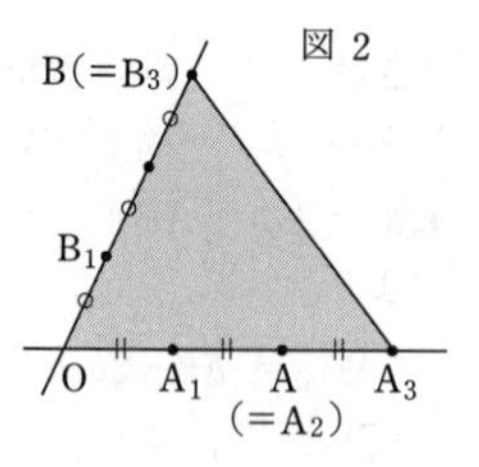

以上により，求める点Pの存在範囲は，図2の網目部（境界を含む）である．

➡**注** $k\neq 0$ のとき，$OA_k : OA_1=OB_k : OB_1$ であるから，$A_kB_k /\!/ A_1B_1$

➡**注** ①で，$s\geqq 0$，$t\geqq 0$，$2s+3t\leqq 3$ の表す領域は，図2の $\triangle OA_3B_3$（周および内部）になった．

境界線は，$s=0$，$t=0$，$2s+3t=3$ のときであり，

$s=0$ …直線OB，$t=0$ …直線OA

$2s+3t=3$ …直線 A_3B_3

になっている．

9 P，Qを媒介変数表示（同じ変数 t を使って表せる）して，まず S を t で表す．

解 点B(0, 1)を通り，方向ベクトルが $\vec{l}=(1,\ 2)$ である直線 L 上の点 $P(x,\ y)$ は，t を実数として，

$$(x,\ y)=(0,\ 1)+t(1,\ 2)=(t,\ 2t+1)$$

と表せる．よって，$P(t,\ 2t+1)$

Qは x 軸上にあって，x 座標がPの y 座標と等しいから $Q(2t+1,\ 0)$ である．

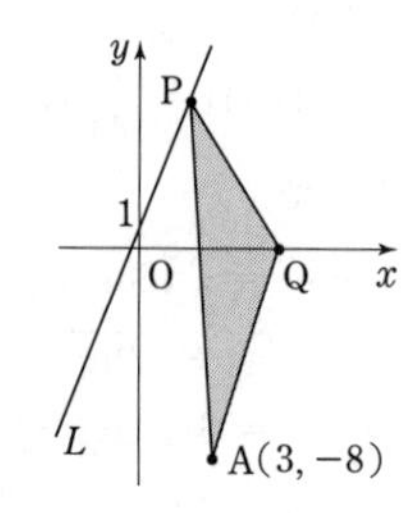

$A(3,\ -8)$ により，

$\overrightarrow{AP}=(t-3,\ 2t+9)$

$\overrightarrow{AQ}=(2t-2,\ 8)$

であるから，

$$S=\triangle APQ=\frac{1}{2}|(t-3)\cdot 8-(2t+9)(2t-2)|$$

$$=|4(t-3)-(2t+9)(t-1)|$$

［t^2 の係数が正になるように中身を -1 倍して］

$$=|-4(t-3)+(2t+9)(t-1)|$$

$$=|-4t+12+(2t^2+7t-9)|$$

$$=|2t^2+3t+3|=\left|2\left(t^2+\frac{3}{2}t\right)+3\right|$$

$$=\left|2\left\{\left(t+\frac{3}{4}\right)^2-\left(\frac{3}{4}\right)^2\right\}+3\right|$$

$$=\left|2\left(t+\frac{3}{4}\right)^2+\frac{15}{8}\right|=2\left(t+\frac{3}{4}\right)^2+\frac{15}{8}$$

よって，S は $t=-\frac{3}{4}$ のとき最小値 $\mathbf{\frac{15}{8}}$ をとる．

10 (ア) (1)(2)とも内積を計算して示す.
(イ) ここでは，位置ベクトルを設定して解く．条件式と示すべき式を書いて見くらべてみよう．

解 (ア) $\overrightarrow{AB}=\vec{b}$, $\overrightarrow{AC}=\vec{c}$, $\overrightarrow{AD}=\vec{d}$ とし，正四面体の1辺の長さを a とすると，

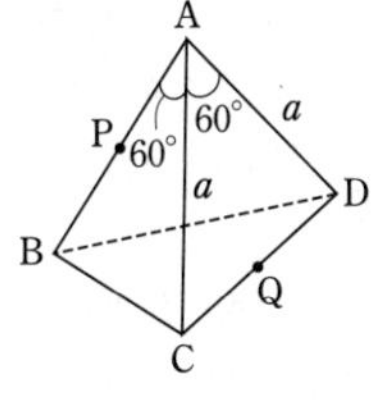

$|\vec{b}|=|\vec{c}|=|\vec{d}|=a$,
$\vec{b}\cdot\vec{c}=\vec{b}\cdot\vec{d}=\vec{c}\cdot\vec{d}$
$=a\cdot a\cdot\cos 60^\circ=\dfrac{1}{2}a^2$

(1) $\overrightarrow{AB}\cdot\overrightarrow{CD}=\vec{b}\cdot(\vec{d}-\vec{c})=\vec{b}\cdot\vec{d}-\vec{b}\cdot\vec{c}=0$
より，AB⊥CD である．

(2) $\overrightarrow{AP}=\dfrac{1}{2}\vec{b}$, $\overrightarrow{AQ}=\dfrac{1}{2}(\vec{c}+\vec{d})$ より

$$\overrightarrow{PQ}=\frac{1}{2}(-\vec{b}+\vec{c}+\vec{d})$$

$$\overrightarrow{PQ}\cdot\overrightarrow{AB}=\frac{1}{2}(-\vec{b}+\vec{c}+\vec{d})\cdot\vec{b}$$
$$=\frac{1}{2}(-|\vec{b}|^2+\vec{b}\cdot\vec{c}+\vec{b}\cdot\vec{d})$$
$$=\frac{1}{2}\left(-a^2+\frac{1}{2}a^2+\frac{1}{2}a^2\right)=0$$

となるので，PQ⊥AB である．また，

$$\overrightarrow{PQ}\cdot\overrightarrow{CD}=\frac{1}{2}(-\vec{b}+\vec{c}+\vec{d})\cdot(\vec{d}-\vec{c})$$
$$=\frac{1}{2}(-\vec{b}\cdot\vec{d}+\vec{b}\cdot\vec{c}+\vec{c}\cdot\vec{d}-|\vec{c}|^2+|\vec{d}|^2-\vec{c}\cdot\vec{d})$$
[$\vec{b}\cdot\vec{d}=\vec{b}\cdot\vec{c}$, $|\vec{c}|^2=|\vec{d}|^2$ より]
$=0$

となるので，PQ⊥CD である．

▨ 解答では $\overrightarrow{PQ}\cdot\overrightarrow{CD}$ を改めて計算したが「PQ⊥AB と図の対称性から PQ⊥CD も成り立つ」としてよい．

(イ) A, B, C, D の位置ベクトルをそれぞれ $\vec{a}$, $\vec{b}$, $\vec{c}$, $\vec{d}$ とすると，

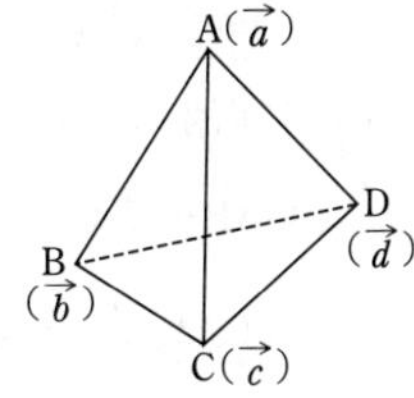

AD⊥BC より
$(\vec{d}-\vec{a})\cdot(\vec{c}-\vec{b})=0$
∴ $\vec{c}\cdot\vec{d}+\vec{a}\cdot\vec{b}=\vec{b}\cdot\vec{d}+\vec{a}\cdot\vec{c}$ ……①

BD⊥AC より $(\vec{d}-\vec{b})\cdot(\vec{c}-\vec{a})=0$
∴ $\vec{c}\cdot\vec{d}+\vec{a}\cdot\vec{b}=\vec{b}\cdot\vec{c}+\vec{a}\cdot\vec{d}$ ……②

[CD⊥AB ⟺ $\overrightarrow{CD}\cdot\overrightarrow{AB}=0$ ⟺ $(\vec{d}-\vec{c})\cdot(\vec{b}-\vec{a})=0$
⟺ $\vec{d}\cdot\vec{b}+\vec{c}\cdot\vec{a}=\vec{c}\cdot\vec{b}+\vec{d}\cdot\vec{a}$ ……③
①と②から③を導くのが目標．]

①と②の左辺どうしは等しいから，
$\vec{b}\cdot\vec{d}+\vec{a}\cdot\vec{c}=\vec{b}\cdot\vec{c}+\vec{a}\cdot\vec{d}$

これは $(\vec{d}-\vec{c})\cdot(\vec{b}-\vec{a})=0$ だから CD⊥AB が示された．

▨ (イ)は A を始点にすると，解答の $\vec{a}$ を $\vec{0}$ にしたものになる．なお，A～D は空間内の点であるが，A, B, C を固定して D を △ABC の垂心としたときにも前提 AD⊥BC, BD⊥AC が成り立つことに注意しよう．実は，A を始点にとると，◆5 の演習題の解答のあとのコメントと同じ証明（$\vec{h}$ を $\vec{d}$ にする）である．

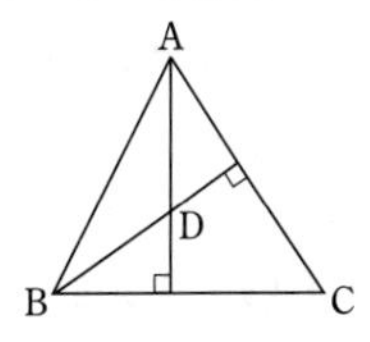

11 OH が AB, AC の両方に垂直であることから求める．

解 A(1, 1, 2), B(0, 2, 1), C(2, 1, 3) より
$\overrightarrow{AB}=(-1,\ 1,\ -1)$, $\overrightarrow{AC}=(1,\ 0,\ 1)$

$\overrightarrow{OH}=\overrightarrow{OA}+s\overrightarrow{AB}+t\overrightarrow{AC}$ とおくと，OH が平面 ABC と垂直だから，$\overrightarrow{OH}\cdot\overrightarrow{AB}=0$, $\overrightarrow{OH}\cdot\overrightarrow{AC}=0$ となるので，

$(\overrightarrow{OA}+s\overrightarrow{AB}+t\overrightarrow{AC})\cdot\overrightarrow{AB}=0$ ……①
$(\overrightarrow{OA}+s\overrightarrow{AB}+t\overrightarrow{AC})\cdot\overrightarrow{AC}=0$ ……②

ここで，
$\overrightarrow{OA}\cdot\overrightarrow{AB}=(1,\ 1,\ 2)\cdot(-1,\ 1,\ -1)=-2$,
$\overrightarrow{AB}\cdot\overrightarrow{AB}=(-1,\ 1,\ -1)\cdot(-1,\ 1,\ -1)=3$,
$\overrightarrow{AC}\cdot\overrightarrow{AB}=(1,\ 0,\ 1)\cdot(-1,\ 1,\ -1)=-2$,
$\overrightarrow{OA}\cdot\overrightarrow{AC}=(1,\ 1,\ 2)\cdot(1,\ 0,\ 1)=3$,
$\overrightarrow{AC}\cdot\overrightarrow{AC}=(1,\ 0,\ 1)\cdot(1,\ 0,\ 1)=2$

より，①，②は
$-2+3s-2t=0$ ……③，$3-2s+2t=0$ ……④
③+④ より $1+s=0$ で $s=-1$

これを③に代入して $t=-\dfrac{5}{2}$

以上より，

$$\overrightarrow{\mathbf{OH}}=\overrightarrow{\mathbf{OA}}-\overrightarrow{\mathbf{AB}}-\frac{\mathbf{5}}{\mathbf{2}}\overrightarrow{\mathbf{AC}}$$
$$=(1,\ 1,\ 2)-(-1,\ 1,\ -1)-\frac{5}{2}(1,\ 0,\ 1)$$
$$=\left(-\frac{1}{2},\ 0,\ \frac{1}{2}\right)$$

となり，$\mathbf{H}\left(-\dfrac{\mathbf{1}}{\mathbf{2}},\ \mathbf{0},\ \dfrac{\mathbf{1}}{\mathbf{2}}\right)$

▨ 平面 ABC の方程式は

$$z=x+1$$

となる（◆12 参照）.

よって，H は xz 平面（$y=0$）上で右図の点となり，図からも $\mathrm{H}\left(-\dfrac{1}{2},\ 0,\ \dfrac{1}{2}\right)$ が得られる.

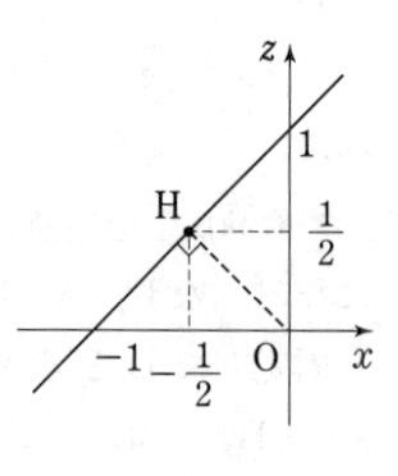

12 （1）（2） 例題と同じ手順で求める.

（3） x 軸を表す式は $y=0$ かつ $z=0$ である．これを平面の方程式に代入する.

解 A(−3, 2, 2), B(5, −1, 5), C(7, 1, 14)

（1） $\overrightarrow{\mathrm{AB}}=(8,\ -3,\ 3)$, $\overrightarrow{\mathrm{AC}}=(10,\ -1,\ 12)$ の両方に垂直なベクトルを $\vec{n}=(a,\ b,\ c)$ とすると，

$\overrightarrow{\mathrm{AB}}\cdot\vec{n}=0$, $\overrightarrow{\mathrm{AC}}\cdot\vec{n}=0$ より

$8a-3b+3c=0$ ……①，$10a-b+12c=0$ ……②

②×3−① より，$22a+33c=0$ で $3c=-2a$

これを①に代入して整理すると $b=2a$

よって，$\vec{n}=\left(a,\ 2a,\ -\dfrac{2}{3}a\right)=\dfrac{a}{3}(3,\ 6,\ -2)$

求めるものは，**(3, 6, −2)**

（2） 平面上の点を X(x, y, z) とすると，$\vec{n}\perp\overrightarrow{\mathrm{AX}}$ より $\vec{n}\cdot\overrightarrow{\mathrm{AX}}=0$ となるから，

$(3,\ 6,\ -2)\cdot(x+3,\ y-2,\ z-2)=0$

$\therefore\ 3(x+3)+6(y-2)-2(z-2)=0$

$\therefore\ \boldsymbol{3x+6y-2z+1=0}$

（3） x 軸は $y=0$ かつ $z=0$ だから，これを α の方程式に代入して，$3x+1=0$

従って，$\mathbf{K}\left(\boldsymbol{-\dfrac{1}{3},\ 0,\ 0}\right)$

13 （1） 切片形の方程式に代入する.

（3） S の中心を A とすると，$\overrightarrow{\mathrm{AT}}$ は α の法線ベクトルと同じ方向である．答えは2つある.

解 （1） 平面 α は (8, 0, 0), (0, 32, 0), (0, 0, 4) を通るので，その方程式は

$$\frac{x}{8}+\frac{y}{32}+\frac{z}{4}=1$$

$\therefore\ \boldsymbol{4x+y+8z-32=0}$

（2） T(t, 8, 1) が α 上にあるので，

$4t+8+8-32=0$ $\therefore\ \boldsymbol{t=4}$

（3） 球 S の中心を A とすると，AT は平面 α と垂直だから，$\overrightarrow{\mathrm{AT}}$ は α の法線ベクトルと同じ方向である．α の法線ベクトルの一つは

(4, 1, 8)

であり，

$|(4,\ 1,\ 8)|=\sqrt{4^2+1^2+8^2}=\sqrt{81}=9$

となるから，α の法線方向の単位ベクトルは

$$\pm\frac{1}{9}(4,\ 1,\ 8)$$

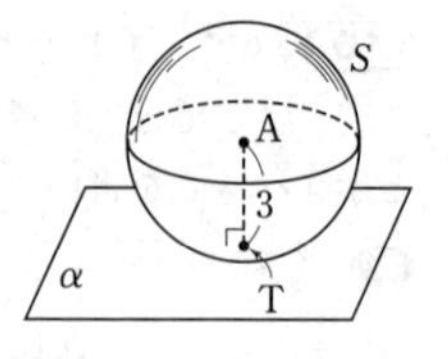

AT=3 より，

$$\overrightarrow{\mathrm{OA}}=\overrightarrow{\mathrm{OT}}\pm\frac{3}{9}(4,\ 1,\ 8)=(4,\ 8,\ 1)\pm\frac{1}{3}(4,\ 1,\ 8)$$

となり，答えは

$$\left(\boldsymbol{\frac{16}{3},\ \frac{25}{3},\ \frac{11}{3}}\right),\ \left(\boldsymbol{\frac{8}{3},\ \frac{23}{3},\ -\frac{5}{3}}\right)$$

14 （1） 切片形である.

（2） 公式を利用する.

（3） 四面体 OABC の底面を △ABC とみると，高さは（2）で求めた値.

解 $\mathrm{A}\left(\dfrac{1}{3},\ 0,\ 0\right)$, $\mathrm{B}\left(0,\ \dfrac{1}{4},\ 0\right)$, $\mathrm{C}\left(0,\ 0,\ \dfrac{1}{5}\right)$

（1） α（平面 ABC）の方程式は

$$\frac{x}{\frac{1}{3}}+\frac{y}{\frac{1}{4}}+\frac{z}{\frac{1}{5}}=1$$

$\therefore\ \boldsymbol{3x+4y+5z-1=0}$

（2） 原点 O と α の距離は，公式を用いて

$$\frac{|-1|}{\sqrt{3^2+4^2+5^2}}=\frac{1}{\sqrt{50}}=\boldsymbol{\frac{1}{5\sqrt{2}}}$$

（3） 四面体 OABC の体積は

$$\triangle\mathrm{OAB}\cdot\mathrm{OC}\times\frac{1}{3}$$

$$=\frac{1}{2}\cdot\frac{1}{3}\cdot\frac{1}{4}\cdot\frac{1}{5}\cdot\frac{1}{3}=\boldsymbol{\frac{1}{360}}$$

一方，四面体 OABC の底面を △ABC とみると，高さは（2）で求めた値なので，体積について

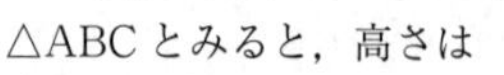

$$\triangle\mathrm{ABC}\times\frac{1}{5\sqrt{2}}\times\frac{1}{3}=\frac{1}{360}$$

$$\therefore\ \triangle\mathrm{ABC}=\frac{5\sqrt{2}\cdot3}{360}=\boldsymbol{\frac{\sqrt{2}}{24}}$$

(4) $\vec{n}=(3,\ 4,\ 5)$としてよい．また，$\vec{e}=(0,\ 0,\ 1)$とすると，

$$\cos\theta=\frac{\vec{n}\cdot\vec{e}}{|\vec{n}||\vec{e}|}=\frac{5}{5\sqrt{2}\cdot 1}=\mathbf{\frac{1}{\sqrt{2}}}$$

(5) $\triangle\mathrm{OAB}=\frac{1}{2}\cdot\frac{1}{3}\cdot\frac{1}{4}=\frac{1}{24}$ だから，

$$\frac{\triangle\mathrm{OAB}}{\triangle\mathrm{ABC}}=\frac{\frac{1}{24}}{\frac{\sqrt{2}}{24}}=\mathbf{\frac{1}{\sqrt{2}}}$$

▨(4)と(5)の答えが同じになるのは偶然ではない．

xy平面の法線ベクトルは$\vec{e}$であるから，xy平面とαの交わりである直線ABの方向から見てみよう．

直線ABは$\vec{n}$，$\vec{e}$の両方に垂直だから，$\vec{n}$と$\vec{e}$をABに垂直な平面内に書くことができる．右図は，この平面（の一つ）によるxy平面，αの断面（いずれも直線）と$\vec{n}$，$\vec{e}$である．

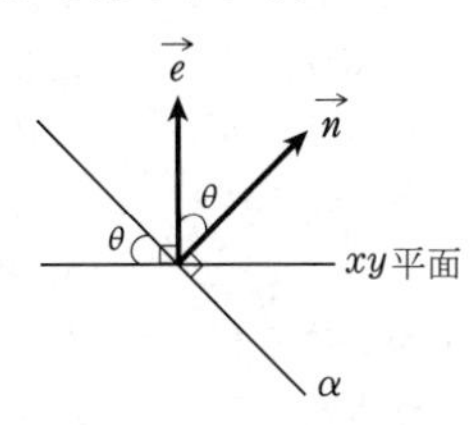

この図から，$\vec{n}$と$\vec{e}$のなす角θは，2平面の断面のなす角（すなわち，xy平面とαのなす角）に等しいことがわかる．

このような切り方をしたとき，△ABCの断面と△OABの断面の関係は右図のようになり，それぞれの長さs，s'について

$$s\cos\theta=s'$$

が成り立つ．どの断面についても長さが$\cos\theta$倍になるのであるから，面積についても$\triangle\mathrm{ABC}\cdot\cos\theta=\triangle\mathrm{OAB}$となることが納得できるだろう．

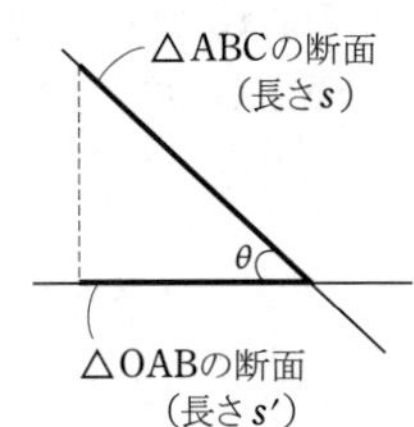

15 (1) $\overrightarrow{\mathrm{OD}}=k\overrightarrow{\mathrm{OG}}$とし，この右辺を$\overrightarrow{\mathrm{OP}}$，$\overrightarrow{\mathrm{OQ}}$，$\overrightarrow{\mathrm{OR}}$で表して係数の和が1であることを使う．

(2) $\overrightarrow{\mathrm{AE}}=\frac{6}{5}\overrightarrow{\mathrm{AD}}$，$\overrightarrow{\mathrm{OE}}=\overrightarrow{\mathrm{OA}}+\overrightarrow{\mathrm{AE}}$から，$\overrightarrow{\mathrm{OE}}$を$t$と$\overrightarrow{\mathrm{OA}}$，$\overrightarrow{\mathrm{OB}}$，$\overrightarrow{\mathrm{OC}}$で表す．

解 (1) $\overrightarrow{\mathrm{OG}}=\frac{1}{3}(\overrightarrow{\mathrm{OA}}+\overrightarrow{\mathrm{OB}}+\overrightarrow{\mathrm{OC}})$

DはOG上にあるから，$\overrightarrow{\mathrm{OD}}=k\overrightarrow{\mathrm{OG}}$，すなわち

$$\overrightarrow{\mathrm{OD}}=\frac{k}{3}\overrightarrow{\mathrm{OA}}+\frac{k}{3}\overrightarrow{\mathrm{OB}}+\frac{k}{3}\overrightarrow{\mathrm{OC}}\ \cdots\cdots①$$

（kは実数）と書ける．

ここで，

$$\overrightarrow{\mathrm{OP}}=\frac{3}{4}\overrightarrow{\mathrm{OA}},$$

$$\overrightarrow{\mathrm{OQ}}=\frac{3}{5}\overrightarrow{\mathrm{OB}},$$

$$\overrightarrow{\mathrm{OR}}=\frac{1}{t}\overrightarrow{\mathrm{OC}}$$

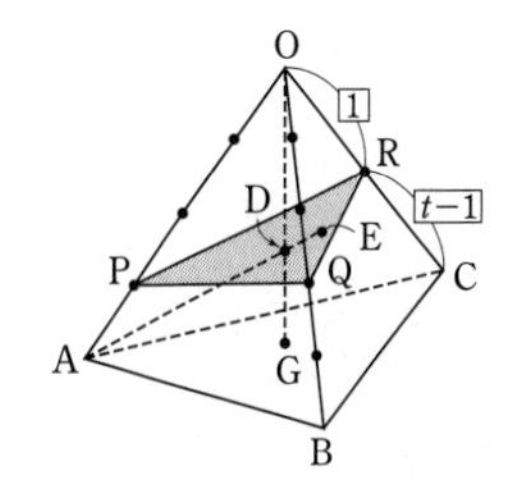

であるから，

$$\overrightarrow{\mathrm{OA}}=\frac{4}{3}\overrightarrow{\mathrm{OP}},\ \overrightarrow{\mathrm{OB}}=\frac{5}{3}\overrightarrow{\mathrm{OQ}},\ \overrightarrow{\mathrm{OC}}=t\overrightarrow{\mathrm{OR}}\ \cdots\cdots②$$

これを①に代入して整理すると，

$$\overrightarrow{\mathrm{OD}}=\frac{4}{9}k\overrightarrow{\mathrm{OP}}+\frac{5}{9}k\overrightarrow{\mathrm{OQ}}+\frac{t}{3}k\overrightarrow{\mathrm{OR}}$$

Dは平面PQR上にあるから，係数の和は1であり，

$$\frac{4}{9}k+\frac{5}{9}k+\frac{t}{3}k=1 \qquad \therefore\ \left(1+\frac{t}{3}\right)k=1$$

$$\therefore\ k=\frac{3}{3+t}$$

これを①に代入して，

$$\mathbf{\overrightarrow{OD}=\frac{1}{3+t}(\overrightarrow{OA}+\overrightarrow{OB}+\overrightarrow{OC})}$$

(2) $\overrightarrow{\mathrm{AD}}=\overrightarrow{\mathrm{OD}}-\overrightarrow{\mathrm{OA}}$

$$=\frac{1}{3+t}\{-(2+t)\overrightarrow{\mathrm{OA}}+\overrightarrow{\mathrm{OB}}+\overrightarrow{\mathrm{OC}}\}$$

AD：AE＝5：6のとき，

$$\overrightarrow{\mathrm{AE}}=\frac{6}{5}\overrightarrow{\mathrm{AD}}=\frac{6}{5(3+t)}\{-(2+t)\overrightarrow{\mathrm{OA}}+\overrightarrow{\mathrm{OB}}+\overrightarrow{\mathrm{OC}}\}$$

であるから，

$$\overrightarrow{\mathrm{OE}}=\overrightarrow{\mathrm{OA}}+\overrightarrow{\mathrm{AE}}$$

$$=\frac{1}{5(3+t)}[\{5(3+t)-6(2+t)\}\overrightarrow{\mathrm{OA}}+6\overrightarrow{\mathrm{OB}}+6\overrightarrow{\mathrm{OC}}]$$

$$=\frac{1}{5(3+t)}\{(3-t)\overrightarrow{\mathrm{OA}}+6\overrightarrow{\mathrm{OB}}+6\overrightarrow{\mathrm{OC}}\}$$

Eは平面OBC上の点であるから，$\overrightarrow{\mathrm{OA}}$の係数は0である．よって，$\boldsymbol{t=3}$

➡**注** (1) ②を導くのに，いったん，$\overrightarrow{\mathrm{OP}}=\frac{3}{4}\overrightarrow{\mathrm{OA}}$などとしたが，OP：OA＝3：4に着目して，直接$\overrightarrow{\mathrm{OA}}=\frac{4}{3}\overrightarrow{\mathrm{OP}}$として構わない．$\overrightarrow{\mathrm{OB}}$，$\overrightarrow{\mathrm{OC}}$も同様．

あとがき

「大学への数学」の本は，ほとんどが受験生対象の本で，高校１年生が使うには，かなりキツイ本ばかりでした．

そこで，教科書と併用して自習できるような本を作ろうということで本書が出来上がりました．自習するには，分量が多いとやる気が起こらない人が少なくないので（筆者もそうです），分厚くならないようにしました．

解答・解説は分かり易いことを心がけましたが，100点満点だと言い切る自信はありません．まだまだ改善の余地があるかもしれません．お気づきの点があれば，どしどしご質問・ご指摘をしてください．

本書の質問があれば，「東京出版・大数Ｑ係」宛（住所は下記）にお寄せください．

原則として封書（宛名を書いた，切手付の返信用封筒を同封のこと）を使用し，**１通につき１件**でお送りください（電話番号，学年を明記して，できたら在学（出身）校・志望校も書いてください）．

なお，ただ漠然と‘この解説が分かりません’という質問では適切な回答ができませんので，‘この部分が分かりません’とか‘私はこう考えたがこれでよいのか’というように具体的にポイントをしぼって質問するようにしてください（以上の約束が守られないものにはお答えできないことがありますので注意してください）．

毎月の「大学への数学」や増刊号と同様に，読者のみなさんのご意見を反映させることによって，100点満点の内容になるよう充実させていきたいと思っています．

（坪田）

大学への数学
プレ 1対1対応の演習／数学Ｂ＋ベクトル［改訂版］

令和５年３月１日　第１刷発行

編　者　東京出版編集部
発行者　黒木憲太郎
発行所　株式会社　東京出版
〒150-0012　東京都渋谷区広尾 3-12-7
電話 03-3407-3387　振替 00160-7-5286
https://www.tokyo-s.jp/

製版所　日本フィニッシュ
印刷所　光陽メディア
製本所　技秀堂

ISBN978-4-88742-271-1 （定価はカバーに表示してあります）